有 机 合 成 反 应 原 理 丛 书

消除反应原理

孙昌俊　孙凤云　主编

化学工业出版社
·北京·

图书在版编目（CIP）数据

消除反应原理/孙昌俊，孙凤云主编. —北京：化学工业出版社，2017.5

（有机合成反应原理丛书）

ISBN 978-7-122-29240-7

Ⅰ.①消… Ⅱ.①孙… ②孙… Ⅲ.①消除反应 Ⅳ.①O621.25

中国版本图书馆 CIP 数据核字（2017）第 045022 号

责任编辑：王湘民　　　装帧设计：韩　飞

责任校对：宋　夏

出版发行：化学工业出版社（北京市东城区青年湖南街 13 号　邮政编码 100011）

印　　刷：三河市航远印刷有限公司

装　　订：三河市瞰发装订厂

710mm×1000mm　1/16　印张 15　字数 286 千字　2017 年 5 月北京第 1 版第 1 次印刷

购书咨询：010-64518888（传真：010-64519686）　售后服务：010-64518899

网　　址：http：//www. cip. com. cn

凡购买本书，如有缺损质量问题，本社销售中心负责调换。

定　　价：88.00 元

前言

消除反应是有机合成中一类非常重要的反应。所谓消除反应是指从一个有机物分子中同时脱去两个原子或基团而形成一个新分子的反应。消除反应可视为加成反应的逆过程。由于被除去的两个原子或基团所处位置不同，生成的消除产物也不相同。根据消除的原子或基团的彼此位置，可以分为α-消除（1,1-消除）反应，β-消除（1,2-消除）反应，γ-消除（1,3-消除）反应，δ-消除（1,4-消除）反应等。在上述各种反应中，应用最普遍、最重要的是β-消除。还有一类消除反应，在无其他溶剂存在下，仅靠加热使有机物进行的消除反应，称为热解消除（Pyrolytic elimination），简称热消除。这类消除反应很多，包括酯的热消除、叔胺氧化物的热消除、季铵碱的热消除、砜的热消除等。另外还有一种反应叫做挤出反应（Extrusion reaction），也属于消除反应。

根据被消除小分子化合物的不同，例如：H_2、H_2O、HX、X_2、NH_3、胺等，又可分为脱氢、脱水、脱卤化氢、脱卤、脱胺等消除反应。脱羧反应虽未生成新的不饱和碳-碳键，但脱去了二氧化碳，也应属于消除反应的范围。实际上目前关于消除反应的定义并不十分严格，脱羧、醚键断裂、脱烷基等也可看做是消除反应。脱氢反应实际上也属于消除反应，已在《氧化反应原理》一书中介绍，本书不再赘述。

本书有如下特点。

1. 本书共分为十一章，以化合物类型为主线，分别介绍各类化合物的消除反应，包括卤化物、醇、醚、酚、羧酸及其衍生物、肟等的消除反应以及各种化合物的热消除反应等。第十章介绍了卡宾的基本反应，第十一章介绍了挤出反应。

2. 所选择的消除反应类型，大都是一些经典的反应，同时不乏近年来新发展起来的新反应。对于每一类反应，从反应机理、影响因素、适用范围、应用实例等方面进行总结，以使读者对该反应有比较全面的了解。

3.消除反应多种多样，新反应屡见报道。本书尽量收集一些新反应，并从反应机理上加以解释，还列出了一些具体的反应实例，内容比较丰富。

4.所选用的合成实例，尽量用具体的药物或药物中间体的合成作为反应实例，说明各种卤化反应在药物合成中的应用。适当选择了一些国内学者的研究成果。

本书由孙昌俊、孙凤云主编。王秀菊、曹晓冉，孙琪、马岚、孙中云、孙雪峰、张纪明，辛炳炜、连军、周峰岩、房士敏等人参加了部分内容的编写和资料收集、整理工作。

编写过程中得到山东大学化学院陈再成教授、赵宝祥教授以及化学工业出版社有关同志的大力支持，在此一并表示感谢。

本书实用性强，适合于从事化学、应化、生化、医药、农药、染料、颜料、日用化工、助剂、试剂等行业的生产、科研、教学、实验室工作者以及大专院校的师生使用。

孙昌俊

2017 年 4 月于济南

符号说明

Ac	acetyl	乙酰基
AcOH	acetic acide	乙酸
AIBN	2,2′-azobisisobutyronitrile	偶氮二异丁腈
Ar	aryl	芳基
9-BBN	9-borabicyclo[3. 3. 1]nonane	9-硼双环[3. 3. 1]壬烷
Bn	benzyl	苄基
BOC	*t*-butoxycarbonyl	叔丁氧羰基
bp	boiling point	沸点
Bu	butyl	丁基
Bz	benzoyl	苯甲酰基
Cbz	benzyloxycarbonyl	苄氧羰基
CDI	1,1′-carbonyldiimidazole	1,1′-羰基二咪唑
m-CPBA	*m*-chloropetoxybenzoic acid	间氯过氧苯甲酸
cymene		异丙基甲苯
DABCO	1,4-diazabicyclo[2. 2. 2]octane	1,4 二氮杂二环[2. 2. 2]辛烷
DCC	dicyclohexyl carbodiimide	二环己基碳二亚胺
DDQ	2,3-dichloro-5,6-dicyano-1,4-benzoquinone	2 ,3-二氯-5,6-二氰基-1,4-苯醌
DEAD	diethyl azodicarboxylate	偶氮二甲酸二乙酯
dioxane	1,4-dioxane	1,4-二氧六环
DMAC	*N*,*N*-dimethylacetamide	*N*,*N*-二甲基乙酰胺
DMAP	4-dimethylaminopyridine	4-二甲氨基吡啶
DME	1,2-dimethoxyethane	1,2-二甲氧基乙烷
DMF	*N*,*N*-dimethylformamide	*N*,*N*-二甲基甲酰胺
DMSO	dimethyl sulfoxide	二甲亚砜
dppb	1,4-bis(diphenylphosphino)butane	1,4-双(二苯膦基)丁烷
dppe	1,4-bis(diphenylphosphino)ethane	1,4-双(二苯膦基)乙烷
ee	enantiomeric excess	对映体过量
endo		内型
exo		外型
Et	ethyl	乙基
EtOH	ethyl alcohol	乙醇
$h\nu$	irradition	光照
HMPA	hexamethylphosphorictriamide	六甲基磷酰三胺
HOBt	1-hydroxybenzotriazole	1-羟基苯并三唑
HOMO	highest occupied molecular orbital	最高占有轨道
i-	iso-	异
LAH	lithium aluminum hydride	氢化铝锂
LDA	lithium diisopropyl amine	二异丙基氨基锂

LHMDS	lithium hexamethyldisilazane	六甲基二硅胺锂
LUMO	lowest unoccupied molecular orbital	最低空轨道
m-	meta-	间位
mp	melting point	熔点
MW	microwave	微波
n-	normal-	正
NBA	*N*-bromo acetamide	*N*-溴代乙酰胺
NBS	*N*-bromo succinimide	*N*-溴代丁二酰亚胺
NCA	*N*-chloro acetamide	*N*-氯代乙酰胺
NCS	*N*-chloro succinimide	*N*-氯代丁二酰亚胺
NIS	*N*-iodo succinimide	*N*-碘代丁二酰亚胺
NMM	*N*-methyl morpholine	*N*-甲基吗啉
NMP	*N*-methyl-2-pyrrolidinone	*N*-甲基吡咯烷酮
TEBA	triethyl benzyl ammonium salt	三乙基苄基铵盐
o-	ortho-	邻位
p-	para-	对位
Ph	phenyl	苯基
PPA	polyphosphoric acid	多聚磷酸
Pr	propyl	丙基
Py	pyridine	吡啶
R	alkyl etc.	烷基等
Raney Ni(W-2)		活性镍
rt	room temperature	室温
t-	tert-	叔-
S_N1	unimolecular nucleophilic substitution	单分子亲核取代
S_N2	bimolecular nucleophilic substitution	双分子亲核取代
TBAB	tetrabutylammonium bromide	四丁基溴化铵
TEA	triethylamine	三乙胺
TEBA	triethylbenzylammonium salt	三乙基苄基铵盐
Tf	trifluoromethanesulfonyl (triflyl)	三氟甲磺酰基
TFA	trifluoroacetic acid	三氟乙酸
TFAA	trifluoroacetic anhydride	三氟乙酸酐
THF	tetrahydrofuran	四氢呋喃
TMP	2,2,6,6-tetramethylpiperidine	2,2,6,6-四甲基哌啶
Tol	toluene or tolyl	甲苯或甲苯基
triglyme	triethylene glycol dimethyl ether	三甘醇二甲醚
Ts	tosyl	对甲苯磺酰基
TsOH	tosic acid	对甲苯磺酸
Xyl	xylene	二甲苯

目录

第六章 羧酸的消除反应 131

第七章 酰卤的消除反应 163

第八章 酰胺脱水生成腈 169

第一章　卤代烃的消除反应

卤代烃的消除反应主要是脂肪族卤化物和多卤化物的消除反应，应用最普遍、最重要的是β-消除，发生消除反应后生成不饱和类化合物，包括烯烃、炔烃、二烯类化合物。最常见的是消除氯化氢、溴化氢和消除卤素。这类反应在药物及其中间体的合成中应用广泛，例如心脑血管疾病治疗药物盐酸噻氯吡啶（Ticlopidine hydrochloride）等的中间体2-乙烯基噻吩（**1**）的合成。

$$\text{噻吩} + CH_3CHO \xrightarrow{HCl} \text{2-噻吩基}-\underset{\underset{Cl}{|}}{CH}CH_3 \xrightarrow{(50\%\sim55\%)^{❶}} \text{2-噻吩基}-CH{=}CH_2 \quad (1)$$

又如中枢兴奋药洛贝林（Lobeline）中间体2,6-二苯乙炔基吡啶（**2**）的合成。

$$\text{2,6-吡啶}(\underset{\underset{Br}{|}}{CH}\underset{\underset{Br}{|}}{CH}Ph)_2 \xrightarrow[\text{回流, 3.5h}]{\text{KOH, 乙醇}} \text{PhC}{\equiv}\text{C}-\text{吡啶-2,6-}-\text{C}{\equiv}\text{CPh} \quad (2)$$

第一节　卤代烃消除卤化氢

在碱性条件下，卤代烃可以发生消除反应生成烯烃。

$$RCH_2CH_2X \xrightarrow{R'O^-} RCH{=}CH_2 + R'OH + X^-$$

$$\text{环己基}-X \xrightarrow{R'O^-} \text{环己烯} + R'OH + X^-$$

广谱驱肠虫药盐酸左旋咪唑（Levamisole hydrochloride）等的中间体苯乙烯（**3**）的合成如下：

---

❶ 无注释者均指质量分数。

$$C_6H_5-CH(Cl)-CH_3 \xrightarrow[(87\%)]{喹啉} C_6H_5-CH{=}CH_2$$

(3)

根据卤代烃化合物的烃基结构、卤素原子的类型以及反应条件等的不同，消除反应可能有不同的反应机理，主要可以分为 E1、E2 和 E1cb 机理等。

在上述反应中，消除反应发生在与卤素原子相连的碳原子（α-碳原子）和与其相邻的碳原子（β-碳原子）上，所以，这种消除反应又叫做 β-消除反应或 1，2-消除反应。

根据反应条件的不同，β-消除反应分为液相反应和气相反应两种。前者应用更广泛。后者由于是在比较高的温度下进行的，故又称为热消除反应。热消除的机理多为分子内的环状顺式消除（周环反应）或自由基型反应，而液相消除的机理可分为双分子消除、单分子消除和单分子共轭碱消除。β-消除不仅形成碳-碳双键，根据反应底物的不同，还可以生成碳-碳三键，也可以生成碳-氧双键、碳-硫双键、碳-氮双键等。

一、消除反应机理

1. 双分子消除反应（E2）

含卤素化合物的消除反应，大都是在碱性条件下进行的。双分子消除是一步协同的反应过程，用通式表示如下。

$$B^- + -\overset{H}{\underset{|}{\overset{|}{C}}}-\underset{X}{\underset{|}{\overset{|}{C}}}- \underset{}{\overset{慢}{\rightleftharpoons}} \left[\overset{\delta^-B\cdots H}{-\overset{|}{C}\cdots\overset{|}{C}-} \atop X^{\delta-} \right] \overset{快}{\rightleftharpoons} >C{=}C< + HB + X^-$$

过渡态

试剂碱首先进攻 β-H，与之部分成键的同时，C-X 键和 C_β-H 键部分断裂，C-C 键之间的 π 键部分形成，生成过渡态。碱进一步与 β-H 作用，夺取 β-H 生成共轭酸 HB，同时卤素原子带着一对电子离去，C-C 键之间形成双键成烯。整个过程是一步协同进行的，卤代烃和试剂碱都参与了形成过渡态，为双分子消除，用 E2 表示。

该机理的第一个证据是在动力学上为二级反应，$V=K$［RX］［B^-］。由于反应中不生成碳正离子，故不发生碳正离子重排反应。

在 E2 反应的过渡态中，C_β-H 键已部分断裂，因此如果将氢原子换成氘，必然会有同位素效应。例如异丙基溴和氘代异丙基溴在乙醇钠作用下，前者脱卤化氢的速率是后者的 7 倍。

$$C_2H_5O^- + H-CH_2-\overset{CH_3}{\overset{|}{C}H}-Br \xrightarrow{K_H} C_2H_5OH + CH_2{=}CHCH_3 + Br^-$$

$$C_2H_5O^- + D-CD_2-\overset{CD_3}{\overset{|}{C}H}-Br \xrightarrow{K_D} C_2H_5OD + CD_2{=}CHCD_3 + Br^-$$

由于氢比氘质量小，C-H 键比 C-D 键断裂的速率快。研究表明，E2 反应的 K_H/K_D 值一般在 3～7 范围内。这与决定反应速率步骤该键断裂的机理相符合，氢的同位素效应是 E2 反应的特征之一。

仅靠上述证据是不够的，因为上述证据同样适用于 E1cb 机理。最有力的证据是 E2 机理的立体化学特点。

E2 机理是立体专一性的，即在 E2 消除反应中，立体化学上要求参与反应的五个原子（B、H、C、C、X）处在同一平面上，满足这一共平面要求的两种构象为反式交叉式和顺式重叠式：

顺式共平面(顺式重叠构象)　　顺式消除

反式共平面(反式交叉构象)　　反式消除

由于反式交叉式构象是能量较低的稳定构象，且此时进攻试剂 B^- 进攻氢时距离去基团 L 最远，静电斥力最小，所以一般情况下 E2 反应大都为反式消除，因而 E2 反应常常称为反式消除反应。在极少数情况下，由于几何原因，分子达不到反式交叉式构象时，才可以发生顺式消除。

用锯架式结构表示更直观。

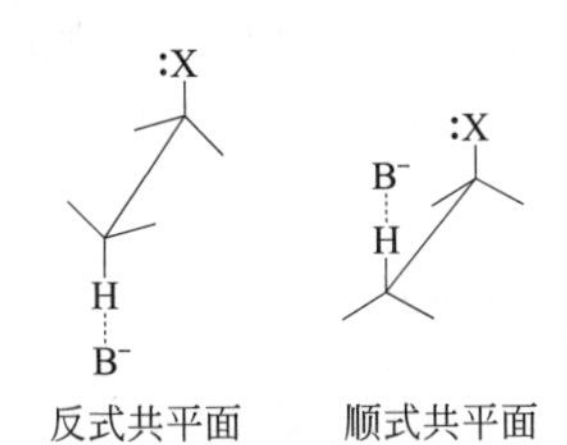

反式共平面　　顺式共平面

反式共平面为交叉式构象，而顺式共平面为重叠式构象，因而前者的过渡态在能量上来讲更有利，属于更稳定的构象。

一般是伯卤代烷容易发生 E2 反应生成烯。例如新己烯（**4**）的合成。新己烯是重要的化工原料，广泛用于香料、农用化学品等领域，其一条合成路线如下。

$$(CH_3)_3C—X + CH_2═CH_2 \xrightarrow{\text{L 酸}} (CH_3)_3C—CH_2CH_2X \xrightarrow[\text{2-甲基吡咯烷酮}]{\text{KOH}} (CH_3)_3C—CH═CH_2$$

X=Cl，Br　　　　(**4**)

新己烯（Neohexene），C_6H_{12}，84.16。无色液体。bp 41℃。

制法　刘升，王维伟，杜晓华. 精细与专用化学品，2014，22（1）：14.

$$\underset{(\mathbf{2})}{(CH_3)_3C—Cl} + CH_2═CH_2 \xrightarrow{\text{L 酸}} \underset{(\mathbf{3})}{(CH_3)_3C—CH_2CH_2Cl} \xrightarrow[\text{2-甲基吡咯烷酮}]{\text{NaOH}} \underset{(\mathbf{1})}{(CH_3)_3C—CH═CH_2}$$

氯代新己烷（**3**）：于高压反应釜中，加入叔丁基氯（**2**）185 g（2 mol），石油醚 62 g，0.05 摩尔量的硅铝复合催化剂，搅拌下通入乙烯，保持反应温度 40℃，乙烯压力 0.5 MPa，反应 1.5 h 后，关闭乙烯阀门，直至乙烯压力不再下降。将生成的黄色透明液水洗、5%的氢氧化钠溶液洗涤，再水洗至中性。常压精馏，收集 118～122℃的馏分，得化合物（**3**）211 g，收率 88%。

新己烯（**1**）：于安有搅拌器、温度计、精馏柱的反应瓶中，加入 2-甲基吡咯烷酮 115 mL，于 80℃加入氢氧化钠［化合物（**3**）的 1.25 mol］，而后慢慢滴加化合物（**3**），加热升至 140～180℃，收集 60℃之前的馏分，收率 82%，纯度 99%。

由 E2 反应的消除方式所决定，这类反应是立体有择性反应。赤型和苏型 1-溴-1,2-二苯基丙烷在氢氧化钠乙醇溶液中消除，分别得到顺式烯和反式烯。

C_6H_5, H—C—CH_3, H—C—Br, C_6H_5 (赤型) ⇌ C_6H_5, H, C_6H_5, CH_3, H, Br $\xrightarrow[C_2H_5OH]{NaOH}$ C_6H_5, CH_3, C_6H_5, H (顺-1,2-二苯基丙烯)

C_6H_5, H—C—CH_3, Br—C—H, C_6H_5 (苏型) ⇌ C_6H_5, H, H, CH_3, C_6H_5, Br $\xrightarrow[C_2H_5OH]{NaOH}$ C_6H_5, CH_3, H, C_6H_5 (反-1,2-二苯基丙烯)

α-溴代肉桂醛本身为普遍使用的广谱杀菌、防腐、防蛀、防臭剂，具有持效期长、挥发性小、毒性小等特点，广泛应用日用品、食品工业、纺织以及装饰材料等方面。

***α*-溴代肉桂醛**（*α*-Bromocinnamaldehyde），C_9H_7BrO，211.06。白色针状结晶。mp 66～68℃。

制法

方法 1　樊能廷. 有机合成事典. 北京：北京理工大学出版社，1992：15.

$$\underset{(\mathbf{2})}{C_6H_5CH{=}CHCHO} + Br_2 \longrightarrow C_6H_5CHBrCHBrCHO \xrightarrow{K_2CO_3} \underset{(\mathbf{1})}{C_6H_5CH{=}C(Br)CHO}$$

于安有搅拌器、回流冷凝器、滴液漏斗的反应瓶中，加入冰醋酸 167 mL，肉桂醛（**2**）44 g（0.33 mol），冰水浴冷却，剧烈搅拌下滴加液溴 53.5 g（0.33 mol）。加完后加入无水碳酸钾 23 g（0.17 mol），搅拌。放气停止后加热回流 30 min。冷却，搅拌下倒入 450 mL 冷水中，析出红色粗品。抽滤，水洗，尽量抽干。溶于 220 mL 95%的乙醇中，加入 50 mL 水，加热至澄清，先室温放置析晶，而后冰箱中放置。抽滤，用 80%的冷乙醇洗涤，干燥，得化合物（**1**）52～60 g，收率 75%～85%。

方法 2　林笑，王凯，黄婷，巨修炼. 武汉工程大学学报，2011，33

(12)：33.

于反应瓶中加入乙酸乙酯 50 mL，肉桂醛（**2**）13.2 g（0.1 mol），搅拌溶解，冷至 0℃。滴加溴 16 g（0.1 mol），约 1 h 加完，继续搅拌反应 15 min。加入无水醋酸钠 12.3 g（0.15 mol），于 50℃搅拌反应 30 min，再与 80℃反应 3 h。冷至室温，过滤，水洗。有机层减压浓缩，剩余物加入 50 mL 石油醚，搅拌冷却，析出颗粒状固体。过滤，石油醚洗涤，干燥，得黄色固体（**1**）18.2 g，收率 86.2%，mp 70～72℃。

在开链化合物中，分子可以通过单键的旋转采取 H 和 X 处于反式共平面的构象，然而，在环状化合物中，情况并非总是如此。

环已烷衍生物进行 β-消除时，必须是 1,2-a,a（竖键）构象才能符合 E2 消除的反式共平面的立体化学要求。氯盖烷（**1**）和新盖基氯（**2**）是两个典型的例子。

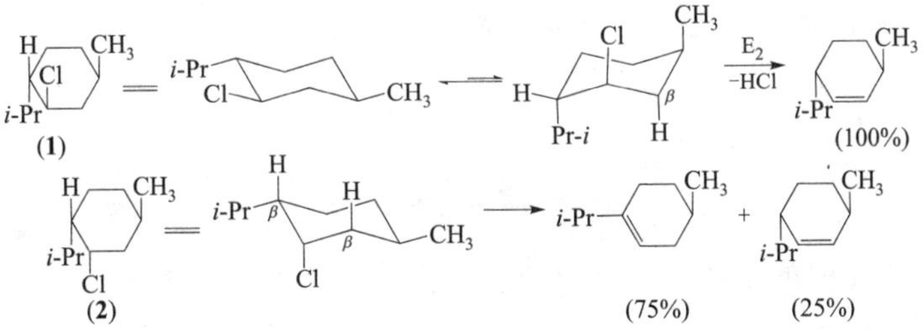

在化合物（**1**）中，氯原子处于直立键上的构象才符合反式共平面的要求，因而更容易发生 β-消除反应，尽管其能量较氯原子处于平伏的构象要高，但可以通过环的翻转生成这种不稳定的构象，得到的产物也不符合 Zaitsev 规则。

化合物（**2**）的稳定构象中，氯原子处于直立键上，有左右两个 β-H 可以发生 β-消除反应，因而可以生成两种消除产物，其中主要产物符合 Zaitsev 规则。

一些顺式消除的例子已有不少报道。

桥环结构具有一定的刚性骨架，两个消除的基团不可能形成反式共平面的关系，这时顺式消除反而更有利。例如，反-2,3-二氯降冰片烷在戊醇钠-戊醇中进行顺式消除，比顺-2,3-二氯降冰片烷的消除快 66 倍。

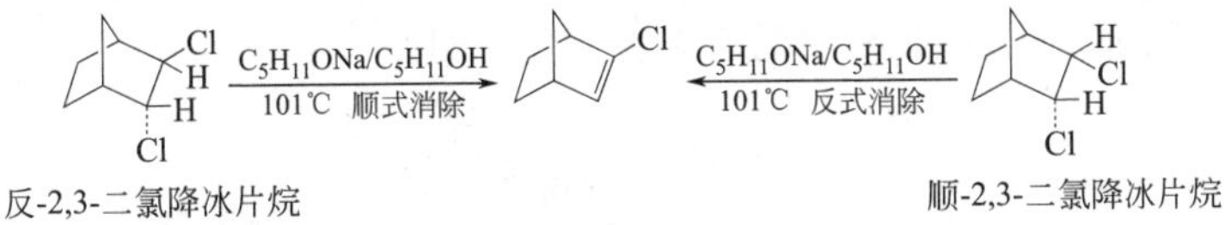

$C_5H_{11}ONa/C_5H_{11}OH$，101℃ 顺式消除；$C_5H_{11}ONa/C_5H_{11}OH$，101℃ 反式消除

反-2,3-二氯降冰片烷　　顺-2,3-二氯降冰片烷

如下氘代的降冰片溴化物发生消除反应，得到 94% 的不含氘的产物，说明反应中也是发生了顺式消除反应。

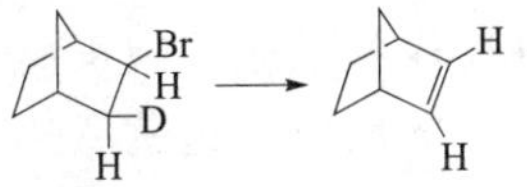

在这种情况下。由于分子的刚性结构，外型的 X 基团和内型的 β-H 不能达到反式共平面的 180°的二面角，这里的二面角接近 120°。此时更容易发生二面角接近于 0°的顺式消去。

上述各种例子说明，反式消去反应要求二面角为 180°，当这样的二面角无法达到时，反式消去反应的速率会降低，甚至完全被顺式消去所代替。

在 4～13 元环化合物中，六元环化合物是仅有的可以达到无张力的反式共平面构象的化合物，因此，在六元环化合物中很少有顺式消去反应。

另外，当遇到较差的离去基团时，如氟化物、三甲胺等，则顺式消除可能占优势。不同的反应机理也会有不同的立体化学要求。

2. 单分子消除机理（E1）

E1 机理与 E2 机理不同，反应分步进行。首先是离去基团解离，生成碳正离子，该步反应中共价键异裂，活化能较高，为决定反应速率的步骤。而后碳正离子很快在 β-碳原子上失去质子生成烯烃。

$$\mathrm{H{-}\overset{|}{\underset{|}{C}}{-}\overset{|}{\underset{|}{C}}{-}X} \xrightleftharpoons{\text{慢}} \mathrm{H{-}\overset{|}{\underset{|}{C}}{-}\overset{|}{\underset{|}{C^{+}}}} + \mathrm{X^{-}}$$

$$\mathrm{H{-}\overset{|}{\underset{|}{C}}{-}\overset{|}{\underset{|}{C^{+}}}} \xrightarrow{\text{快}} \mathrm{{>}C{=}C{<}} + \mathrm{H^{+}}$$

决定反应速率的步骤只与反应的第一步反应底物的解离有关，称为单分子消除反应，用 E1 表示。

实际上，E1 反应的第一步与 S_N1 反应的第一步完全相同，不同的是第二步。在第二步反应中，E1 是碳正离子的 β-碳上的氢失去（质子）生成烯，而 S_N1 是碳正离子直接与带负电性的溶剂或负离子结合生成取代产物。在纯碎的 E1 反应中，产物应当是完全没有立体专一性的，因为碳正离子在失去质子前，可以自由地生成最稳定的构象。

E1 机理的主要证据如下。

$V=K[\mathrm{RX}]$，反应动力学是一级的，反应速率与碱性试剂无关，只涉及卤代烃一个分子。

若反应中使用两种不同的反应物，而这两种反应物可以生成相同的碳正离子，由于反应物不同，生成碳正离子的速率也不同。例如 t-BuCl 和 t-$\mathrm{BuSMe_2}^+$。

$$t\text{-BuCl} \longrightarrow \begin{cases} \xrightarrow{36.3\%} \mathrm{H_2C{=}C(CH_3)_2} \xleftarrow{35.7\%} \\ \xrightarrow{63.7\%} t\text{-BuOH} \xleftarrow{64.3\%} \end{cases} \longleftarrow t\text{-Bu}\overset{+}{\mathrm{S}}\mathrm{Me_2}$$

在上述反应中生成了相同的碳正离子，而且生成速率不同，若反应溶剂相同、反应温度也相同，则两种反应物生成的碳正离子的反应性也应当相同，因为离去基团的性质不会影响第二步的反应。这就意味着生成的产物应当相同，即消去和取代反应的产物比例应当相同。上述反应在 63.5℃、80%的乙醇中进行，尽管它们的反应速率不同，但反应产物的比例非常相近，误差在 1%以内。若反应按照双分子机理进行，不可能得到这样的结果。

E1 反应生成碳正离子，在有些反应中，碳正离子会发生重排，这种现象已被发现。

由于 E1 与 S_N1 反应的第一步相同，都是生成碳正离子，因而具有某些类似的特征，是一对竞争性反应，常伴有碳正离子重排。该反应的特点如下。

（1）碳正离子也可受到溶剂分子的亲核进攻而发生 S_N1 反应，消除产物和取代产物的比例取决于溶剂的极性和反应温度。一般而言，低极性溶剂和较高反应温度有利于 E1。

（2）反应速率取决于碳正离子的生成速率，离去基团相同时，取决于碳正离子的稳定性。由于碳正离子稳定性次序为：$R_3C^+ > R_2CH^+ > RCH_2^+$，因此，不同卤代物的消除活性次序为：$R_3C\text{-}X > R_2CH\text{-}X > RCH_2\text{-}X$。当烃基相同时，相同条件下反应速率取决于离去基团的性质，其活性次序为：RI ＞RBr ＞RCl。但消除与取代物的比例与离去基团的性质无关。例如前面的例子，叔丁基氯和叔丁基二甲锍盐，离去基团不同，但在相同条件下，虽然反应速率不同，但消除和取代产物的比例相差很小。

（3）碳正离子中与中心碳原子相连的基团可以通过 σ-键自由旋转，所以 E1 消除缺乏立体选择性。

（4）碳正离子可以重排生成更稳定的碳正离子，从而使消除反应变得复杂化，因此在制备烯烃时应特别注意，有时甚至不适于烯烃的制备。

叔卤代烷和苄基卤代化合物容易按照 E1 机理进行消除反应。

$$(CH_3)_3C\text{—}Cl \xrightarrow{KOH,EtOH} (CH_3)_2C\text{=}CH_2$$

3. 单分子共轭碱消除机理（E1cb）

在 E1 反应中，离去基团首先离去生成碳正离子，而后是 β-H 作为质子离去生成烯；在 E2 反应中，是两个基团同时离去生成烯。第三种情况是 β-H 在碱作用下首先离去生成碳负离子，而后再使离去基团离去而生成烯，这是一种两步反应，称为 E1cb 机理。

E1cb 机理是通过底物共轭碱的单分子消除过程。首先底物发生 C_β-H 键的异裂，生成碳负离子（底物的共轭键），而后离去基团再离去生成烯烃。

$$B^- + H\text{—}\overset{|}{\underset{|}{C}}{}^{\beta}\text{—}\overset{|}{\underset{|}{C}}{}^{\alpha}\text{—}L \underset{-HB}{\overset{慢}{\rightleftharpoons}} {}^{-}\overset{|}{\underset{|}{C}}\text{—}\overset{|}{\underset{|}{C}}\text{—}L \xrightarrow[快]{-L^-} \rangle C\text{=}C\langle$$

$V=K[B^-][RL]$，反应动力学是二级的。碳负离子是被消除物的共轭碱。但仅从生成烯烃的反应看，又是单分子反应，故称为单分子共轭碱消除机理，简称 E1cb 机理。

中间体是碳负离子，E1cb 反应不如 E1 和 E2 反应普遍。只有当底物分子中的离去基团离去困难，难以形成碳正离子，而 β-碳上有强吸电子基团如 $-NO_2$、—CN、—CHO 等，β-H 的酸性较强，且试剂的碱性足以夺取 β-H 时，才能按 E1cb 机理进行反应。例如 1,1-二氯-2,2-二氟乙烯的合成，其为药物合成中间体。

1,1-二氯-2,2-二氟乙烯（1,1-Dichloro-2,2-difuloroethylene），$C_2Cl_2F_2$，132.92。

制法　徐卫国，陈先进. CN 1566048. 2005-01-19.

$$\underset{(\mathbf{2})}{CClF_2-CHCl_2} \xrightarrow{NaOH, Bu_4NBr} \underset{(\mathbf{1})}{CF_2=CCl_2}$$

于反应瓶中加入 25% 的氢氧化钠水溶液 240 g，四丁基溴化铵 1.0 g，搅拌下于 20～25℃滴加 2,2-二氟-1,1,2 三氯乙烷（**2**）169.5 g（1.0 mol），约 2 h 加完，加完后继续保温反应 2 h。经处理得产物（**1**）125 g，含量 99.0%，收率 94%。

也可以采用如下方法来合成。

$$Cl_2CH-CF_3 \underset{CH_3OH}{\overset{CH_3ONa}{\rightleftharpoons}} Cl_2\bar{C}-CF_3 \longrightarrow Cl_2C=CF_2 + NaF$$

又如：

(环己烷，C上有 $OOCCH_3$、Ph；相邻C上有 H、NO_2) + t-BuONa/t-BuOH $\rightleftharpoons$ (碳负离子，$OOCCH_3$、Ph、NO_2) $\longrightarrow$ (1-苯基-2-硝基环己烯，Ph、NO_2) + CH_3COO^-

必需指出的是，E1、E2 和 E1cb 机理仅仅是离子型消除反应的三种极限机理，它们之间决非孤立的。可以认为 E1 和 E1cb 是 E2 的两种极端情况，随着反应条件的改变，反应机理可能相互转化，并且在三种极限机理中间可能有其他中间形式的机理。在 E2 机理中，C-L 键和 C_β-H 键的断裂协同进行，只是一种理想状态。在实际反应中，在过渡态时，C-L 键的断裂程度可以比 C_β-H 键的断裂程度大，则该 E2 反应就带有 E1 的特征，发展到极端就是 E1 反应，此时主要生成 Saytzeff 烯烃。相反，C_β-H 键在过渡态时的断裂程度较 C-L 键大，则此时的 E2 就具有部分 E1cb 的特征，发展到极端就是 E1cb 反应，此时生成 Hofmann 烯烃。

C-L键断裂程度增大，Saytzeff取向 →

E1cb	似E1cb的E2	E2	似E1的E2	E1
$-\bar{C}-C(L)-$	$B\cdots H$，$-C\overset{\delta^-}{=}C-L$	$B\cdots H$，$-C=C-L$	$B\cdots H$，$-C=C^{\delta^+}\cdots L^{\delta^-}$	$-C-\overset{+}{C}-$

← C_β-H键断裂程度增大，Hofmann取向

二、消除反应的取向——双键的定位规则

在发生消除反应时，如果有可能生成两种或两种以上的烯烃异构体，则消除的取向决定产物的比例。消除的取向有一定规律，即双键定位规则，据此可以预言主要产物。

1. Saytzeff 规则

1875 年，俄国化学家 Saytzeff 在总结卤代烃、醇等大量消除反应试验事实后指出，在 β-消除反应中，主要产物是双键上烃基较多的稳定烯烃，称为 Saytzeff 规则。烯烃的稳定性如下。

$$R_2C{=}CR_2 > R_2C{=}CHR > R_2C{=}CH_2,\ RCH{=}CHR > RCH{=}CH_2 > CH_2{=}CH_2;$$

$$RCH_2{-}CH{=}CH{-}CH{=}CH_2 > RCH{=}CH{-}CH_2{-}CH{=}CH_2;$$

$$PhCH{=}CH{-}CH_2R > PhCH_2{-}CH{=}CHR$$

例如：

$$(CH_3)_2C(Br)CH_2CH_3 \xrightarrow{KON,EtOH} \underset{(70\%)}{(CH_3)_2C{=}CHCH_3} + \underset{(30\%)}{CH_2{=}C(CH_3)CH_2CH_3}$$

而在如下反应中则生成了更稳定的共轭双烯。

$$CH_2{=}CHCH_2CH(Br)CH(CH_3)CH_3 \xrightarrow{KON,\ EtOH} CH_2{=}CH{-}CH{=}CH{-}CH(CH_3)CH_3$$

$$Br{-}C_6H_{10}{-}Br \xrightarrow[C_2H_5OH]{C_2H_5ONa} \text{1,3-环己二烯}$$

又如 1,3,5-环辛三烯的合成（Masaji O，Takeshi K，Hiroyuki K. Org Synth，1998，Coll Vol 9：191）。

1,3,5-环辛三烯（1,3,5-Cyclooctatriene），C_8H_{10}，106.16。无色液体。bp 63～65℃/6.38 kPa。

制法　Masaji O，Takeshi K，Hiroyuki K. Org Synth，1998，Coll Vol 9：191.

$$\text{(2)} \xrightarrow[CCl_4]{NBS} \text{(3)(Br)} + \text{(4)(Br)} \xrightarrow[DMF]{Li_2CO_3,\ LiCl} \text{(1)}$$

3-溴-1,5-环辛二烯（**3**）和 6-溴-1,4-环辛二烯（**4**）：于安有搅拌器、回流冷凝器的 2 L 反应瓶中，加入 1,5-环辛二烯（**2**）216.4 g（2.0 mol），*N*-溴代丁二酰亚胺（NBS）44.5 g（0.25 mol），过氧化苯甲酰 0.5 g，四氯化碳 700 mL，搅拌下加热至回流。反应引发后，可以看到剧烈的回流。每隔 30 min 加入一次 NBS 44.5 g（0.25 mol），共加入 NBS 178 g（1.0 mol）。加完后继续搅拌回流 1.5 h。冷至室温，过滤，滤饼用四氯化碳 150 mL 洗涤。合并滤液和洗涤液，水洗，无水氯化钙干燥。减压旋转浓缩，剩余物减压精馏，收集 66～69℃/

0.665 kPa 的馏分，得溴代环辛二烯（**3**）和（**4**）的混合物 113～121 g，收率 60%～65%。

1,3,5-环辛三烯（**1**）：于安有搅拌器、温度计、回流冷凝器、滴液漏斗、通气导管的反应瓶中，如碳酸锂 25.9 g（0.35 mol），氯化锂 2 g（0.047 mol），DMF 400 mL，搅拌下加入至 90℃，分批加入上述溴代环辛二烯（**3**）和（**4**）的混合物 113.5 g（0.607 mol），约 50 min 加完。在此过程中可以看到有二氧化碳气体放出。加完后于 90～95℃搅拌 1 h。冷至室温，倒入 1000 mL 冰水中，戊烷提取 2 次，每次 200 mL。合并有机层，水洗 2 次，无水硫酸钠干燥。旋转浓缩后减压分馏，收集 63～65℃/6.384 kPa 的馏分，得 1,3,5-环辛三烯（**1**）54～58 g，收率 84%～90%。

2. Hofmann 规则

在 E1cb 反应机理中，首先失去 β-H，生成碳负离子，然后离去基团离去生成烯。决定反应取向的是第一步。失去哪种 β-H 后生成的碳负离子最稳定，则哪种取向就占优势。由于碳负离子的稳定性次序是 1°＞2°＞3°，所以在 E1cb 反应中伯氢比仲氢和叔氢更容易被强碱夺取形成碳负离子，此时得到的主要产物是取代基较少的 Hofmann 烯烃。

离去基团为强吸电子基团，或离去基团带有正电荷（如 R_3N^+，R_2S^+）时，主要生成 Hofmann 烯烃。

$$\overset{\beta}{CH_3}—\overset{\alpha}{CH_2}—\underset{\underset{^+N(CH_3)_3}{|}}{CH}—\overset{\beta'}{CH_3} \xrightarrow[150℃]{-N(CH_3)_3} \underset{(5\%)}{CH_3—CH═CH—CH_3} + \underset{(95\%)}{CH_3CH_2CH═CH_2}$$

β'-碳原子失去质子生成 1°碳负离子，比 β-碳原子失去质子生成的 2°碳负离子稳定，容易发生 E1cb 反应生成 Hofmann 烯烃。

3. Bredt 规则

在桥式二环化合物中，不能在小环体系的桥头碳上形成双键，这是 Bredt 规则的基础，但可生成 Hofmann 烯烃。例如：

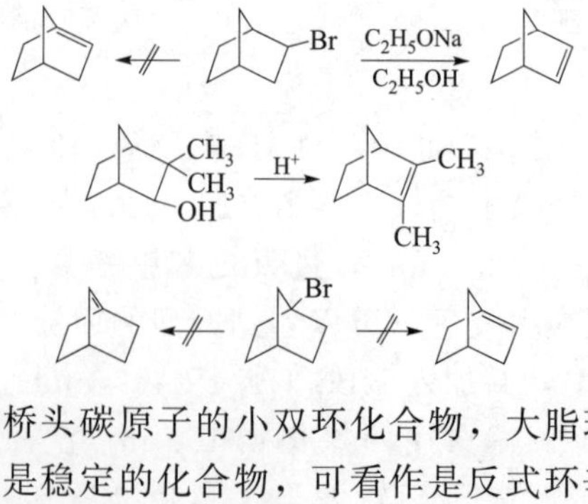

Br　$\xrightarrow[C_2H_5OH]{C_2H_5ONa}$

CH_3 CH_3 OH　$\xrightarrow{H^+}$　CH_3 CH_3

Br

此规则仅适用于含桥头碳原子的小双环化合物，大脂环化合物例外，例如环辛烯类的双环化合物都是稳定的化合物，可看作是反式环辛烯的衍生物。

二环[3.3.1]壬-1-烯　二环[4.2.1]壬-1(8)-烯

如下化合物是含有反式环庚烯的桥环化合物，目前尚未被分离出来。人们曾试图来合成，但分离之前已发生二聚。

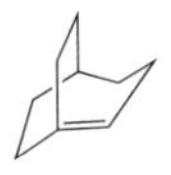

但如下含亚胺双键的化合物已在低温下得到。

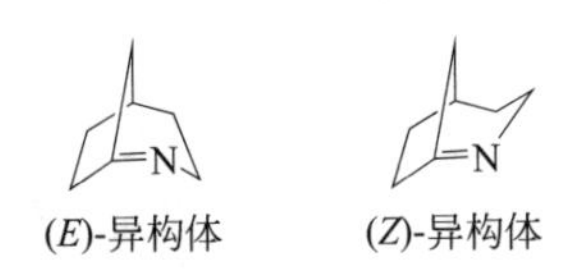
(*E*)-异构体　(*Z*)-异构体

4. 其他消除规律

（1）无论哪一种机理，若分子中已有双键（C═C、C═O）或芳环，且可能与新的双键共轭，消除反应常以形成共轭体系的产物为主，甚至立体化学不利的情况下也是如此。例如：

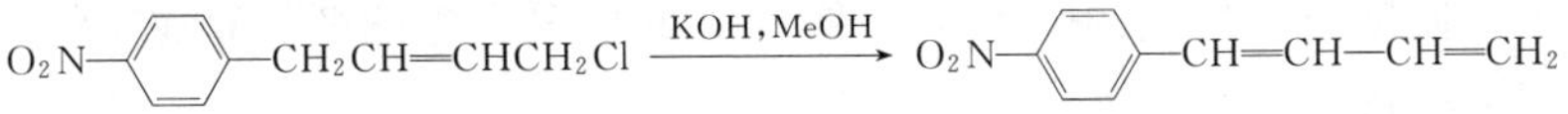

$$O_2N\text{-}C_6H_4\text{-}CH_2CH{=}CHCH_2Cl \xrightarrow{KOH,MeOH} O_2N\text{-}C_6H_4\text{-}CH{=}CH{-}CH{=}CH_2$$

$$C_6H_5CH_2CHClCH_3 \xrightarrow[C_2H_5OH]{C_2H_5ONa} C_6H_5CH{=}CHCH_3$$

$$C_6H_5CH_2CH(\overset{+}{N}(CH_3)_3)CH_3 \xrightarrow{\triangle} \underset{(主)}{C_6H_5CH{=}CHCH_3} + \underset{(次)}{C_6H_5CH_2CH{=}CH_2}$$

（2）对于环状化合物的消除反应，应注意消除反应的机理，卤化物的 E2 反应为 1,2-直立键构象的消除，不一定遵循 Saytzeff 规则。

（3）邻二卤代物的成炔反应取向　邻二卤代物或偕二卤代物在氢氧化钾乙醇溶液中加热，生成三键上取代基较多的炔烃。例如：

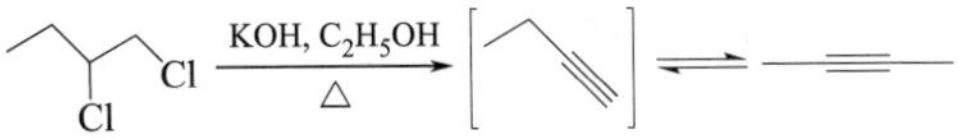

$$\text{Cl, Cl} \xrightarrow[\triangle]{KOH,\ C_2H_5OH} [\ \ ] \rightleftharpoons$$

同样，孤立二炔在碱存在下也可以异构化为共轭的二炔。例如：

$$PhC{\equiv}CMgBr + BrCH_2C{\equiv}CH \xrightarrow[THF]{CuCl_2} PhC{\equiv}C{-}CH_2C{\equiv}CH \xrightarrow[EtOH]{NaOH} PhC{\equiv}C{-}C{\equiv}CCH_3$$

但用强碱氨基钠时，则生成端基炔。

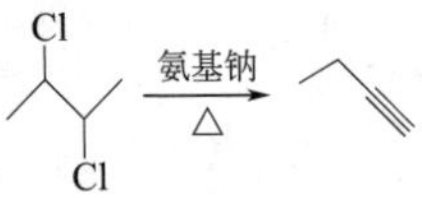

$$\text{Cl, Cl} \xrightarrow[\triangle]{氨基钠}$$

使用强碱时，分子中的炔键甚至可以异构化为端基炔键。例如 9-癸炔-1-醇的合成（林原斌，刘展鹏，陈红飚.有机中间体的制备与合成.北京：科学出版社，2006：109）。

$$\mathrm{HOCH_2C{\equiv}C(CH_2)_6CH_3 \xrightarrow[(83\%\sim88\%)]{LiHN(CH_2)_3NH_2,\,\mathit{t}\text{-}BuOK} HOCH_2(CH_2)_7C{\equiv}CH}$$

三、β-消除反应的主要影响因素

卤代烃既可以与亲核试剂发生亲核取代反应，又可以在碱的存在下发生消除反应。而且亲核试剂和碱都是富电子亲核试剂，亲核试剂具有碱性，而碱又具亲核性。实际上亲核试剂和碱经常是同一试剂。因此，卤代烃几乎所有的消除反应和亲核取代之间都存在着竞争。这样就存在一个如何在合成中控制反应的问题，使反应主要发生消除或取代。因此，在讨论消除反应的活性和影响因素时，主要讨论如何避免或减少取代等副反应的发生。控制反应的主要因素是卤代烃的结构，其次是反应试剂、反应条件等，使反应按照 E1、E2 或 E1cb 机理进行。

1. 反应物的结构

在反应物结构中，离去基团以及 α,β-取代基的电子效应和立体效应，对反应有明显的影响。与 α,β-碳原子直接相连的原子或基团，至少有四种作用：

a. 可以使新生成的双键稳定或不稳定；

b. 可以使反应中生成的碳负离子稳定或不稳定，影响质子的酸性（只有 β-取代基有影响）；

c. 可以使新生成的碳正离子稳定或不稳定（只有 α-取代基有影响）；

d. 可能有立体效应影响。

上述四种作用，a 和 d 适用于 E1、E2 和 E1cb 三种机理，立体效应对 E2 反应影响最大；b 不适用于 E1 机理，c 不适用于 E1cb 机理。

凡是消除后生成的双键能与取代基（例如芳环、C═C 等）形成共轭体系时，无论哪一种机理，都能使反应速率增大（除非 C═C 的形成可能不是决定反应速率的情况），有利于消除反应。例如：

$$\mathrm{CH_2{=}CHCH_2CH_2Cl \xrightarrow[C_2H_5OH]{KOH} \underset{(95\%)}{CH_2{=}CHCH{=}CH_2} + CH_2{=}CHCH_2CH_2OC_2H_5}$$

又如 1,3,5-环辛三烯的合成（Masaji O，Takeshi K，Hiroyuki K. Org Synth，1998，Coll Vol 9：191）。

$$\text{环辛-1,5-二烯} \xrightarrow{\mathrm{NBS,\ CCl_4}} \underset{(60\%\sim65\%)}{\text{3-溴环辛-1,5-二烯 (Br)} + \text{溴代环辛二烯 (Br)}} \xrightarrow{\mathrm{Li_2CO_3,\ LiCl}} \underset{(88\%\sim90\%)}{\text{1,3,5-环辛三烯}}$$

β 位上有吸电子基团，如 Cl、B_r、CN、NO_2、SR、C_6H_5 等，由于这些吸电子基增加了 β-H 的酸性，则有利于 E2 消除反应。

α-碳的空间位阻大，亲核试剂不容易靠近 α-碳原子，有利于消除反应而不利于取代反应。在伯、仲、叔卤代烃发生消除反应时，由易到难的次序为：叔＞仲＞伯卤代烃。例如：

$$(CH_3)_3C—Br \xrightarrow[C_2H_5OH]{C_2H_5ONa} (CH_3)_2C=CH_2 \quad (100\%)$$

α-烷基和 α-芳基可以稳定生成的碳正离子，从而有利于 E1 反应机理。

β-位上连有芳基，具有稳定生成的碳负离子的作用，有利于按照 E1cb 机理进行反应。

α-碳上取代基数目增多，有利于消除反应，叔烷基卤化物很少发生 S_N2 取代反应。表 1-1 是 α-支链和 β-支链溴代烷与 EtO^- 反应，对发生 E2 消除的速率和烯烃收率的影响。

表 1-1 α-支链和 β-支链对 E2 反应的影响

底物	反应温度/℃	烯的收率/%	E2 反应速率（$\times 10^5$）
CH_3CH_2Br	55	0.9	1.6
$(CH_2)CHBr$	24	80.3	0.237
$(CH_3)_3CBr$	25	97	4.17
$CH_3CH_2CH_2Br$	55	8.9	5.3
$(CH_3)_2CHCH_2Br$	55	59.5	8.5

随着 α-碳支链的增多，通常有更多的氢被碱进攻，另一方面，则是发生 S_N2 反应的空间位阻增大，因此 E2 的反应速率增大，烯烃的收率提高。

β-支链的增加也使得 E2 反应的速率增大，烯烃收率提高，则可能是由于空间因素造成的，空间位阻的增大使得 S_N2 反应被减慢了很多，相对而言使得消除反应加快了。

带有正电荷的离去基，消除倾向比取代反应大。

1,2-二卤化物可以发生消除反应生成共轭二烯。例如 1,3-环己二烯的合成。1,3-环己二烯是重要的有机合成中间体，特别是在 Diels-Alder 反应中作为双烯体来使用。

1,3-环己二烯（Cyclohexa-1,3-diene，1,3-Cyclohexadiene），C_6H_8，80.13。无色透明液体，bp 80～82℃。d_4^{20} 0.840，n_D^{20} 1.475。易溶于乙醚，溶于乙醇，不溶于水。

制法

方法 1 Furniss B S，Hannaford A J，Rogers V，et al. Vogel's Textbook of Practical Chemistry. Longman London and New York. Fourth edition，1978：333.

Br
喹啉
160～170℃
(2) (1)

于安有搅拌器、蒸馏装置的250 mL反应瓶中，加入3-溴环己烯（**2**）32.2 g（0.2 mol），重新蒸馏过的干燥的喹啉77 g，于接受瓶处连一氯化钙干燥管以防止水气的侵入。搅拌下油浴加热至160～170℃，不断蒸出生成的1,3-环己二烯，收集80～82℃的馏分，得1,3-环己二烯（**1**）约11 g，收率68%。

方法2 林原斌，刘展鹏，陈红飚.有机中间体的制备与合成.北京：科学出版社，2006：94.

$$\text{1,2-二溴环己烷 } (\mathbf{2}) \xrightarrow{(CH_3)_2CHONa} \text{1,3-环己二烯 } (\mathbf{1})$$

于安有搅拌器、温度计、回流冷凝器的反应瓶中，加入500 mL三缩乙二醇二甲醚，300 mL异丙醇，分批加入氢化钠53.5 g（2.23 mol），搅拌均匀后，改为蒸馏装置，升温至100～110℃，将异丙醇蒸出。通入氮气，水泵减压蒸馏将异丙醇尽量蒸出。安上滴液漏斗，滴加1,2-二溴环己烷（**2**）242 g（1.0 mol），控制滴加速度，使反应温度维持在100～110℃，同时水泵蒸出生成的产物（接受瓶用冰盐浴冷却），约30 min反应完。馏出液水洗4次，每次200 mL。无水硫酸镁干燥，得粗品56 g，收率70%。将粗品于氮气保护下常压分馏，收集78～80℃的馏分，得纯品（**1**）28～32 g，收率35%～40%。

在如下反-丁烯二酸的合成中，β-碳上连有吸电子的酰基溴基，脱溴化氢很容易，甚至在酸性条件下即可脱去溴化氢而生成烯键。反-丁烯二酸又名延胡索酸、富马酸或紫堇酸、地衣酸等，是重要的有机合成中间体，也是药物合成中间体。在医药工业中用于解毒药二巯基丁二酸的生产。将反-丁烯二酸用碳酸钠中和，即得到反-丁烯钠，进而用硫酸亚铁置换得到反-丁烯二酸铁，是用于治疗小红血球型贫血的药物富血铁，该品作为一种食品添加剂——酸味剂，用于清凉饮料、水果糖、果冻、冰淇淋等，大多与酸味剂柠檬酸并用，反-丁烯二酸与氢氧化钠反应制成的单钠盐，也用作酸味调味品。富马酸二甲酯是重要的防腐剂。

反-丁烯二酸 [Fumaric acid，(*E*)-2-Butenedioic acid，*trans*-Ethylene-1,2-dicarboxylic acid]，$C_4H_4O_4$，118.07。无色结晶。加热至200℃以上升华。于密闭的毛细管中加热，于286～287℃熔化。难溶于水，易溶于乙醇，难溶于乙醚。

制法 韩广甸，赵树纬，李述文.有机制备化学手册：中卷.北京：化学工业出版社，1978：227.

$$\underset{(\mathbf{2})}{HOOCCH_2CH_2COOH} \xrightarrow[Br_2]{PBr_3} BrCH(COBr)CH_2COBr \xrightarrow{H_2O} \underset{(\mathbf{1})}{(E)\text{-}HO_2CCH{=}CHCO_2H} + 3HBr$$

于安有搅拌器、回流冷凝器（连接溴化氢吸收装置）、滴液漏斗、温度计的反应瓶中，加入预先干燥的丁二酸（**2**）118 g（1.0 mol），新蒸馏的三溴化磷

212 g，搅拌下滴加干燥的溴 307 g（98.5 mL），约 2 h 加完。滴加过程中体系变黏稠以至于难以搅拌。停止搅拌，加完所有的溴。放置过夜。水浴加热，搅拌 4 h，使溴的颜色消失（加热时不要使溴的蒸气逸出）。将反应物慢慢倒入 300 mL 沸水中，充分搅拌，析出结晶。再加入 500 mL 水，加热至沸，使固体物溶解，过滤。冷却析晶。抽滤析出的晶体，水洗、干燥，得反-丁烯二酸 25～30 g。母液减压浓缩至 1/2 体积时，冷却后又析出部分产品。共得反-丁烯二酸（**1**）58 g，收率 50%。

三溴化磷可以用如下方法制备：于安有搅拌器、回流冷凝器（连接溴化氢吸收装置）、滴液漏斗、温度计的反应瓶中，加入红磷 41 g，二硫化碳 250 mL，于 1.5 h 内滴加由干燥的溴 326 g（105 mL）与 200 mL 二硫化碳配成的溶液，待红磷完全反应完后，水浴蒸出二硫化碳，而后蒸馏，收集 170～173℃的馏分，得三溴化磷 250 g。三溴化磷的沸点为 172.9℃。应将其保存于密闭的容器中。

工业上反-丁烯二酸是由顺-丁烯二酸酐水解后异构化来制备的。

2. 碱性试剂和溶剂

除了醇的消除可用酸催化之外，大多数用于制备烯类化合物的消除反应是在碱性条件下进行的。为了减少取代副反应的发生，应使反应尽可能的向 E1→E2→E1cb 机理转移，以利于消除反应。

E1 机理往往不需要额外加碱，溶剂就可以起到碱的作用。E1 反应中，碳正离子的生成与碱无关，一旦生成碳正离子，容易发生取代反应。

E2 和 E1cb 消除，反应速率与碱的浓度和强度有关。碱的浓度大，碱性强有利于消除。常用的碱有氢氧化钠（钾）、醇钠、氨基钠、碳酸钠（钾）、有机叔胺等。一般在氢氧化钠（钾）的醇溶液中进行。增强碱的强度和浓度，有利于反应机理按照如下方向移动：E1→E2→E1cb。如下反应使用强碱叔丁醇钾，则主要发生 E1cb 反应（Allen C F，Kalm M J. Org Synth，1963，Coll Vol 4：616），生成 2-亚甲基十二烷酸。

2-亚甲基十二烷酸（2-Methylenedodecanoic acid），$C_{13}H_{24}O_2$，212.33。无色固体。mp 33.3～34.2℃，bp 149～151℃/226 Pa。

制法　Allen C F，Kalm M J. Org Synth，1963，Coll Vol 4：616.

$$\underset{(\mathbf{2})}{CH_3(CH_2)_9\overset{CH_3}{\overset{|}{C}}HCOOH} \xrightarrow[PBr_3]{Br_2} \underset{(\mathbf{3})}{CH_3(CH_2)_9\overset{CH_3}{\overset{|}{\underset{Br}{\underset{|}{C}}}}COBr} \xrightarrow[\text{2. NaOH; 3. }H_2SO_4]{\text{1. }t\text{-BuOK}} \underset{(\mathbf{1})}{CH_3(CH_2)_9\overset{CH_2}{\overset{\|}{C}}COOH}$$

于安有搅拌器、温度计、滴液漏斗、回流冷凝器的反应瓶中，加入 2-甲基十二烷酸（**2**）30 g（0.14 mol），三溴化磷 13. mL（0.144 mol），搅拌下慢慢滴加干燥的溴 24.6 mL（0.284 mol），加完后慢慢升温，于 85～90℃反应 1.5 h，再加入 3.6 mL 溴，于 85～90℃继续反应 18 h。冷至室温，倒入 350 g 冰水中，转入分液漏斗中，用150 mL苯提取。分出有机层，水层用苯提取两次。合并有机层，水洗，无水硫酸钠干燥。减压浓缩（浴温低于70℃），得粗品α-溴代酰溴（**3**）。

于另一安有搅拌器、滴液漏斗、回流冷凝器的反应瓶中，加入干燥的叔丁醇300 mL，分批加入金属钾13.7 g（0.35 mol），溶解后慢慢滴加上述化合物（**3**），加完后搅拌回流反应1 h。冷后加入水900 mL，用石油醚提取（于30～60℃提取）两次，每次用100 mL。合并石油醚层，水洗两次，无水碳酸钠干燥。减压蒸馏，收集129～130℃/400 Pa的馏分，得2-亚甲基十二烷酸叔丁酯18.5～21 g。将其加入95%的乙醇80 mL、85%的氢氧化钾7.4 g（0.102 mol）中，回流反应6 h。冷后加水240 mL，用石油醚提取两次（石油醚层弃去），水层用稀硫酸酸化至pH2，石油醚提取两次，每次用150 mL。合并石油醚，水洗，无水硫酸钠干燥，回收溶剂后减压蒸馏，收集149～151℃/226 Pa的馏分，得2-亚甲基十二烷酸（**1**）10.5～12 g，收率35%～41%。

试剂的碱性不仅与自身的性质有关，也与溶剂的性质有关。在质子溶剂中，碱性试剂与溶剂呈酸碱平衡（$B^- + SH \rightarrow BH + S^-$），同时又发生溶剂化作用，不利于消除反应。相反，减小溶剂的极性有利于消除反应。同时，在非质子极性溶剂中，碱的碱性强弱也会发生变化。例如：叔丁醇钾在DMSO中的碱性比在甲醇中强的多，甲醇钠在下列溶剂中其碱性也依次增强。$CH_3OH < DMF \sim CH_3CN \ll CH_3COCH_3 \ll$ O◯O，从而更有利于消除反应。所以，消除反应常在非质子极性溶剂或解离倾向小的质子溶剂中进行。

选择碱性溶剂时，还应考虑到碱性溶剂的立体效应。碱的强弱和浓度主要影响消除产物和取代产物的比例以及消除反应的速率，而碱性试剂的立体效应则影响到双键的定位。例如化合物（**5**）的消除反应：

KOH / ROH
Br (**5**) → [1] + [2]

R	1/%	2/%
C_2H_5	71	29
$(CH_3)_3C$	28	72
$C_2H_5(CH_3)_2C$	22	78
$(C_2H_5)_3C$	11	89

体积小的碱，Saytzeff烯烃［1］占优势，而体积大的碱，Hofmann烯烃［2］占优势。

在脱卤化氢的消除反应中，使用有机碱可抑制取代反应。如DBN（1,5-diazabicyclo［4,3,0］non-5-ene）和DBU（1,5-diazabicyclo［5,4,0］undec-7-ene)，具有较强的碱性，脱HX时不仅具有良好的选择性，而且可在较温和的反应条件下进行反应，实现用普通脱HX试剂难以进行的反应。

(DBN)　　(DBU)

$$Cl_3C-CH_2-\underset{}{C_3H_2(CH_3)_2}-CO_2CH_3 \xrightarrow[100℃]{DBU,\ DMF} Cl_2C{=}CH-C_3H_2(CH_3)_2-CO_2CH_3\ (91\%)$$

用 DBU 使对甲苯磺酸酯发生消除反应，可立体选择性的生成顺烯。例如：

$$-CH_2OCH_2CH(OTs)(CH_2)_{13}CH_3 \xrightarrow{DBU} -CH_2OCH_2CH{=}CH(CH_2)_{12}CH_3$$

若同叔丁醇钾共热，则生成顺、反混合烯烃。

活性较大的卤代烃，例如苄基位、烯丙基位、羟基 α-位有卤原子的卤代烃，可选用较弱的碱和较温和的反应条件进行消除，有时采用有机碱，如叔胺、吡啶、喹啉等，可避免或减少取代副产物。

$$C_6H_5CH(Cl)-CH(COC_6H_5)-CH{=}C(Cl)C_6H_5 \xrightarrow[CH_3OH]{CH_3CO_2K} C_6H_5CH{=}C(COC_6H_5)-CH{=}C(Cl)C_6H_5$$

$$\xrightarrow[rt,\ 2h]{(C_2H_5)_3N,\ C_6H_6}\ (88\%)$$

例如广谱驱肠虫药盐酸左旋咪唑（Levamisole hydrochloride）等的中间体苯乙烯的合成如下（韩广甸，赵树纬，李述文. 有机制备化学手册：中卷. 北京：化学工业出版社，1978：228）。

$$C_6H_5CH(Cl)-CH_3 \xrightarrow{喹啉} C_6H_5CH{=}CH_2\ (87\%)$$

又如心脑血管疾病治疗药物盐酸噻氯吡啶（Ticlopidine hydrochloride）等的中间体 2-乙烯基噻吩的合成。

2-乙烯基噻吩（2-Vinylthiophene），C_6H_6S，110.18。无色液体。bp 65～67℃/6.65 kPa。

制法　林原斌，刘展鹏，陈红飙. 有机中间体的制备与合成. 北京：科学出版社，2006：65.

$$\text{噻吩}\ (2) + CH_3CHO \xrightarrow{HCl} \text{2-噻吩基}-CH(Cl)CH_3\ (3) \xrightarrow{Py} \text{2-噻吩基}-CH{=}CH_2\ (1)$$

于安有搅拌器、温度计、通气导管的反应瓶中，加入噻吩（**2**）336 g（318 mL，4 mol），三聚乙醛 176 g（177 mL，1.33 mol），冷至0℃，加入浓盐酸 300 mL，搅拌下保持内温 10～13℃通入氯化氢气体，约 25 min 使之饱和。将反应物倒入 300 g碎冰中，充分搅拌，分出有机层，冰水洗涤 3 次，每次 200 mL。将有机层加入蒸馏瓶中，冷却下加入吡啶 316 g（322 mL，4 mol）和 2 g α-亚硝基-β-萘酚。将上述分出有机层后的水层，用乙醚提取 2 次，每次 200 mL。合并乙醚层，冰水洗涤后，氮气保护下回收乙醚。剩余物合并至上述有机物中。放置 1.5 h 后，氮气保护下减压蒸馏，接受瓶中放入 1 g α-亚硝基-β-萘酚，收集 125℃/6.65 kPa 以前的馏分，将蒸馏液倒入 400 g 碎冰与 400 g 浓盐酸组成的体系中，分出有机层，水层用乙醚提取 2 次，每次 100 mL。合并有机层，依次用 1%的盐酸 100 mL、水 100 mL、2%的氨水 100 mL 洗涤，无水硫酸镁干燥，回收溶剂后，氮气保护下减压精馏，收集 36℃/19.95 kPa 的馏分为噻吩（27.9～46.5 g），65～67℃/6.65 kPa 的馏分为 2-乙烯基噻吩（**1**），重 191.3～224 g，收率 50%～55%。

维生素类药阿法骨化醇（Alfacalcidol）中间体 6,6-亚乙二氧基-胆甾-1-烯-3-酮的合成中，脱溴化氢一步使用了 2,4,6-三甲基吡啶（TMP）有机碱。TMP 为无色或带微黄色液体。有芳香气味，溶于乙醇、甲醇、氯仿、苯、甲苯和稀酸。除了用于有机合成、药物合成外，也常用作去氢卤酸剂。

6,6-亚乙二氧基-胆甾-1-烯-3-酮 [6,6-(Ethylenedioxy)-cholest-1-en-3-one]，$C_{29}H_{46}O_3$，442.68。白色固体。

制法　陈芬儿. 有机药物合成法. 北京：中国医药科技出版社，1999，4.

Br_2

(2)　　(3)

CH_3 N CH_3 CH_3

(1)

2α-溴-6,6-亚乙二氧基-胆甾烷-3-酮（**3**）：于反应瓶中，加入化合物（**2**）10 g（22.6 mmol）、乙酰胺 2.67 g、四氢呋喃 190 mL，加热至 50℃，加乙酸 3 滴和氢溴酸 1 滴，缓慢滴加溴素 3.61 g（22.6 mmol）和四氯化碳 7 mL 的溶液（保持溶液无溴素颜色），滴毕，冰浴冷却，析出固体，过滤，用乙酸乙酯 50 mL 洗涤，合并滤液和洗液，用氧化铝 150 g 柱（洗脱液：乙酸乙酯）纯化，得浅黄色固体（**3**）。

6,6-亚乙二氧基-胆甾-1-烯-3-酮（**1**）：于反应瓶中，加入上步所得化合物（**3**）、2,4,6-三甲基吡啶 40 mL，在氮气保护下，加热搅拌回流 1.5 h。反应毕，冷却至室温，加入乙醚，搅拌，混合物水洗。有机层减压浓缩至干，剩余物溶于适量甲醇中，此溶液经直径 3 cm 的交联葡聚糖 LH-20 柱（100 g）纯化，收集洗脱液，每 10 mL 一份，用 TLC 分析［展开剂：环己烷-乙酸乙酯（3∶1）］，合并 25～33 组分，减压浓缩至干，得固体。向此固体中加入 2,4,6-三甲基吡啶 40 mL，在氮气保护下，加热搅拌回流 0.5 h。冷却，加入乙醚 2.0 mL，混合物水洗，有机层减压浓缩。向黑色胶状剩余物中加入适量甲醇（可加入少量乙醚增加其溶解性），加热溶解后，冷却，析出固体，过滤，干燥，得白色固体 2.4 g。滤液继续冷却，又析出固体，过滤，干燥，得白色固体 1.6 g，合并白色固体［化合物（**3**）和化合物（**3**）的混合物］，共 4.0 g。将滤液减压浓缩至干，剩余物溶于三氯甲烷-正己烷（1∶1）10 mL，此溶液经直径 4 cm 的交联葡聚糖 LH-20 柱（300 g）［洗脱剂：三氯甲烷-正己烷（1∶1）］纯化，得固体。将固体重复上述柱色谱分离一次，得（**1**）5.23 g。

如下反应采用碳酸锂即可将溴化氢脱去，生成的产物（**6**）是甾体抗炎药地夫可特（Deflazacort）中间体（陈芬儿. 有机药物合成法. 北京：中国医药科技出版社，1999：174）。

又如甾体抗炎药氯泼尼醇（Cloprednol）中间体的合成。

6-氯-11*β*,17*α*,21-三羟基-孕甾烷-1,4,6-三烯-3,20-二酮-21-乙酸酯（6-Chloro-11*β*,17*α*,21-trihydroxy-pregnane-1，4，6-triene-3，20-dione-21-yl acetate），$C_{23}H_{27}ClO_6$，434.92。mp184～187℃。

制法　陈芬儿. 有机药物合成法. 北京：中国医药科技出版社，1999：393.

于干燥反应瓶中，加入（**2**）45 g（0.103 mol）、二氯甲烷 350 mL 和中性三氧化二铝 30 g，搅拌 1 h。过滤，滤液浓缩至 50 mL，加入四氢呋喃 400 mL，继续蒸馏至沸点约65℃，停止加热。冷却至25℃，加入氢溴酸吡啶过溴化物34 g（0.11 mol）和四氢呋喃130 mL的溶液，于25℃搅拌20 min。加入丙酮3 mL，过滤，滤液被浓缩至50 mL，依次加入N,N-二甲基甲酰胺400 mL，碳酸锂22.5 g（0.30 mol）和溴化锂8.1 g（0.09 mol）。在氮气保护下，于105℃搅拌2.5 h。反应毕，减压浓缩至200 mL，冷却至60℃，加入乙酸50 mL、水70 mL，混匀后缓慢倒入水1.6 L中。静置1 h，析出固体。过滤，水洗，于60℃真空干燥，得粗品（**1**）41.5 g，收率92.6%。用丙酮重结晶两次，得（**1**）32.7 g，收率73%，mp184～187℃。

若卤原子活性较小，β-H也无活化基团时，应选用较强的碱。若与卤原子相邻的两个β-碳上均有可被消除的氢时，则可能生成两种烯烃异构体。选用合适的试剂和反应条件，有可能使某种烯烃占优势。例如氯化环癸烷A的消除：

$(CH_2)_8$ Cl A; *t*-BuOK, DMSO → B (77.6%) + C (2.7%); BuLi, Et_2O, $(C_6H_{11})_2NH$ → B (2.8%) + C (68%)

在不同的反应条件下，顺式环癸烯B和反式环癸烯C的比例完全不同。

在如下抗癫痫药物奥卡西平（Oxicarbazepine）中间体（**7**）的合成中，邻二溴化物中一个卤素原子发生了消除反应，另一个卤素原子发生了取代反应（陈仲强，陈虹. 现代药物的制备与合成. 北京：化学工业出版社，2007：316）：

N–H → $CO(OCCl_3)_2$ (90.4%) → N–COCl → [Br, N–COCl] → △ (93.2%) → N–COCl → Br_2 (71.2%) → Br, Br, N–COCl → CH_3ONa, CH_3OH (91.8%) → OCH_3, N–H (**7**)

上述反应的最后一步若在氯仿中，通入液氨，在0.5 MPa压力下反应，则消除一分子溴化氢，并且酰氯生成酰胺，产物同样是奥卡西平的中间体［张胜建，应丽艳，江海亮，张洪. 精细化工，2008，25（12）：1236］。

Br, Br, N–COCl → NH_3, $CHCl_3$, 0.5MPa → Br, N–$CONH_2$ (98%)

β-卤代酸以及具有β-氢的α-卤代酸容易脱去HX生成α,β-不饱和酸。不饱和的二元酸也可由相应的卤代酸脱卤化氢来制备，反应条件不同，可生成顺式和反式两种异构体。

$$BrCH_2CH_2COOH \xrightarrow{25\%NaOH} CH_2{=}CHCOOH$$

$$HOOCCH(Br)CH_2COOH \xrightarrow{低温} \text{(H)(HOOC)C=C(H)(COOH)}$$

$$HOOCCH(Br)CH_2COOH \xrightarrow{高温} \text{(H)(HOOC)C=C(COOH)(H)}$$

β-卤代羰基化合物的脱卤化氢反应情况相似。例如急性白血病治疗药氨喋呤钠（AminopterinSodium）、甲氨喋呤（Methotrexatum）等的中间体丙烯醛缩二乙醇的合成如下。

丙烯醛缩二乙醇（Acrolein diethyl acetal），$C_7H_{14}O_2$，130.19。无色液体。bp 123～124℃，n_D^{20} 1.4020，d_4^{15} 0.8543。难溶于水，商品中常加入1%氧化钙作稳定剂。

制法　孙昌俊，曹晓冉，孙风云. 药物合成反应——理论与实践. 北京：化学工业出版社. 2007，357.

$$\underset{(\mathbf{2})}{ClCH_2CH_2CH(OC_2H_5)_2} \xrightarrow{KOH} \underset{(\mathbf{1})}{CH_2{=}CHCH(OC_2H_5)_2}$$

于安有韦氏分馏柱的反应瓶中，加入干燥的粉状氢氧化钾340 g（6 mol），二乙醇缩β-氯丙醛（**2**）167 g（1 mol），混合均匀后油浴加热至210～220℃，不断有馏出物滴出，蒸至不再有馏出物时为止。将馏出物用分液漏斗分去下层水层，加入无水碳酸钾干燥，过滤后常压蒸馏，收集122～126℃的馏分，得化合物（**1**）98 g，收率75%。

3. 离去基团

对于卤代烃而言，卤素原子离解时的变形程度（极化度）越大，越有利于消除，卤代烃的极化度顺序为RI＞RBr＞RCl。

离去基团为TsO^-时，若TsO在开链的烃基上，很容易发生取代，但在脂环上时，即使在较弱的碱性试剂作用下，也容易发生消除发应生成烯。这种消除既不是E1，也不是E2，而是类似于S_N2机理。例如环己烷磺酸酯（**8**）的消除：

$$\underset{(\mathbf{8})}{\text{环己基}-OSO_2R} \xrightarrow{B^-} [\text{过渡态}] \longrightarrow \text{环己烯} + B^- + RSO_3H$$

该反应在动力学上属于二级反应。碱性试剂作用于α-碳原子上，形成六元环过渡态，C-O键和C_β-H键的断裂与双键的形成同时进行。这种消除机理称为取代-消除合一机理（Merged Subtitution Elimination）。

除了卤素原子外，如下基团都有进行 E2 消除的报道：R_3N^+、R_3P^+、R_2S^+、RHO^+、SO_2R、OSO_2R、OCOR、OOH、OOR、NO_2、CN 等。

用于进行 E1 消除的基团如下：R_3N^+、R_2S^+、$OH_2{}^+$、RHO^+、OSO_2R、OCOR、Cl、Br、I、$N_2{}^+$等。

尽管可以进行消除的基团很多，但真正具有合成意义的离去基团只有 H_2O^+、Cl、Br、I、R_3N^+等。

4. 反应温度

升高反应温度，不管是 E2 和 S_N2，还是 E1 和 S_N1，都能提高反应速率，但对于消除反应来说更有利。这是因为在消除反应过程中，涉及 C_β-H 键的拉长、活化能较高，升高温度，分子内能增加。活化能越大，受温度的影响也越大，更有利于消除反应。因此，要得到较高收率的烯烃，常常在较高温度下进行反应。

近年来，相转移催化法在消除反应中的应用也越来越广泛。例如：

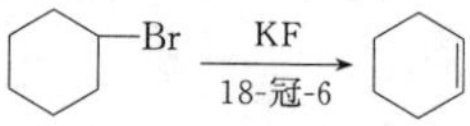

$$\text{C}_6\text{H}_{11}\text{—Br} \xrightarrow[\text{18-冠-6}]{\text{KF}} \text{环己烯}\quad(\text{约 }100\%)$$

表 1-2 列出了 E1 和 E2 反应的性质，以便于读者参考。

表 1-2　E1 反应与 E2 反应性能比较

项目	E1(单分子消除)	E2(双分子消除)
反应步骤	二步 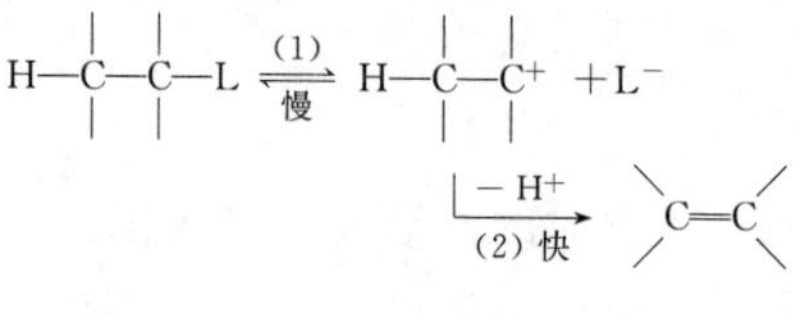 $\text{H—C—C—L} \underset{\text{慢}}{\overset{(1)}{\rightleftharpoons}} \text{H—C—C}^+ + \text{L}^-$ $\xrightarrow[(2)\text{快}]{-\text{H}^+}$ >C=C<	一步 B^- + H—C—C—L ⟶ BH + >C=C< + L^-
动力学	$V=K$[底物]	$V=K$[底物][B^-]
过渡态	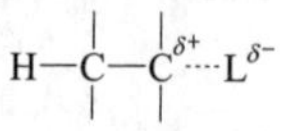 $\text{H—C—C}^{\delta+}\cdots\text{L}^{\delta-}$	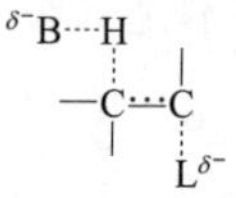 $^{\delta-}\text{B}\cdots\text{H}$，—C⋯C，$\text{L}^{\delta-}$
立体化学	非立体专一的	反式消除，反式不可能时才进行顺式消除

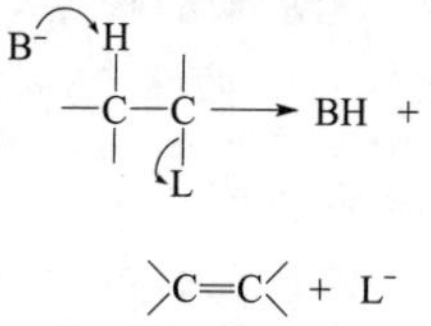

续表

项目	E1(单分子消除)	E2(双分子消除)
影响因素 1. 底物 RX 的结构 2. 离去基团 L 3. 碱 B^- 4. 消去的氢的酸性	R^+的稳定性，3°>2°>1°，α 或 β 位分枝多有利于 E(不利于 S_N)，特别利于 E1。碱性弱有利 $I^- > Br^- > Cl^- > F^-$ 弱碱、低浓度，有利于按 E1 机理无影响	要求有适于反式消除的立体化学条件 碱性弱有利 $I^- > Br^- > Cl^- > F^-$ 强碱、高浓度，有利于按 E2 机理酸性强有利于消除
竞争反应	S_N1 及重排反应	S_N2
同位素效应	无	有

第二节　多卤代物的消除反应

多卤代物主要指邻二卤代物、偕二卤代物，1,3-二卤代物。当然，还有三卤代物、四卤代物等。它们的结构不同，化学性质也各不相同。

邻二卤代烷脱卤素，主要有两种产物，一是生成烯，二是生成炔类化合物。邻二卤代烃消除卤化氢可以生成烯，1,3-二卤化物可以脱卤素生成环丙烷衍生物。偕二卤代物根据具体的分子结构不同，可以发生消除反应生成炔、卤代烯烃或累积二烯等。这些化合物在有机合成、药物及其中间体的合成中占有重要的地位。

一、邻二卤代烷脱卤素生成烯

邻二卤代烷在金属锌、镁、锌-铜及少量碘化钾存在下，在乙醇溶液中可脱去卤素原子，生成烯烃，这时不发生异构化和重排副反应。90%～95%的乙醇可以很好地溶解二卤代烷，但不容易溶解烯烃。由于烯烃的沸点较低，可直接从反应体系中蒸出，因此用此法可得到较高收率的烯烃。

$$R^1CH(X)-CH(X)R^2 \xrightarrow{M} R^1CH=CHR^2$$

X = Cl, Br, I或F

$$CH_3\underset{Br}{\underset{|}{C}}H-\underset{Br}{\underset{|}{C}}HCH_3 \xrightarrow[95\%乙醇]{Zn或Mg} CH_3CH=CHCH_3$$

邻二卤代物在锌等存在下脱卤素，也是反式共同面消除。例如 1,2-二溴环己烷只有反式的容易脱溴，顺式的两个溴原子不能处于反式共平面的位置，因而脱溴困难。

$$\text{1,3-二溴环己烷}=\text{(Br 平伏键)}\rightleftharpoons\text{(Br 直立键)}\xrightarrow[-ZnBr_2]{Zn}\text{环己烯}$$

$$\text{(Br, Br)}=\text{(Br)}\xrightarrow{Zn}\text{难反应}$$

例如医药、农药及有机合成等中间体1-己烯的合成。

1-己烯（1-Hexene，Hexylene），C_6H_{12}，84.16。无色液体。bp 63.5℃。n_D1.3837，d_4^{15} 0.6731。溶于醇、醚、苯、石油醚、氯仿，不溶于水。

制法　段行信.实用精细有机合成手册.北京：化学工业出版社，2000：39.

$$\underset{(\mathbf{2})}{CH_3(CH_2)_3CHBr{-}CH_2Br}\xrightarrow[90\%\text{乙醇}]{Zn}\underset{(\mathbf{1})}{CH_3(CH_2)_3CH{=}CH_2}+ZnBr_2$$

于安有搅拌器、温度计、滴液漏斗和蒸馏装置的1 L反应瓶中，加入90%的乙醇100 mL，锌粉130 g，加热至沸。移去热源，慢慢滴加1,2-二溴己烷（**2**）408 g（1.68 mol），反应放热，不断蒸出生成的1-己烯。加完后继续蒸馏10min。馏出物水洗，无水硫酸钠干燥，分馏，收集61～63℃的馏分，得1-己烯（**1**），收率60%。

使用锌粉时，甲醇、乙醇、乙酸都是常用的溶剂。

文献报道，还原电位在−800 mV左右的金属都具有脱卤能力。可供选择的金属元素很多，如锌、镁、锡、铜、铁、锰。铝等。这些金属稳定性较好，脱卤素反应条件要求也较低。若在不含水的介质中，金属钠、钾、钙也可以使用，但这些金属稳定性差，反应条件苛刻。最常用的还是锌、镁。

金属通常以固体形式存在，而邻二卤化物则通常为液体或气体，因而脱卤反应为液-固相或气-固相反应。鉴于此，金属常常制成很细的粉末，为了使反应完全，往往金属过量很多倍。为了提高金属的反应活性，金属表面常常需要活化，一般的方法是用酸处理，或用高反应活性的卤化物激活金属表面，也可以加入其他活化剂。也有加入助脱卤剂的报道。有报道称，在$CF_2BrCFClCH=CH_2$用锌粉脱除Br、Cl时，加入少量$ZnCl_2$，产品收率达88%，与不加$ZnCl_2$相比，收率明显提高。

$$CF_2Br{-}CFCl{-}CH{=}CH_2\xrightarrow{Zn,ZnCl_2}\underset{(88\%)}{CF_2{=}CF{-}CH{=}CH_2}$$

又如含氟单体1,1-二氯-2,2-二氟乙烯的合成（林原斌，刘展鹏，陈红飚.有机中间体的制备与合成.北京：科学出版社，2006：55）。

$$Cl_3C—CClF_2 \xrightarrow[MeOH]{Zn,ZnCl_2} CCl_2=CF_2 \quad (89\%\sim95\%)$$

在如下反应中加入 $CuCl_2$，收率达 85%～95%。

$$CF_2Br—CFCl—R \xrightarrow{Zn,CuCl_2} CF_2=CF—R \quad (85\%\sim95\%)$$

值得指出的是，并非加入助脱卤剂对所有反应都有效。在如下反应中，用锌粉脱氯，$ZnCl_2$、HCl、草酸、丙酸等并不能提高脱氯效率，而锌的粒度、用量和温度才是决定因素。

$$CF_2Cl—CFCl—C_3H_6OH \xrightarrow{Zn} CF_2=CF—C_3H_6OH + ZnCl_2$$

邻二卤代烷最方便的合成方法通常是烯烃与卤素的加成，因此，单纯用此法制备烯烃并无太大实际意义。但它却提供了一种保护双键的方法。当需要在分子的其他部位进行反应而不影响碳碳双键时，可将双键转化为邻二卤代物，而后在锌存在下再脱去卤素原子恢复双键，该方法的特征是双键位置很明确，这在有机合成中是很有意义的。例如 4-胆甾烯-3-酮（**9**）的合成（黄宪，王彦广，陈振初. 新编有机合成化学. 北京：化学工业出版社，2002：46)。反应中若直接将羟基氧化为羰基，则双键会受影响，故采用了先使双键溴化加成、再氧化羟基成羰基，而后再脱溴成烯的方法。

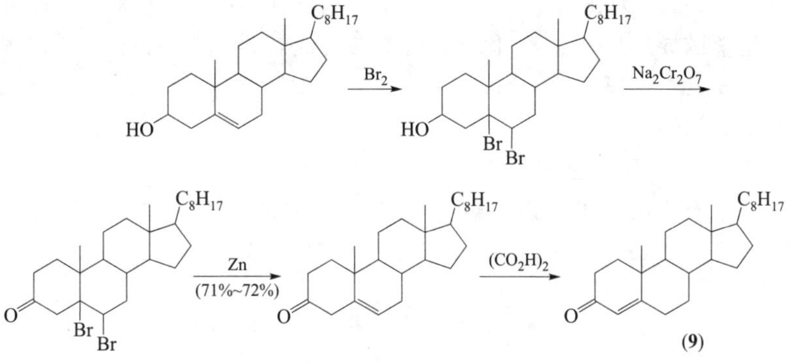

也可以使用其他脱卤试剂。如高氯酸铬（Ⅱ）与乙二胺的复合物、$TiCl_4$/$LiAlH_4$、VCl_3/$LiAlH_4$、Na/NH_3（液）、*t*-BuLi/THF、$(CH_3)_2CuLI/Et_2O$ 等。

二价铬盐在 DMF 水溶液中与乙二胺配合，室温下与 1,2-二卤化物反应，几乎定量地生成烯烃。例如：

$$CH_3CHBrCHBrCH_3 \xrightarrow[H_2NCH_2CH_2NH_2]{Cr(ClO_4)_2} CH_3CH=CHCH_3$$

二价钛和二价钒可以分别由四氯化钛和三氯化钒用氢化铝锂还原生成，用其进行 1,2-二卤化物的脱卤素，可以高收率的得到烯烃。例如有机合成中间体 1-辛烯的合成，1-辛烯为无色液体，常用作聚乙烯（PE）共聚单体及生产增塑剂、表面活性剂和合成润滑油的原料。

$$n\text{-}C_6H_{13}\underset{|}{\overset{Br}{C}}H—CH_2Br \xrightarrow[THF]{TiCl_4,LiAlH_4} n\text{-}C_6H_{13}CH═CH_2$$

(84%)

又如1,2-二苯乙烯的合成：

$$C_6H_5CHBrCHBrC_6H_5 \xrightarrow{VCl_3,LiAlH_4} C_6H_5CH═CHC_6H_5$$

烃基锂、二烷基铜锂使1,2-二卤化物脱卤成烯的反应实例如下。

t-BuLi, THF

Br Br

Me_2CuLi, Et_2O

Br Br

(95%)

于液氨中用金属钠可以脱卤素生成烯。例如［Allred E L，Beck B R，Voorhees K J. J Org Chem，1974，39（10）：1425］：

Cl Cl

Na, NH_3

(83%)

苯肼、$CrCl_2$、DMF中的Na_2S和$LiAlH_4$也可以将1,2-卤化物脱除卤素生成烯。电化学诱导还原法也有报道。1,2-二卤代烷与In或Sm金属在甲醇中反应，与Grignard试剂和Ni（dppe）Cl_2、与镍化合物与Bu_3SnH，或与SmI_2反应，都能生成烯烃。

该方法的另一用途是合成累积二烯。例如由X—C—CX_2—C—X或X—C—CX═C—体系合成丙二烯。丙二烯用其他方法难以合成。例如（H N Cripps and E F Kiefer. Organic Syntheses，Coll Vol 5：22）：

$$CH_2═C(CH_2Cl)(Cl) \xrightarrow[H_2O,\triangle]{Zn,EtOH} CH_2═C═CH_2$$

(80%)

该类反应的试剂很多，对于不同的试剂，已经提出了各种不同的机理，包括碳正离子、碳负离子、自由基机理、还有协同反应机理等。

对于试剂锌而言，有时是反式立体专一的，有时却又不是。

二、邻二卤代烃、偕二卤代物消除卤化氢生成烯(芳烃)

邻二卤代烃在碱性条件下发生消除反应，可以脱去卤化氢生成烯烃。根据卤代烃的结构不同，反应机理也可能不同。例如非去极化型神经肌肉阻断药潘库溴胺（Pancuronium bromide）、哌库溴胺（Pipecuronium bromide）等的中间体2-

溴丙烯的合成。

2-溴丙烯（2-Bromopropene），C_3H_5Br，120.98。无色液体。bp 48～49℃/99.5 kPa。溶于乙醇、乙醚、氯仿、二氯甲烷等，不溶于水。

制法　孙昌俊，曹晓冉，王秀菊.药物合成反应——理论与实践.北京：化学工业出版社，2007：361.

$$\underset{\textbf{(2)}}{BrCH_2\underset{\displaystyle Br}{\underset{|}{C}}HCH_3} \xrightarrow[NaOH]{95\%C_2H_5OH} \underset{\textbf{(1)}}{(Br)(H_3C)C{=}CH_2}$$

于安有搅拌器、回流冷凝器、温度计的反应瓶中，加入 500 mL 95%的乙醇，氢氧化钠 40 g（1 mol），水浴加热搅拌至基本全溶。冷却后加入 1,2-二溴丙烷（**2**）202 g（1 mol），水浴加热，保持回流状态。当反应液沸腾温度下降了 3～4℃，维持 1 h 不变，或反应液 pH 值降至 6～7 时，即为反应终点（约 1.5 h）。蒸出沸点 70℃以下的馏分，然后将馏出液分馏，收集 40～50℃的馏分，得 2-溴丙烯（**1**）65 g，收率 54%。

又如抗炎药双氯芬酸钠（Diclofenac sodium）中间体 *N*-苯基-2,6-二氯苯胺的合成。

***N*-苯基-2,6-二氯苯胺**（*N*-Phenyl-2,6-dichloroaniline），$C_{12}H_9Cl_2N$，238.10。黄色结晶性粉末。mp 49.5～50.7℃。

制法　① 孙昌俊，曹晓冉，王秀菊.药物合成反应——理论与实践.北京：化学工业出版社，2007：355. ② 田俊波，周文辉.石家庄化工，2000，3：11.

$$\underset{\textbf{(2)}}{\text{2,2,6,6-四氯环己酮}} \xrightarrow{PhNH_2} \underset{\textbf{(3)}}{\text{2,2,6,6-四氯环己亚胺 (=NPh)}} \xrightarrow{DMF} \underset{\textbf{(1)}}{\text{2,6-}Cl_2C_6H_3NHPh}$$

N-苯基-2,2,6,6-四氯环己亚胺（**3**）：于安有搅拌器、温度计的反应瓶中，加入 2,2,6,6-四氯环己酮（**2**）100 g（0.424 mol），苯胺 71 g（0.763 mol），冰醋酸 200 mL，于 45～50℃搅拌反应 6 h。冷至室温后，慢慢倒入 300 mL 冰水中，分出油层。水层用甲苯提取（50 mL×3），合并油层与甲苯层，依次用饱和碳酸氢钠、饱和食盐水、水洗涤，无水硫酸钠干燥。减压回收溶剂，得褐色油状物，冷后固化。用甲醇重结晶，活性炭脱色，冷后析出黄色结晶。抽滤，干燥，得化合物（**3**）123 g，收率 93.5%，mp 70～73℃。

N-苯基-2,6-二氯苯胺（**1**）：于安有搅拌器、温度计的反应瓶中，加入上述化合物（**3**）100 g（0.322 mol），DMF 10 mL，于 135～137℃搅拌反应 0.5 h。冷至室温，加入甲苯 300 mL，水 150 mL，室温搅拌 30 min。分出有机层，水层用甲苯提取，合并有机层，水洗至中性，无水硫酸钠干燥。减压蒸出溶剂，剩余物冷却后固化。用甲醇重结晶，活性炭脱色，冷后析出固体。过滤，干燥，得

黄色结晶性粉末（**1**）74 g，收率 96.5%，mp.51.5～53℃，文献值 49.5～50.7℃。

又如有机合成、药物合成中间体 2,3-二溴丙烯（**10**）的合成，（**10**）为重要的有机合成中间体。

$$BrCH_2CHBrCH_2Br \xrightarrow{NaOH} BrCH_2C(Br){=}CH_2$$

（74%～84%）（**10**）

1,2-二溴环己烷在异丙醇钠作用下很容易生成共轭二烯 1,3-环己二烯（林原斌，刘展鹏，陈红飚.有机中间体的制备与合成.北京：科学出版社，2006：94.）。1,3-环已二烯为 Diels-Alder 反应中很有用的中间体。

$$\text{1,2-二溴环己烷} \xrightarrow{i\text{-PrONa}} \text{1,3-环己二烯}$$

（35%～40%）

如下偕二卤化物脱去卤化氢生成累积二烯类化合物（Skatteb L，Solomon S. Org Synth，1973，Coll Vol 5：306）。

$$\text{环辛烯} \xrightarrow{CHBr_3,\ t\text{-BuOK}} \text{9,9-二溴双环[6.1.0]壬烷} \xrightarrow{CH_3Li} \text{1,2-环壬二烯}$$

(52%~65%) (81%~91%)

上述反应提供了一种合成增加一个碳原子的环状二烯的方法。当然，由于累积二烯是直线型结构，所以，该方法更适合于大环化合物的合成。

三、邻二卤代物或偕二卤代物脱卤化氢生成炔

邻二卤代烷或偕二卤代烷在一定的条件下先脱去一分子卤化氢生成乙烯型卤代烃，后者必须在更强烈条件下（强碱、高温）才能再脱去另一分子卤化氢，生成炔。

$$CH_2X{-}CH_2X \xrightarrow[-HX]{KOH/乙醇} CH_2{=}CHX \xrightarrow[或\ NaNH_2]{KOH/乙醇,高温} CH{\equiv}CH$$

$$CH_3CHX_2 \xrightarrow[-HX]{KOH/乙醇} CH_2{=}CHX \xrightarrow[或\ NaNH_2]{KOH/乙醇,高温} CH{\equiv}CH$$

邻二卤代物，偕二卤代物和卤乙烯衍生物脱卤化氢是制备炔烃的方法之一。卤化物的消除仍是反式消除较容易。所用的碱常是氢氧化钾的醇溶液或氨基钠。

$$-\underset{X}{\overset{H}{C}}-\underset{X}{\overset{H}{C}}- \xrightarrow[-HX]{KOH,醇} -\underset{X}{C}{=}\overset{H}{C}- \xrightarrow[-HX]{NaNH_2} -C{\equiv}C-$$

第一步脱卤化氢较容易，但生成的乙烯基卤，由于卤原子与烯键形成 p-π 共轭体系，活性降低，所以第二步脱卤化氢应使用更强的碱，或更高的反应温度。

使用氨基钠时，有利于生成端基炔。10-十一炔酸的合成如下（Furniss B S, Hannaford A J, Rogers V, et al. Vogel's Textbook of Practical Chemistry. Longman London and New York. Fourth edition, 1978：346）：

$$CH_2{=}CH(CH_2)_8COOH \xrightarrow[CCl_4]{Br_2} CH_2BrCHBr(CH_2)_8COOH \xrightarrow[\triangle]{KOH,EtOH} CH{\equiv}C(CH_2)_8COOH$$

氯代反丁烯二酸脱卤化氢生成丁炔二酸的速率比顺式异构体快48倍，表明反式消除比顺式消除容易得多。

$$(H)(HOOC)C{=}C(COOH)(Cl) \xrightarrow[-HCl]{OH^-} HOOCC{\equiv}CCOOH$$

丁炔二酸是医药中间体，为用于生产解毒药二巯基丁二酸钠（Sodium Dimercaptosucinate）的中间体。也可以用如下方法来合成。

丁炔二酸（But-2-ynedioic acid），$C_4H_2O_4$，114.06。无色结晶，有强酸性。mp175～177℃。

制法 樊能廷.有机合成事典.北京：北京理工大学出版社，1992：572.

$$\underset{(2)}{HOOCCH(Br)CH(Br)COOH} \xrightarrow{KOH,CH_3OH} \underset{(1)}{HOOCC{\equiv}CCOOH}$$

于安有搅拌器、回流冷凝器的2 L反应瓶中，加入氢氧化钾122 g（2.2 mol），95%的甲醇700 mL，搅拌使之溶解。慢慢加入α,β-二溴丁二酸（**2**）100 g（0.36 mol），加热回流1.5 h。冷却抽滤。滤饼用甲醇充分洗涤，干燥后得144～150 g混合盐。将混合盐溶于270 mL水中，加入由30 mL水和8 mL浓硫酸配成的稀酸，丁炔二酸单钾盐析出，放置过夜。抽滤，将酸式盐溶于60 mL浓硫酸与240 mL水配成的稀酸中，用乙醚提取（100 mL×5）。合并乙醚提取液，蒸去乙醚，得丁炔二酸水合物。于盛有浓硫酸的干燥器中真空干燥，得丁炔二酸（**1**）30～36 g，收率73%～88%，mp175～177℃。

重要的有机合成中间体苯乙炔的合成如下。

苯乙炔（Phenylacetylene），C_8H_6，102.14。无色液体。mp −44.8℃，bp 142.4℃，75℃/12 kPa，39℃/2 kPa。d_4^{20} 0.9300，n_D^{20} 1.5489.。与乙醇、乙醚等混溶，不溶于水。

制法

方法1 Furniss B S, Hannaford A J, Rogers V, et al. Vogel's Textbook of Practical Chemistry. Longman London and New York. Fourth edition, 1978：348.

$$\underset{(2)}{C_6H_5CH{=}CH_2} \xrightarrow{Br_2} \underset{(3)}{C_6H_5CHBr{-}CH_2Br} \xrightarrow[NH_3]{NaNH_2} \underset{(1)}{C_6H_5C{\equiv}CH}$$

α,β-二溴苯乙烷（**3**）：于安有搅拌器、滴液漏斗的反应瓶中，加入新蒸馏的苯乙烯（**2**）208 g（2.0 mol），干燥的氯仿 200 mL，冰水浴冷却。慢慢滴加 320 g（103 mL，2.0 mol）干燥的溴溶于 200 mL 氯仿配成的溶液，滴加速度控制在滴进溴后由红色变为黄色。加完后继续搅拌反应 20 min。水浴加热蒸出氯仿，得粗品 α,β-二溴苯乙烷（**3**）510 g，收率 97%。不必提纯直接用于下步反应。

苯乙炔（**1**）：于安有搅拌器的 5 L Dewar 瓶中，加入液氨 3 L，加入 1.5 g 硝酸铁，5 g 除去表面氧化物的金属钠。2 min 后，于 30 min 左右分批加入 160 g 金属钠（切成小块）。加完后放置，直至深蓝色的反应混合物变成浅灰色（约 20 min）。慢慢滴加（**2**）510 g 溶于 1.5 L 无水乙醚配成的溶液，约 2 h 加完。加完后放置 4 h。加入 180 g 粉状的氯化铵以分解碱性物质，再加入 500 mL 乙醚，继续搅拌数分钟。将反应物倒出，使氨挥发。再加入乙醚。过滤，滤出的无机盐用乙醚洗涤，保存滤液。将滤出的无机盐溶于水，用乙醚提取。合并滤液与乙醚提取液，以稀硫酸洗涤，直至对刚果红试纸呈酸性，而后水洗，无水硫酸镁干燥。蒸出乙醚，分馏，收集 142～143℃ 的馏分，得苯乙炔（**1**）156 g，收率 79%。

方法 2　孙昌俊，曹晓冉，王秀菊. 药物合成反应——理论与实践. 北京：化学工业出版社，2007：350.

$$\underset{(\mathbf{2})}{C_6H_5CH{=}CHCOOH} \xrightarrow{Br_2} \underset{(\mathbf{3})}{C_6H_5CHBrCHBrCOOH} \xrightarrow{Na_2CO_3} \underset{(\mathbf{4})}{C_6H_5CH{=}CHBr} \xrightarrow{KOH} \underset{(\mathbf{1})}{C_6H_5C{\equiv}CH}$$

β-溴代苯乙烯（**4**）：于安有搅拌器的 500 mL 反应瓶中，加入肉桂酸（**2**）74 g（0.5 mol），氯仿 300 mL，加热溶解。搅拌下冰水浴冷却，很快结晶析出。将 80 g 溴溶于 50 mL 氯仿的溶液分三次加入反应瓶中，剧烈搅拌并冷却。加完后于冰水浴中放置 30 min。抽滤，得到 2,3-二溴-3-苯基丙酸（**3**），mp 204℃（分解）。化合物（**3**）与 750 mL 10%的碳酸钠水溶液一起加热回流。冷后分出有机层，水层用乙醚提取（100 mL×2），合并有机层与乙醚提取液，无水氯化钙干燥，蒸出乙醚，得 β-溴代苯乙烯（**4**）约 68 g。

苯乙炔（**1**）：于安有蒸馏装置。滴液漏斗的 500 mL 反应瓶中，加入固体氢氧化钾 100 g，加入约 2 mL 水。油浴加热至 200℃，使碱熔融。滴加上面得到的 β-溴代苯乙烯（**4**）到熔融的碱中，滴加速度约每秒 1 滴。苯乙炔蒸出，慢慢将浴温升至 220℃，并保持在 220℃左右滴加完毕。而后升温至 230℃，直至无产物蒸出。分出上层馏出液，固体氢氧化钾干燥，并重新蒸馏，收集 142～144℃ 的馏分，得苯乙炔（**1**）25 g，收率 49%。

间氨基苯乙炔（**11**）是新型抗肿瘤药物盐酸厄洛替尼（Erlotinib hydrochloride）的关键中间体，其一条合成路线如下［张俊，李星，孙丽文，朱锦桃. 中国医药工业杂志，2012，43（10）：812］：

$$O_2N-C_6H_4-CH{=}CHCO_2H \xrightarrow{Br_2,\ CHCl_3} O_2N-C_6H_4-CHBrCHBrCO_2H\ (88\%) \xrightarrow{Et_3N,\ DMF} O_2N-C_6H_4-CH{=}CHBr\ (85.7\%)$$

$$\xrightarrow{NaH,\ DMF} O_2N-C_6H_4-C{\equiv}CH\ (85\%) \xrightarrow{Fe,\ HCl} H_2N-C_6H_4-C{\equiv}CH\ (82\%)$$

上述反应中，脱溴、脱羧反应生成（*Z*）-型异构体，反应的大致过程如下。

$$O_2N-C_6H_4-CHBrCHBrCO_2H \xrightarrow{Et_3N,\ DMF} [\ \ ] \longrightarrow O_2N-C_6H_4-CH{=}CHBr$$

反应条件取决于二卤化物的结构。若卤原子和 β-H 都较活泼，可在较温和的条件下发生消除反应，相反，若卤原子和 β-H 的活性较差，则应在强碱存在下采用较高的反应温度进行消除反应。例如中枢兴奋药洛贝林（Lobeline）中间体（**12**）的合成，反应只需在氢氧化钾存在下于乙醇中回流即可得到相应的产物。

$$PhCHBrCHBr-C_5H_3N-CHBrCHBrPh \xrightarrow[\text{回流，3.5h}]{\text{KOH, 乙醇}} PhC{\equiv}C-C_5H_3N-C{\equiv}CPh\ \ (\mathbf{12})$$

抗真菌药特比萘芬（Terbinafine）等的中间体叔丁基乙炔的合成如下。

叔丁基乙炔（*tert*-Butylacetylene，3,3-Dimethyl-1-butyne），C_6H_{10}，82.15。无色液体，bp 37℃，n_D^{20} 1.3751。溶于乙醇、乙醚、氯仿、乙酸乙酯，不溶于水。

制法　孙昌俊，曹晓冉，王秀菊. 药物合成反应——理论与实践. 北京：化学工业出版社，2007：352.

$$\underset{(\mathbf{2})}{(CH_3)_3CCH_2CHCl_2} \xrightarrow{KOH,DMSO} \underset{(\mathbf{1})}{(CH_3)_3CC{\equiv}CH}$$

于安有搅拌器、滴液漏斗、冷凝器的反应瓶中（冷凝管中通入 50℃的温水，上端安装蒸馏装置）加入氢氧化钾 115 g（2 mol），DMSO 200 mL，油浴加热至 140℃，搅拌下滴加 1,1-二氯-3,3-二甲基丁烷（**2**）77.5 g（0.5 mol），约 2 h 加完，随时蒸出生成的产物。加完后再在 140～170℃搅拌反应 10 h，得粗产品 32 g，蒸馏后得叔丁基乙炔（**1**）26 g，收率 63.4%，bp 37℃，n_D^{20} 1.3751。

品那酮用 PCl_5 处理生成偕二氯化物，后者脱氯化氢也可以生成叔丁基乙炔。

$$(CH_3)_3CCOCH_3 \xrightarrow{PCl_5} (CH_3)_3CCCl_2CH_3 \xrightarrow{KOH,DMSO} (CH_3)_3CC{\equiv}CH$$

酮与五氯化磷反应可以转化为偕二卤化物，后者在碱存在下可以生成炔，从而提供了由酮合成炔的一种方法。

$$o\text{-}(COCH_3)C_6H_4CO_2CH_3 + PCl_5 \xrightarrow[C_6H_6]{Py} o\text{-}(C{\equiv}CH)C_6H_4CO_2CH_3 \ (52\%)$$

新药开发中间体对氯苯乙炔（**13**）的合成方法如下：

$$Cl\text{-}C_6H_4\text{-}COCH_3 \xrightarrow{PCl_5} Cl\text{-}C_6H_4\text{-}CCl_2CH_3 + Cl\text{-}C_6H_4\text{-}CCl{=}CH_2 \xrightarrow{NaOH} Cl\text{-}C_6H_4\text{-}C{\equiv}CH \ (\mathbf{13})$$

又如抗艾滋病药物依法韦仑（Efavirenz）中间体环丙基乙炔的合成。

环丙基乙炔 （Cyclopropyl acetylene），C_5H_6，66.10。无色液体。bp 52～53℃。

制法　Winfrid Schoberth，Michael Hanack. Synthesis，1972：703.

$$\triangleright\text{-}COCH_3\ (\mathbf{2}) \xrightarrow{PCl_5} \triangleright\text{-}CCl_2CH_3\ (\mathbf{3}) \xrightarrow{t\text{-BuOK, DMSO}} \triangleright\text{-}C{\equiv}CH\ (\mathbf{1})$$

1,1-二氯-1-环丙基乙烷（**3**）：于反应瓶中加入甲基环丙基酮（**2**）37.2 g（0.443 mol），四氯化碳 350 mL，冷至 5℃，加入五氯化磷 104.1 g（0.5 mol），反应结束后，按照通常方法处理，减压蒸馏，收集 52～53℃/6.30 kPa 的馏分，得化合物（3）39.4 g，收率 64%。

环丙基乙炔（**1**）：于反应瓶中加入化合物（**3**）30.0 g（0.215 mol），二甲亚砜 150 mL，于−80℃用叔丁醇钾 49.5 g（0.555 mol）处理，得化合物（**1**），4.8 g，收率 34%。

实验中发现，在高温下氢氧化钾会使链端的三键向中间转移：

$$CH_3CH_2CHX\text{—}CH_2X \xrightarrow[\triangle]{KOH/乙醇} [CH_3CH_2C{\equiv}CH] \rightleftharpoons CH_3C{\equiv}CCH_3$$

因此，用氢氧化钾脱卤化氢的应用范围，一般限于制备非端基炔或不可能发生异构化的情况，而碱性更强的氨基钠，却使三键从链的中间移向链端。

$$CH_3CHXCHXCH_3 \xrightarrow[\triangle]{NaNH_2} [CH_3C{\equiv}CCH_3] \rightleftharpoons CH_3CH_2C{\equiv}CH$$

因此，氨基钠是由相应的二卤代烷制备端基炔的常用试剂。

炔烃的异构化可能是经过累积二烯而进行的：

$$RCH_2\text{—}C{\equiv}CH \rightleftharpoons RCH{=}C{=}CH_2 \rightleftharpoons RC{\equiv}CCH_3$$

邻二卤代物可由相应的烯与卤素反应来得到。例如心脏病治疗药普尼拉明（Prenvlamine）、香料中间体苯丙炔酸的合成。

苯丙炔酸（Phenylpropiolic acid），$C_9H_6O_2$，146.15。结晶性固体，mp 135～136℃。溶于乙醇，不溶于水。

制法　孙昌俊，曹晓冉，王秀菊. 药物合成反应——理论与实践. 北京：化学工业出版社，2007：352.

$$\text{(2)}\ C_6H_5CHBr-CHBr-COOC_2H_5 \xrightarrow[\text{乙醇}]{KOH} \text{(3)}\ C_6H_5-C\equiv CCO_2K \xrightarrow{H_2SO_4} \text{(1)}\ C_6H_5-C\equiv CCO_2H$$

于安有搅拌器、回流冷凝器的反应瓶中，加入95%的乙醇1.2 L，氢氧化钾252 g（4.5 mol），搅拌溶解。冷至40～50℃，加入α,β-二溴-β-苯基丙酸乙酯（**2**）336 g（1 mol），反应平稳后，加热回流5 h。冷却，滤出沉淀（保留），滤液用浓盐酸调至中性，再滤出沉淀（保留），常压蒸馏回收乙醇。将剩余物与上面滤出的沉淀（**3**）合并，溶于800 mL水中，再加碎冰至约1.8 L。冰水浴中用20%的硫酸调至强酸性，析出淡棕色固体，抽滤，用2%的稀硫酸洗涤。将滤出的固体溶于1.5 L 5%的碳酸钠中，活性炭脱色，抽滤，冷后加碎冰200 g。用20%的硫酸调至强酸性，析出固体，抽滤，依次用2%的硫酸、水洗涤，真空干燥器中干燥，得苯丙炔酸（**1**）115 g，收率79%。用四氯化碳重结晶，得纯品70 g，mp. 135～136℃。

又如苹婆酸、一些保健品、减肥药的中间体硬脂炔酸[9-十八（碳）炔酸]（**14**）的合成（Khan N A，Deatherage F E and Brown J B，Org Synth，1963，Coll Vol 4：851）：

$$CH_3(CH_2)_7CH{=}CH(CH_2)_7COOH \xrightarrow{Br_2} CH_3(CH_2)_7CHBr-CHBr(CH_2)_7COOH$$

$$\xrightarrow[\text{2. HCl}]{\text{1. NaNH}_2} CH_3(CH_2)_7C\equiv C(CH_2)_7COOH \quad \textbf{(14)} \quad (51\%\sim61\%)$$

而对于α,β-不饱和羧酸来说，生成的α,β-二溴羧酸处于β-位的溴很容易脱去，同时失去二氧化碳，生成乙烯型溴化物，后者在氢氧化钾作用下再脱去溴化氢生成炔类化合物。

在氨基钠-液氨中，由苯乙烯制备的二溴苯乙烷脱溴化氢，可制备苯乙炔。

$$C_6H_5CH{=}CH_2 \xrightarrow{Br_2} C_6H_5CHBr-CH_2Br \xrightarrow[NH_3]{NaNH_2} C_6H_5C\equiv CH$$

炔丙醛缩二乙醇是重要的有机合成中间体，在天然产物甾族化合物、杂环化合物的合成中有重要的用途。可以用如下方法来合成。该方法采用了相转移催化剂，避免了二溴化物消除成烯的副反应，而且相转移催化剂可以回收再利用。

炔丙醛缩二乙醇（Propiolaldehyole diethylacetal，3，3-Diethoxy-1-propyne），$C_7H_{12}O$，128.17。无色液体。bp 138～139℃，95～96℃/22.61 kPa。溶于乙醇、氯仿、丙酮、苯，不溶于水。

制法　Coq A L，Gorgues A. Org Synth，1988，Coll Vol 6：954.

$$\underset{\textbf{(2)}}{CH_2{=}CHCHO} \xrightarrow[CH(OEt)_3]{Br_2} \underset{\textbf{(3)}}{BrCH_2-CHBr-CH(OEt)_2} \xrightarrow{Bu_4NOH} \underset{\textbf{(1)}}{HC\equiv C-CH(OEt)_2}$$

2,3-二溴丙醛缩二乙醇（**3**）：于安有搅拌器、温度计、滴液漏斗的反应瓶中，加入新蒸馏的丙烯醛（**2**）28 g（0.5 mol），冰盐浴冷至0℃，滴加溴80 g（0.5 mol），控制内温在0～5℃，约1 h加完。而后滴加新蒸馏的原甲酸三乙酯80 g（0.54 mol）与65 mL无水乙醇的混合液，约15 min加完。加完后于45℃反应3 h。减压浓缩，剩余物减压分馏，收集113～115℃/1.46 kPa的馏分，得淡黄色液体2,3-二溴丙醛缩二乙醇（**3**）107～112 g，收率74%～77%。

炔丙醛缩二乙醇（**1**）：于安有搅拌器、温度计、滴液漏斗的反应瓶中，加入四丁基硫酸氢铵100 g（0.3 mol），水20 mL，搅拌下加入上述二溴化物（**3**）29 g（0.1 mol）与75 mL戊烷的溶液，冷至10～15℃，滴加冷的60 g（1.5 mol）氢氧化钠溶于65 mL水的溶液，约10 min加完。加完后继续搅拌回流反应10～20 min. 而后室温反应2 h。冷至5℃，搅拌下滴加120 mL冷至5℃以下的25%的硫酸。加完后停止搅拌，静置30 min。分出有机层，水层过滤除去硫酸钠后用戊烷提取3次。水层可回收催化剂（减压浓缩至干，再用乙酸乙酯重结晶）。合并有机层，无水硫酸钠干燥，浓缩，减压蒸馏，收集95～96℃/22.61 kPa的馏分，得炔丙醛缩二乙醇（**1**）7.8～8.6 g，收率61%～67%。

丙炔腈是急性白血病治疗药物阿糖胞苷（Cytarabine）、盐酸环胞苷（Cyclocytidine hydrochloride）等中间体，可以由丙烯腈的溴化、脱溴化氢来制备。由于分子中含有氰基，不能用碱进行消除，而是采用高温裂解的方法消除溴化氢。

丙炔腈（Cyanoacetylene，Propynonitrile），C_3HN，51.05。无色液体。mp 5℃，bp 42.5℃。d_4^{17} 0.8167，n_D^{20} 1.3868。与乙醇、乙醚等混溶，难溶于水。暴露于空气及遇光时易分解。

制法　孙昌俊，曹晓冉，王秀菊. 药物合成反应——理论与实践. 北京：化学工业出版社，2007：362.

$$\underset{(\mathbf{2})}{CH_2{=\!=}CHCN} \xrightarrow{Br_2} \underset{(\mathbf{3})}{CH_2BrCHBrCN} \xrightarrow{\triangle} \underset{(\mathbf{1})}{CH{\equiv}C{-}CN}$$

α,*β*-二溴丙腈（**3**）：于安有搅拌器、温度计、滴液漏斗的反应中，加入丙烯腈（**2**）100 g（1.89 mol），搅拌下冷却至15℃，用200W灯泡照射反应瓶，慢慢滴加溴素302 g。控制滴加速度使内温不超过30℃. 加完后继续搅拌反应直至溴的颜色褪去为止。减压蒸馏，收集105～112℃/2.66 kPa的馏分，得*α*,*β*-二溴丙腈（**3**），收率85%。

丙炔腈（**1**）：将硅碳管加热并调整至570℃，系统压力为2.67 kPa，接受器用干冰冷却至－50℃，慢慢滴加化合物（**3**）。经裂解生成溴化氢气体和丙炔腈。生成的丙炔腈在接受器中固化。将固化物于冷水浴融化后，减压蒸馏，收集42～45℃/2.67 kPa的馏分，得丙炔腈（**1**），收率50%。

丙炔腈也可通过丙炔醇氧化、肟化、脱水来制备，反应式如下。

$$HC\equiv CCH_2OH \xrightarrow[H_2SO_4]{铬酐} HC\equiv CCHO \xrightarrow[碳酸钾]{盐酸羟胺} HC\equiv CCHNOH \xrightarrow{乙酐} HC\equiv CCN$$

乙烯型卤化物在氨基钠等强碱作用下，脱去卤化氢可生成炔烃：

$$\text{C}_6\text{H}_{11}\text{—}CH_2CBr=CH_2 \xrightarrow{NaNH_2} \text{C}_6\text{H}_{11}\text{—}CH_2C\equiv CH$$

1,1-二卤-1-烯烃可以由多种方法制得，与丁基锂反应，继而水解，可生成末端炔；若与氨基锂反应则得到1-卤-1-炔烃（E J Corey and P L Fuchs. Tetrahedron Lett，1972，36：3772）。

$$RCHO+CBr_4 \xrightarrow{PPh_3,Zn} \underset{(80\%\sim90\%)}{RCH=CBr_2} \xrightarrow{1.\ n\text{-}BuLi\ 2.\ H_2O} \underset{(80\%\sim95\%)}{RC\equiv CH}$$

$$n\text{-}C_7H_{15}CH=CBr_2 \xrightarrow[2.\ H_2O]{1.\ n\text{-}BuLi} \underset{(95\%)}{n\text{-}C_7H_{15}C\equiv CH}$$

又如如下反应（Wang Z，Yin J G，Fortunak J M，et al. U S 6288297. 2001）：

$$\text{c-C}_3\text{H}_5\text{—CHO} \xrightarrow[DMF,\ 30℃]{Cl_3CCO_2H,\ Cl_3CCO_2Na} [\text{c-C}_3\text{H}_5\text{—CH(OH)CCl}_3] \xrightarrow{Ac_2O} \text{c-C}_3\text{H}_5\text{—CH(OAc)CCl}_3$$

$$\xrightarrow[AcOH]{Zn} \text{c-C}_3\text{H}_5\text{—CH=CCl}_2 \xrightarrow[-30℃,\ THF]{MeLi} \text{c-C}_3\text{H}_5\text{—C}\equiv\text{C—H}$$

1,1-二氯-1-烯烃用二乙基氨基锂处理，可以生成1-氯-1-炔。

$$RCH=CCl_2 \xrightarrow{Et_2NLi} \underset{(66\%\sim90\%)}{RC\equiv CCl}$$

如下反应则使用苄基三甲基氢氧化铵作碱性试剂，高收率地生成1-溴-1-炔。

$$Cl\text{—C}_6\text{H}_4\text{—}CH=CBr_2 \xrightarrow[PhH,rt]{PhCH_2\overset{+}{N}(CH_3)_3\overset{-}{O}H,MeOH} \underset{(87\%)}{Cl\text{—C}_6\text{H}_4\text{—}C\equiv CBr}$$

若1,1-二卤-1-烯与2 mol的丁基锂反应，而后再与CO_2反应，则可以生成2-炔酸。例如：

$$RCH=CBr_2 +2BuLi \xrightarrow[-78℃]{THF} RC\equiv CLi \xrightarrow{CO_2} RC\equiv CCOOH$$

四、1,3-二卤化物脱卤素生成环丙烷衍生物

早在1882年，Freud用金属钠处理1,3-二溴丙烷，就得到了环丙烷。后来Gustavson使用锌并提高Freud法的反应温度，不仅收率提高，而且合成了带有取代基的环丙烷衍生物。该反应只适合于伯或仲卤代烷，不适于叔卤代烷。因为叔卤代烷容易发生消除反应。

$$BrCH_2C(R)(R^1)CH_2Br \xrightarrow[EtOH,\ H_2O]{Zn} \text{1-R-1-R}^1\text{-环丙烷}$$

后来，Bartleson 发现，在低温条件下可以使用叔卤代烷，实现了锌存在下叔卤代烷合成有取代基的环丙烷衍生物。

$$\text{Br}\!-\!C(CH_3)_2CH_2CH(CH_3)\!-\!\text{Br} \xrightarrow[\text{0～20℃, PrOH, } H_2O]{\text{Zn}} \text{1,1,2-三甲基环丙烷}$$

Hass 研究发现，在 Gustavson 法中，使用 1,3-二溴化物与锌反应时，加入碘化钠，环丙烷的收率有很大提高。

金属镁也可用于该类反应。

1,3-二卤代物在 Zn、Mg 存在下脱去氯素生成环丙烷。例如：

$$ClCH_2CH_2CH_2Cl \xrightarrow[\text{NaI}]{\text{Zn 或 Mg}} \triangle$$

例如有机合成中间体环丙基苯的合成。

环丙基苯（Cyclopropylbenzene，Phenylcyclopropane），C_9H_{10}，118.18。无色液体。bp 171～173℃，n_D^{25} 1.5306。溶于苯、氯仿、乙酸乙酯，不溶于水。

制法　Thomas F C，Roger C H，et al. Org Synth，1973，Coll Vol 5：328.

$$\underset{\textbf{(2)}}{C_6H_5CH_2CH_2CH_2Br} \xrightarrow[\text{BOP}]{\text{NBS}} \underset{\textbf{(3)}}{C_6H_5CH(Br)CH_2CH_2Br} \xrightarrow{\text{Zn-Cu}} \underset{\textbf{(1)}}{C_6H_5\!-\!\triangleleft}$$

α,*γ*-二溴丙基苯（**3**）：于安有搅拌器、回流冷凝器的 5 L 反应瓶中，加入 1-溴-3-苯基丙烷（**2**）199 g（1.0 mol），NBS 187 g（1.05 mol），过氧化苯甲酰 3 g，四氯化碳 1.2 L。搅拌下加热回流，直至反应引发。注意反应引发后会剧烈反应，应事先准备好冰水浴，随时准备进行冷却，以防反应过于剧烈而冲料。剧烈反应过后，若仍有 NBS 存在，可继续回流反应直至无溴化氢逸出为止。冷却，抽滤，滤渣用四氯化碳充分洗涤。合并滤液和洗涤液。减压蒸出溶剂，得橙黄色液体 *α*,*γ*-二溴丙基苯（**3**），收率几乎 100%。

环丙基苯（**1**）：于安有搅拌器、温度计、回流冷凝器、滴液漏斗的反应瓶中，加入新蒸馏的 DMF 500 mL，锌-铜齐 131 g（2.0 mol），冰水浴冷至 7℃，搅拌下滴加上述化合物（**3**），控制滴加速度，以保持反应液温度在 7～9℃为宜。加完后继续反应 30 min。将反应液倒入 1 L 水中，进行水蒸气蒸馏，直至无油状物为止，约收集馏出液 1 L。将馏出液冷却，分出有机层。水层用乙醚提取三次。合并有机相，无水碳酸钠干燥，蒸出乙醚后，继续蒸馏，收集 170～175℃的馏分，得环丙基苯（**1**）88～100 g，收率 75%～85%。

环丙基溴（**15**）是合成喹诺酮类抗菌药环丙沙星（Ciprofloxacin）等的中间体，其一条合成路线就是采用这种方法，不过使用的碱是甲基锂。

$$Br_2CHCH_2CH_2Br \xrightarrow{\text{MeLi, } Et_2O} \underset{\textbf{(15)}}{\triangleright\!-\!Br}$$

1,1,2-三甲基环丙烷的合成如下。

$$\underset{\ \ OH\quad\ \ OH}{CH_3CHCH_2\overset{CH_3}{C}CH_3} \xrightarrow{PBr_3} \underset{\ \ Br\quad\ \ Br}{CH_3CHCH_2\overset{CH_3}{C}CH_3} \xrightarrow{Zn,\ H_2O\text{-}n\text{-}PrOH} \text{(1,1,2-trimethylcyclopropane: } CH_3,\ CH_3,\ CH_3)$$

(90%)　(86%)

采用类似的方法可以实现如下反应。

$$\underset{\ \ OH\quad\ \ OH}{CH_3CHCH\overset{CH_3}{}CCH_2CH_3} \xrightarrow{PBr_3} \underset{\ \ Br\quad\ \ Br}{CH_3CHCHCCH_2CH_3} \xrightarrow{Zn} \text{(cyclopropane: } CH_3,\ CH_3,\ C_2H_5)$$

(90%)　(90%)

五、其他卤化物的消除反应

β-卤代醇在一些金属或金属盐的催化下可以消除次卤酸生成烯烃。其中 β-碘代醇的收率较高。该反应的特点是反式消除（详见本书第三章第四节）。

$$R^1R^2C(OH)-CHIR' \longrightarrow R^1R^2C=CHR'$$

与 1,2-二卤代物与锌粉反应生成烯类化合物一样，1,1,2,2-四卤代二芳基乙烷在锌粉存在下加热，可以生成二芳基乙炔类化合物。

$$(2\text{-}ClC_6H_4)-CCl_2-CCl_2-(C_6H_4Cl\text{-}2) \xrightarrow[200℃]{Zn} (2\text{-}ClC_6H_4)-C\equiv C-(C_6H_4Cl\text{-}2)$$

如下 1,2-二氯代烯类化合物与锌粉反应也可以生成炔类化合物。

$$ClCF_2CF_2CCl=CClCF_2CF_2Cl \xrightarrow[\triangle]{Zn} ClCF_2CF_2C\equiv CCF_2CF_2Cl$$

(70%)

乙氧基乙炔是维生素 A 的重要中间体，可以用如下方法来合成。

乙氧基乙炔（Ethoxyacetylene），C_4H_6O，70.09。无色液体。bp 49～51℃/99.62 kPa。

制法　林原斌，刘展鹏，陈红飚.有机中间体的制备与合成.北京：科学出版社，2006：106.

$$\underset{(\mathbf{2})}{ClCH_2CH(OEt)_2} \xrightarrow{NaNH_2,NH_3(液)} NaC\equiv COEt \xrightarrow{H_2O} \underset{(\mathbf{1})}{HC\equiv COEt}$$

于反应瓶中加入液氨 500 mL，水合硝酸铁 0.5 g，而后加入新切成小块的金属钠 38 g（1.65 mol）。待金属钠反应完后，滴加氯乙醛缩二乙醇（**2**）76.5 g（0.502 mol），约 20 min 加完。氮气气氛下将氨挥发。冷至－70℃，剧烈搅拌下，一次加入冷至－20℃的饱和氯化铵溶液 325 mL。蒸馏，接受瓶用干冰冷却。接受液用饱和磷酸二氢钠中和，水层用干冰浴冷冻成冰，倒出有机层，无水氯化钙干燥。过滤，蒸馏，收集49～51℃/99.62 kPa的馏分，得化合物（**1**）20～21.2 g，收率56%～61%。

卤代亚烃基丙二酸发生脱羧脱卤消除反应，可以生成α,β-炔酸。例如治疗艾滋病药物依法韦仑（Efavirenz）的中间体环丙基丙炔酸（**16**）的合成。

$$\text{ClC(c-}C_3H_5\text{)=C(COOH)}_2 \xrightarrow{Et_3N,\ 90℃} \text{c-}C_3H_5\text{—C}\equiv\text{C—COOH}\quad (78\%)\ (\mathbf{16})$$

三氯氧磷也可以将酮羰基转化为乙烯基氯化物，后者脱氯化氢生成炔。例如降血脂药匹伐他汀钙（Pitavastatin calcium）的重要中间体环丙基炔丙酸乙酯的合成。

环丙基丙炔酸乙酯（Ethyl cyclopropylpropiolate），$C_8H_{10}O_2$，138.16。无色液体。bp 87～95℃/1.33 kPa。

制法　① Osmo H. Org Synth，1993，Coll Vol 8：247. ② 林原斌，刘展鹏，陈红飙. 有机中间体的制备与合成. 北京：科学出版社，2006：111.

$$\underset{(\mathbf{2})}{\text{c-}C_3H_5\text{—C(=O)CH}(CO_2Et)_2} \xrightarrow{POCl_3} \underset{(\mathbf{3})}{\text{c-}C_3H_5\text{—C(Cl)=C}(CO_2Et)_2} \xrightarrow[2.HCl]{1.KOH} \underset{(\mathbf{4})}{\text{c-}C_3H_5\text{—C(Cl)=C(COOH)}CO_2Et} \xrightarrow{Et_3N} \underset{(\mathbf{1})}{\text{c-}C_3H_5\text{—C}\equiv\text{C}CO_2Et}$$

2-氯-2-环丙基乙烯-1,1-二甲酸二乙酯（**3**）：于安有搅拌器、回流冷凝器、滴液漏斗的反应瓶中，加入环丙酰基丙二酸二乙酯（**2**）166 g（0.76 mol），三氯氧磷500 g，水浴冷却，慢慢滴加三丁胺135 g（0.73 mol），注意反应放热。加完后加热至110℃搅拌反应5～6 h。减压蒸出三氯氧磷。剩余物冷后加入无水乙醚300 mL，再加入己烷直至出现两相。于分液漏斗中剧烈摇动，分出上层清液，下层用乙醚提取三次。合并乙醚层，依次用冷的10%的盐酸300 mL、5%的氢氧化钠溶液200 mL洗涤，蒸出乙醚，得化合物（**3**）136～156 g，收率70%～87%。直接用于下一反应。

2-氯-2-环丙基乙烯-1,1-二甲酸单乙酯（**4**）：于安有磁力搅拌的反应瓶中，加入上述化合物（**3**）及95%的乙醇100 mL，搅拌下滴加由29.4 g（0.52 mol）氢氧化钾与350 mL 95%的乙醇配成的溶液。加完后继续搅拌反应3 h，直至pH7～8。减压浓缩。加入360 mL水溶解，乙醚提取（乙醚层弃去）。水层加入碎冰200 g，盐酸酸化。乙醚提取3次，每次用乙醚约300 mL。合并乙醚层，无水硫酸钠干燥，蒸出乙醚，得粗品（**4**）72～74 g，收率70%～80%。不必提纯直接用于下一步反应。

环丙基炔丙酸乙酯（**1**）：于安有磁力搅拌的反应瓶中，加入上述化合物（**4**）90 g，三乙胺63 mL，甲苯200 mL，油浴加热搅拌反应至90℃，约需24 h，直至无二氧化碳放出为止。冷至室温，依次用10%的盐酸300 mL、5%的碳酸钠溶液 300 mL 洗涤，无水硫酸钠干燥。减压浓缩后，减压分馏，收集 87～95℃/1.33 kPa 的馏分，得环丙基炔丙酸乙酯（**1**）30～46 g，收率 66%～78%。总收率 33%～54%。

β-氯代醚特别是 2-氯甲基四氢呋喃和 2-氯甲基四氢吡喃是很容易得到的原料，它们用强碱处理可以得到用其他方法难以得到的炔醇类化合物。详见本书第四章第二节。

第二章 热消除反应

前面介绍的E1、E2以及E1cb三种类型的消除反应，都是在催化剂或溶剂作用下，于液相中进行的反应。在无其他溶剂存在时，仅靠加热使有机物进行的消除反应，称为热解消除（Pyrolytic elimination），简称热消除。这类消除主要在气相条件下进行。这类消除反应很多，包括酯的热消除、叔胺氧化物的热消除、季铵碱的热消除、砜的热消除等，它们在药物合成中同样具有重要的用途。例如抗抑郁药茚达品（Indalpine）中间体4-乙烯基-*N*-乙酰基哌啶（**1**）的合成。

$$\text{4-(}CH_2CH_2OH\text{)piperidine (N-H)} \xrightarrow{Ac_2O,\ Py} \text{4-(}CH_2CH_2OCOCH_3\text{)-N-}COCH_3\text{ piperidine} \xrightarrow{500℃} \text{4-(}CH{=}CH_2\text{)-N-}COCH_3\text{ piperidine}$$

(47%) (**1**)

第一节 热消除反应的类型、机理和消除反应的取向

一、热消除反应的主要类型

下列化合物均可进行分子内热消除反应。

（1）卤化物 具有β-H的卤化物直接加热至一定温度，可以消除卤化氢生成烯烃。

$$-\overset{|}{\underset{H}{C}}-\overset{|}{\underset{Br}{C}}- \longrightarrow \left[\ \begin{matrix} >C\cdots C< \\ \vdots \quad \vdots \\ H\cdots Br \end{matrix}\ \right] \longrightarrow \ >C{=}C< \ + \ HBr$$

（2）叔胺氧化物 叔胺氧化可以生成叔胺氧化物，具有β-H的叔胺氧化物加热生成烯和羟基胺。

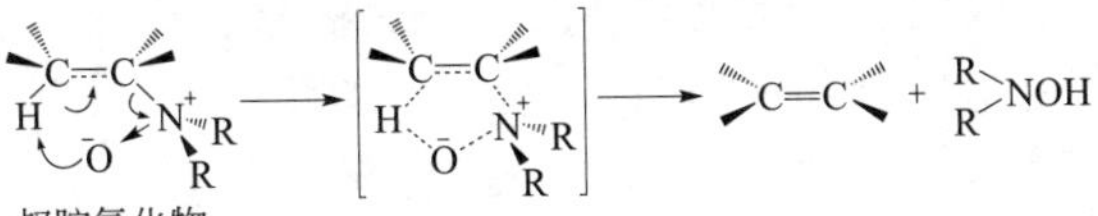

叔胺氧化物

（3）羧酸酯 具有 β-H 的羧酸酯或磺酸酯等，加热可以生成烯烃和相应的酸。

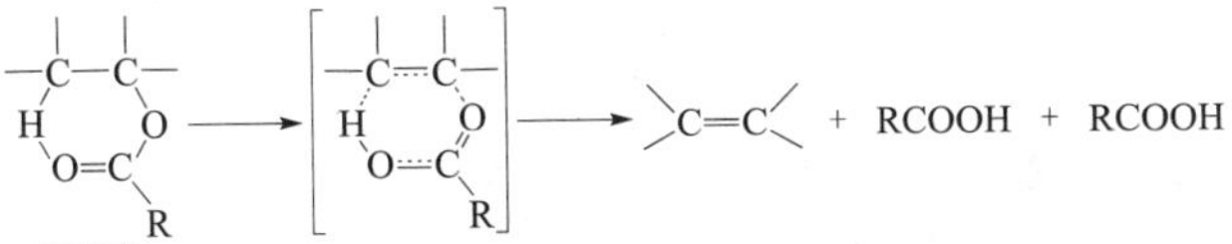

羧酸酯

（4）季铵碱 具有 β-H 的季铵碱，加热可以生成烯、叔胺和水。

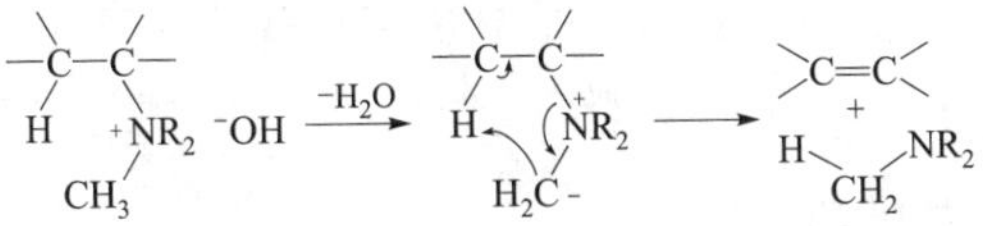

季铵碱

当然还有其他化合物也可以发生热消除反应，如磺酸酯、黄原酸酯、氨基甲酸酯以及碳酸酯、Mannich 碱、亚砜和砜的热消除等，在后续的章节中详细介绍。这些都是合成烯烃化合物的重要方法，具有广泛的用途。

二、热消除反应机理

热消除反应主要有两种反应机理。其一是经过四、五或六元环过渡态，基本情况如上所示。通常是分子内形成四、五、六元环过渡态，然后进行分子内消除（Intramolecular elimination），简称 Ei 机理。在这种机理中，两个基团几乎是同时断裂，并形成双键。由于在 Ei 消除中形成环状过滤态，所以在立体化学上要求两个被消除的基团处于顺式，故 Ei 消除为顺式消除。酯、季铵碱、叔胺氧化物等的热消除均按 Ei 机理进行。

对于四、五元环的过渡态而言，构成环的四或五个原子必须共平面，而对于六元环过渡态，并不要求共平面，因为离去的原子成交叉式时，外侧的原子在空间上是允许的。

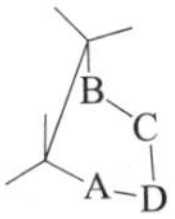

值得指出的是，在上述机理中，两个键的断裂只能说是几乎同时断裂，实际上可能是并不同时，而是有先后之分。根据底物性质的不同，其间很可能是一个连续的过程。

Ei 机理的证据如下。

动力学上属于一级反应，反应只涉及一个底物分子；

反应中加入自由基抑制剂，对反应速率没有影响，因而不是自由基型反应（若属于自由基型反应，加入抑制剂应减慢反应）；

从反应产物的立体化学分析，顺式消除是唯一产物。

热消除反应的第二种机理是自由基型机理。多卤代物和伯单卤化物加热时，大多属于自由基机理。

链引发 $R_2CHCH_2X \xrightarrow{\triangle} R_2CH\dot{C}H_2 + X\cdot$

链增长 $R_2CHCH_2X + X\cdot \longrightarrow R_2\dot{C}CH_2X + HX$

$R_2\dot{C}CH_2X \longrightarrow R_2C{=}CH_2 + X\cdot$

链终止（歧化） $2R_2\dot{C}CH_2X \longrightarrow R_2C{=}CH_2 + R_2CHCH_2X$

某些羧酸酯的热解反应也被认为是自由基型反应，不过例子较少。

自由基型反应，则缺乏立体选择性。

三、热消除反应的取向

如上所述，热消除很多是经环状过渡态而进行的。开链脂肪烃热消除的取向，与β-H 的数目有关。如乙酸仲丁酯，有两种β-H，其比例为$\beta : \beta' = 3 : 2$，Hofmann 烯烃与 Saytzeff 烯烃的比例与此相接近。

$$\underset{}{CH_3}-\overset{\beta'}{CH_2}-\underset{OCOCH_3}{CH}-\overset{\beta}{CH_3} \xrightarrow{\triangle} \underset{(55\%\sim62\%)}{CH_3CH_2CH{=}CH_2} + \underset{(38\%\sim45\%)}{CH_3CH{=}CHCH_3}$$

环状脂肪烃热消除取决于β-H 能否形成环状过渡态。五元环β-H 必须与离去基团处于顺式才能形成环状过渡态，从而有利于热消除。若只有一侧有顺式β-H，则只能在此方向上生成双键，反应不一定遵守 Saytzeff 规则。如下叔胺氧化物的热消除，叔胺氧化物基团只能和β_1位同侧的氢成为环状过渡态，故只能在此处发生消除。

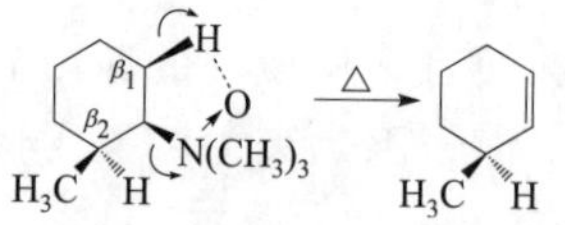

H　β_1　O　β_2　$N(CH_3)_3$　H_3C　H　$\xrightarrow{\triangle}$　H_3C　H

对于六元环过渡态，则未必意味着离去基必须成顺式，因为六元环过渡态不要求完全共平面。若离去基团在直立键上，则β-H 必须在平伏键上，此时可以生成六元环过渡态；若β-H 在直立键上，则不能形成六元环过渡态。例如：

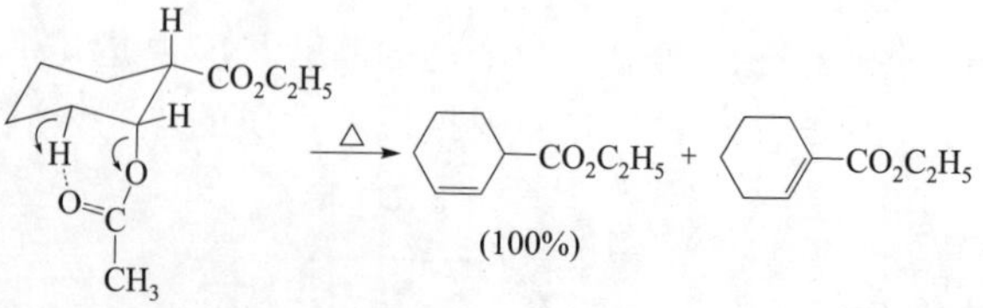

H　$CO_2C_2H_5$　H　H　O　O=C　CH_3　$\xrightarrow{\triangle}$　$CO_2C_2H_5$ + $CO_2C_2H_5$

(100%)

在此反应中，只能生成上述唯一产物，因为离去基团乙酸酯基不能与处于反位的直立β-H形成六元环过渡态，尽管此时可以生成与羧酸乙酯共轭的烯类化合物。

若离去基团处在平伏键上，则其既可以与直立键上的β-H_a（顺式）生成六元环过渡态，也可以与平伏键上的β-H_b（反式）生成六元环过渡态。例如：

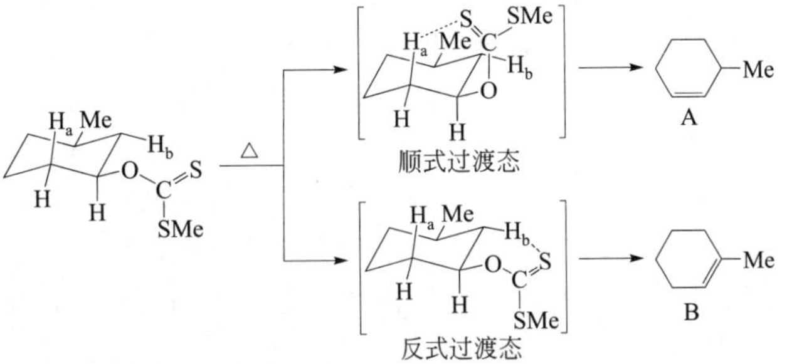

顺式过渡态

反式过渡态

上述反应两种产物A和B的比例差不多，离去基团与H_a生成顺式六元环过渡态，最后生成化合物A，与H_b生成反式六元环过渡态，最后生成化合物B。

如下乙酸薹基酯的热消除主要生成了热稳定性的烯，收率65%，而另一种烯为35%。

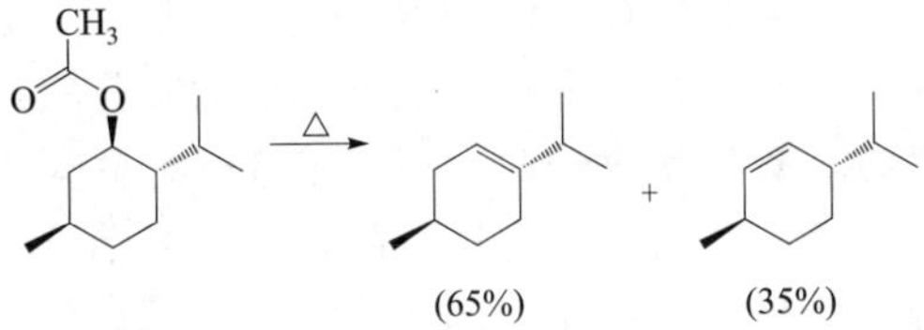

(65%) (35%)

当然，立体化学因素也会对消除反应有影响。

第二节　各种化合物的热消除反应

本节主要介绍酯的热消除、季铵碱的热消除、叔胺氧化物的热消除、Mannich碱的热消除、亚砜和砜的热消除、酮-内鎓盐的热解反应、对甲苯磺酰腙的分解、醚裂解生成烯烃混合物等基本反应。这些反应也是有机化学中的基本反应，在有机合成中有重要用途。

一、酯的热消除

羧酸酯、磺酸酯、黄原酸酯、氨基甲酸酯以及碳酸酯等，在加热至一定温度时，可以发生脱酸消除生成烯。

（1）酯的热消除——脱醋酸消除　羧酸的直接热消除生成烯，可以在钯或铑催化剂作用下加热来进行（Joseph A，Miller J，Jeffrey A，Nelson and Michael P Byrne. J Org Chem，1993，58：18-20）。

$$RCH_2CH_2COOH + Ac_2O \xrightarrow[250℃]{Pd或Rh} RCH{=}CH_2 + CO + 2AcOH$$

烷基上具有 β-H 的羧酸酯加热，可以生成烯烃和相应的羧酸，该反应主要是在气相条件下进行的。反应不需要溶剂，很少有重排和其他副反应。由于醋酸价格低廉，且乙酸酐、乙酰氯的反应活性高，所以用作热消除反应的羧酸酯大多是醋酸酯（制备容易，价格低）。热消除的温度一般在 350～600℃之间。温度的高低与酯基所在位置有关。伯醇的醋酸酯的热消除温度较高，而叔、仲醇醋酸酯的热消除温度较低。温度的选择还应考虑到生成的烯烃的稳定性。若生成的烯烃稳定，可选用较高的反应温度，以利于提高反应速率和转化率，反之，则选用较低的反应温度。例如：

$$CH_3CH_2CH_2CH_2OCCH_3(=O) \xrightarrow{500℃} CH_3CH_2CH{=}CH_2 + CH_3COOH \quad (90\%)$$

$$(CH_3)_3C{-}CH(OCOCH_3)CH_3 \xrightarrow{400℃} (CH_3)_3C{-}CH{=}CH_2 + CH_3COOH \quad (92\%)$$

该反应常常是合成较高级烯烃（C_{10} 以上）的方法，而且往往使用乙酸酯。

利用羧酸酯的热消除反应合成烯烃，虽然其应用不是很广泛，但却提供了由醇合成烯的另一条路线（醇类化合物脱水可以生成烯，详见本书第三章）。

醋酸酯的热消除系经由环状过渡态进行的，为顺式消除。制备烯烃时产物较纯，一般不发生双键移位和重排反应。例如：

$$\xrightarrow{\triangle} \; + CH_3COOH$$

抗抑郁药茚达品（Indalpine）的中间体 4-乙烯基-*N*-乙酰基哌啶的合成。

4-乙烯基-*N*-乙酰基哌啶（*N*-Acetyl-4-vinylpiperidine），$C_9H_{15}NO$，153.22。无色液体。

制法　陈芬儿. 有机药物合成法. 北京：中国医药科技出版社，1999：1020.

CH₂CH₂OH (2) —Ac₂O, Py→ $CH_2CH_2OCOCH_3$ / N-COCH₃ (3) —500℃→ $CH{=}CH_2$ / N-COCH₃ (1)

4-(2′-乙酰氧基) 乙基-*N*-乙酰基哌啶（**3**）：于干燥反应瓶中，加入 2-(4′-哌啶基) 乙醇（**2**）10 g（77.5 mmol），乙酸酐 30 mL 和吡啶 10 mL，室温搅拌 7～8 h。

减压蒸馏，收集 151～152℃/133.32 Pa 馏分，得化合物（**3**）。

4-乙烯基-*N*-乙酰基哌啶（**1**）：于安有加热器的精馏柱中，金属浴加热至 500℃，将上步反应物（**3**）滴加至柱内进行热消除（柱内维持 450℃），在氮气保护下进行蒸馏，收集馏出液。将暗褐色馏出物溶解于二氯甲烷 100 mL 中，分别用饱和碳酸氢钠溶液，水洗涤，分出有机层，无水硫酸钠干燥。过滤，滤液回收溶剂后，减压蒸馏，收集 125～135℃/16.7 kPa 馏分，得（**1**）5.61 g，收率 47%［以 2-(哌啶-4′-基）乙醇计］。

有些醋酸酯衍生物因熔点高，或热稳定性较差，不能用热消除法，则可以用少量酸或碱作催化剂，在液相中消除醋酸生成烯烃衍生物。例如化合物（**2**）在甲醇中用碳酸钾处理生成化合物（**3**）。

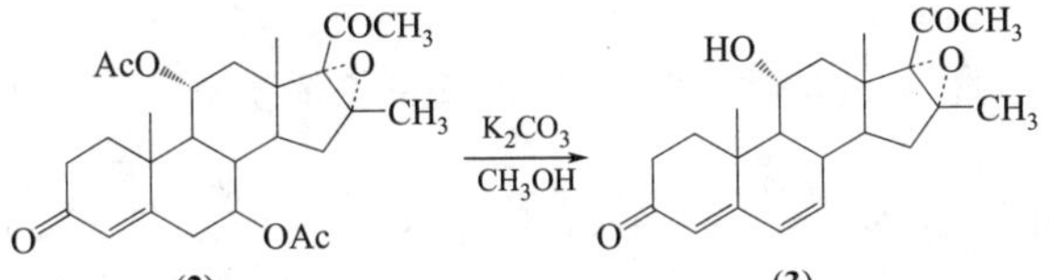

如下对硝基苯甲酸酯的消除成烯也是在碱性条件下进行的，反应机理类似于碱催化下卤代烃消除卤化氢的机理。

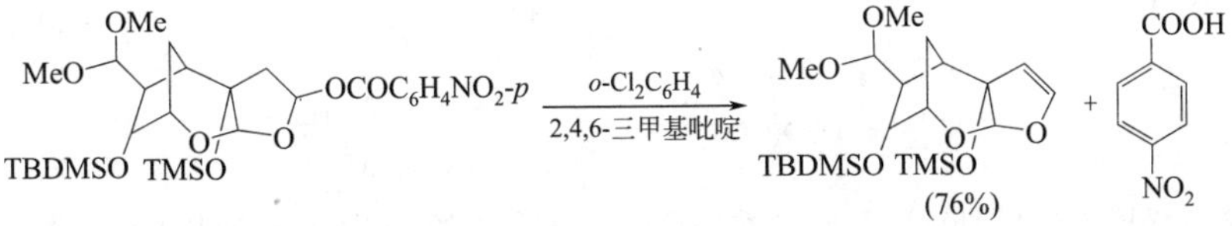

对于烯丙基乙酸酯类化合物，在钯或钼混合物存在下一起加热，可以得到二烯类化合物。此时的反应机理不同于酯的热解。例如［Barry M，Trost，Mark Lautens. Tetrahedron Letters，1983，24（42）：4525］：

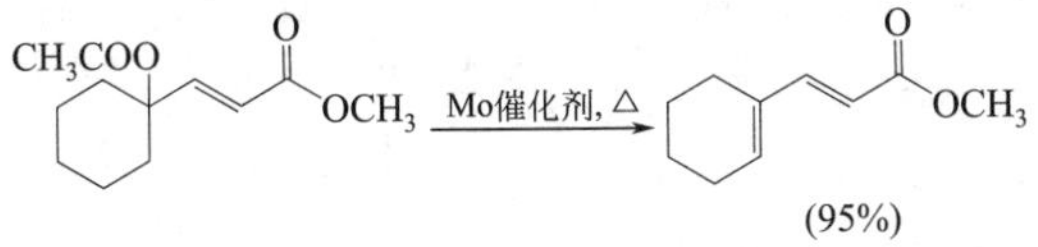

有些内酯也可以发生热消除反应，例如（Rick L，Danheiser，James S，Nowick，Janette H，Lee，Raymond F. Miller and Alexandre H，Huboux. Organic Syntheses，1998，Coll Vol 9：293）。

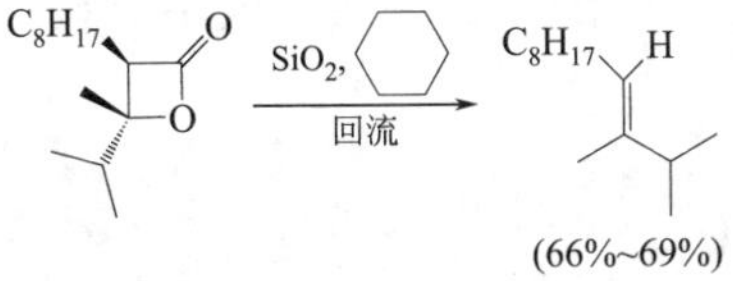

上述反应中放出二氧化碳。

除了醋酸酯外，其他酯如硬脂酸酯、芳香酸酯、碳酸酯、氨基甲酸酯等的热消除均有报道。

醋酸酯	65%	35%
硬脂酸酯	65%	35%
苯甲酸酯	66%	34%
碳酸酯	67%	33%

由上述例子可以看出，改变不同的羧酸，产物的比例无明显差别，乙酸酯从价格考虑是比较合适的。

酯的热解可在真空下进行，例如5-甲基-5-乙烯基-4,5-二氢呋喃的合成：

有时磷酸酯也可以发生热消除生成烯，例如10-十九醇磷酸酯，于二甲苯中回流，发生顺式消除生成9-十九烯，收率几乎100%。(Shimagaki M，et al. Tetrahedron Lett，1995，36：719)。

(2) 磺酸酯的消除——脱磺酸消除　磺酸酯的消除，最常用的是对甲苯磺酸酯，在甾体和脂环化合物中应用此反应，往往可得到较高收率的烯。例如氟氢可的松（Fludrocortisone）中间体（**4**）的合成：

其实，磺酸酯的消除往往不需要进行真正的热消除。在碱性催化剂存在下于适当介质中加热即可发生消除反应。上述反应是在醋酸中以醋酸钠作催化剂进行的消除反应。

对甲苯磺酸酯与其他磺酸酯一样，在溶液中是按照E1或E2机理进行消除反应的。

$$\mathrm{H{-}C{-}C{-}OTs} \xrightarrow{HO^-} \mathrm{C{=}C} + TsO^- + H_2O$$

又如外用甾体抗炎药糠酸莫米松（Mometasone Furoate）中间体的合成。

16α-甲基-17α,21-二羟基孕甾-1,4,9（11）-三烯-3,20-二酮-21-乙酸酯 [16α-Methyl-17α，21-dihydroxypregna-1，4，9（11）-triene-3，20-dione-21-acetate]，$C_{24}H_{30}O_5$，398.50。mp 208℃。

制法 ① 陈芬儿. 有机药物合成法：第一卷. 北京：中国医药科技出版社，1999：328. ②马如鸿等. 中国医药工业杂志，1989，20：1.

(2) —TsCl, Py→ (3) —CH_3CO_2H / CH_3CO_2Na→ (1)

于反应瓶中，加入化合物（**2**）41.65 g（0.10 mol），吡啶 185 ml，搅拌溶解，冷却至 0℃，加入对甲苯磺酰氯 56 g（0.30 mol），于 0～5℃搅拌 3 h，室温搅拌 16 h。反应毕，将反应液倒入适量冰水中，析出固体，放置 2 h。过滤，水洗至 pH7，干燥，得化合物（**3**）(备用)。

在另一反应瓶中，加入冰乙酸 340 mL、无水乙酸钠 40 g，搅拌加热回流至无水乙酸钠全部溶解后，加入上步所得（**3**），加热回流 0.5 h。反应毕，冷却至室温，将反应液倾入适量冰水中，析出固体，放置 2 h。过滤，水洗至 pH7，干燥，得粗品（**1**）。用甲醇重结晶，得化合物（**1**），mp 208℃。

若磺酸酯的 β-C 上有活性氢，则更容易发生消除反应。

$$PhCH(C_2H_5)-CH(OTs)C_2H_5 \xrightarrow[C_2H_5OH]{C_2H_5ONa} (Ph)(C_2H_5)C=CHC_2H_5$$

用活性氧化铝作催化剂，脂环族芳磺酸酯可在很温和的条件下脱去对甲苯磺酸生成环烯烃。例如：

$$\xrightarrow[25℃]{CH_2Cl_2,\ Al_2O_3} C_6H_5COO-\text{(cyclohexenyl)}\quad (80\%)$$

很多实验已经证明，双四正丁基铵草酸盐[$(Bu_4N)_2^+(COO)_2^-$]是对甲苯磺酸酯发生消除反应的很好的催化剂，可以有效防止取代反应的发生（Corey E J，Terashima S. Tetrahedron Lett，1972：111）。

$$\xrightarrow{(Bu_4N)_2^+(COO)_2^-} \quad (82\%)$$

芳基磺酸酯无需加碱就可以进行裂解反应。2-吡啶磺酸酯和8-喹啉磺酸酯只需简单加热就可以生成烯烃，也不需要溶剂［Corey E J，et al. J Org Chem，1989，54（2）：389］。

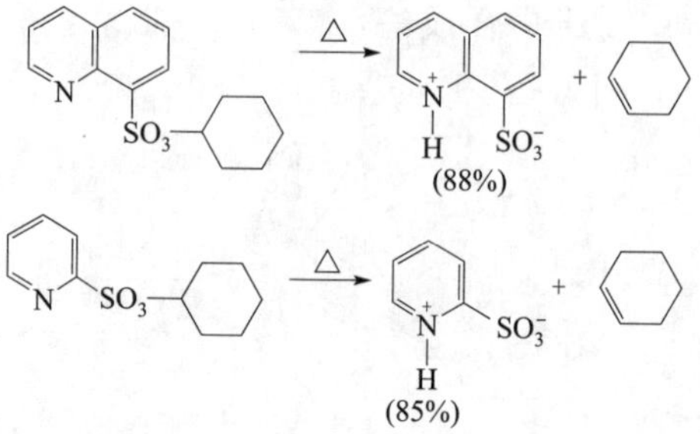

N　SO_3　△　$\overset{+}{N}$　H　SO_3^-　+　(88%)

N　SO_3　△　$\overset{+}{N}$　H　SO_3^-　+　(85%)

磷酸酯用Lawesson试剂处理后加热可生成烯烃［Shimagaki M，Fujieda Y，Kimura T，Nakata T. Tetrahedron Lett，1995，36（5）：719］。

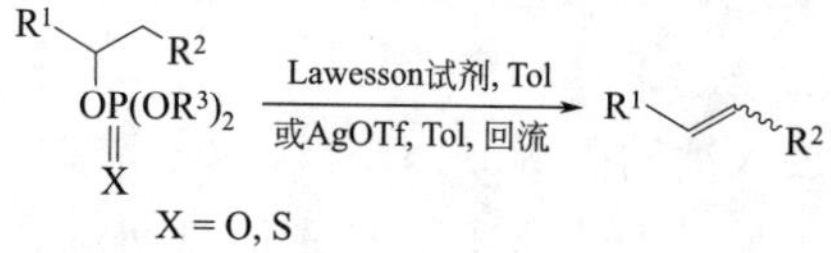

R^1　R^2　$OP(OR^3)_2$　X　Lawesson试剂, Tol　或AgOTf, Tol, 回流　R^1　R^2

X = O, S

例如化合物（**5**）的合成：

O　$(EtO)_2PO$　Lawesson试剂, Tol　回流24h　(69%)　(**5**)

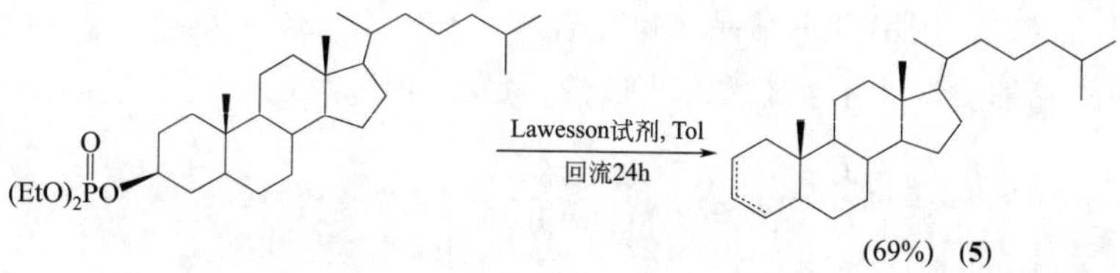

苯磺酸酯或对甲苯磺酸酯在DMSO、HMPA等极性非质子溶剂酯加热，也可发生类似的反应。例如（J. Salaün and A. Fadel. Organic Syntheses，1990，Coll Vol 7：117）：

OTs　*t*-BuOK, DMSO　70℃　(74%~80%)

甲基磺酰氯在吡啶存在下与醇羟基反应，很容易生成甲基磺酸酯，甲基磺酸酯也可以发生消除反应生成烯。例如如下外用甾体抗炎药二醋酸卤泼尼松（Halopredone diacetate）中间体的合成。

2-溴-6*β*-4-氟-17*α*，21-二羟基-孕甾-1，4，9-三烯-3，20-二酮-17，21-二乙酸酯（2-Bromo-6*β*-4-fluoro-17*α*，21-dihydroxypregna-1，4，9-triene-3，20-dione-17，21-diacetate），$C_{25}H_{28}BrFO_6$，523.40。mp 270～271℃（dec），$[\alpha]_D^{25}$ −89°（$CHCl_3$）。

制法　① 曾本秀等. 中国医药工业杂志，1984，15：1. ② 陈芬儿. 有机药物合成法：第一卷. 北京：中国医药科技出版社，1999：201.

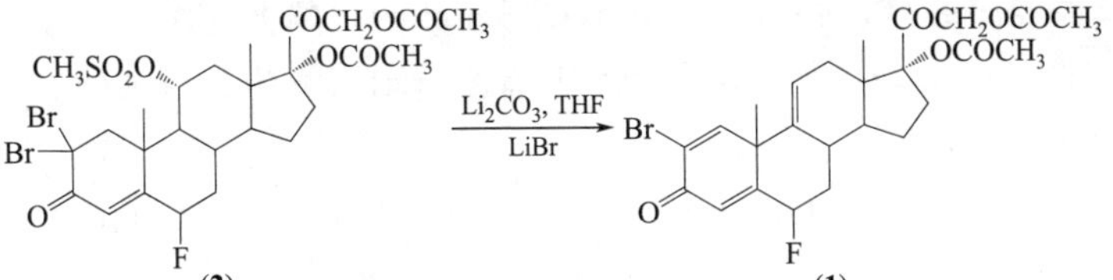

$$\xrightarrow[\text{LiBr}]{Li_2CO_3,\ THF}$$

(2)　　(1)

于反应瓶中，加入 N,N-二甲基甲酰胺 70 mL，碳酸锂 14 g（173.2 mmol）和溴化锂 7 g（80.6 mmol），搅拌下加入化合物（**2**）7 g（10 mmol），氮气保护下，于 130℃搅拌 1.5 h。反应毕，冷却，将反应液倒入适量冷水中，析出固体。过滤，水洗，干燥至恒重，得粗品（**1**）。用丙酮重结晶，得（**1**）4.8 g，收率 91.5%，mp 270～271℃（dec），$[\alpha]_D^{25}-89°$（$CHCl_3$）。

（3）黄原酸酯的热消除　黄原酸酯一般是由醇钠与二硫化碳反应制备的。

$$RCH_2CH_2OH \xrightarrow{NaOH} RCH_2CH_2ONa \xrightarrow{CS_2} RCH_2CH_2OC(=S)—SNa \xrightarrow[\text{或}(CH_3)_2SO_4]{CH_3I} RCH_2CH_2OC(=S)—SCH_3$$

黄原酸酯的热消除又叫 Chugaev 反应（楚加耶夫反应），也是顺式消除，且热解温度较低，可在惰性热载体中进行消除，如联苯-联苯醚热载体等。尤其适用于对酸敏感的烯类化合物的合成，但常含有少量硫化物杂质。

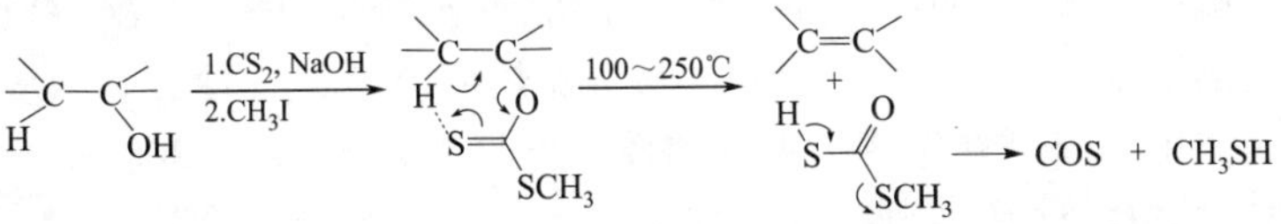

$$\xrightarrow[2.CH_3I]{1.CS_2,\ NaOH} \xrightarrow{100\sim250℃} C{=}C + HS—C(=O)SCH_3 \longrightarrow COS + CH_3SH$$

反应后生成烯、COS 和硫醇。黄原酸酯的热消除所需是温度低于普通的酯，主要优点是生成的烯的异构化很少。反应机理属于 Ei 机理。

黄原酸酯的分子中有两个硫原子，在上述反应中究竟是哪一个硫原子成环曾有争议。后来证明（包括^{34}S 和^{13}C 同位素效应研究），成环的硫原子是 C=S 双键上的硫。

伯醇的黄原酸酯较稳定，加热时不易分解，因此该方法更适用于仲、叔醇类的脱水制烯。该法不发生重排，克服了醇类直接脱水容易重排的缺点。

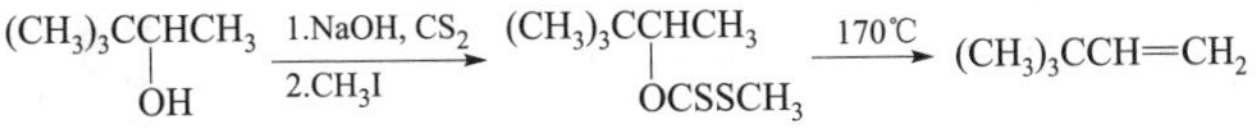

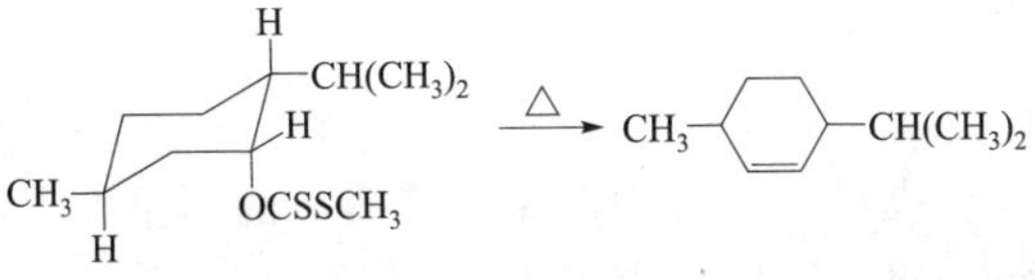

$$(CH_3)_3CCH(OH)CH_3 \xrightarrow[2.CH_3I]{1.NaOH,\ CS_2} (CH_3)_3CCH(OCSSCH_3)CH_3 \xrightarrow{170℃} (CH_3)_3CCH{=}CH_2$$

$$\xrightarrow{\triangle} CH_3—\text{(cyclohexene)}—CH(CH_3)_2$$

例如生产香料、农药、医药及其他精细化工产品的重要中间体 3,3-二甲基-1-丁烯的合成如下。

3,3-二甲基-1-丁烯（3,3-Dimethyl-1-butene），C_6H_{12}，84.16。无色液体。bp 41.2，d_4^{20} 0.6259，n_D^{20} 1.3763。溶于苯、丙酮、氯仿、石油醚、乙醚等有机溶剂，不溶于水。

制法　Furniss B S，Hannaford A J，Rogers V，et al. Vogel's Textbook of Practical Chemistry. Longman London and New York. Fourth edition，1978：336，588.

$$CH_3CH_2C(CH_3)_2-OH \xrightarrow[Tol]{K} CH_3CH_2C(CH_3)_2-OK \xrightarrow[(2)]{(CH_3)_3CCH(OH)CH_3} (CH_3)_3CCH(OK)CH_3 \xrightarrow{CS_2} (CH_3)_3CCH(OCSSK)CH_3$$

$$\xrightarrow{CH_3I} \underset{(3)}{(CH_3)_3CCH(OCSSCH_3)CH_3} \longrightarrow [\text{环状过渡态}] \xrightarrow{\triangle} \underset{(1)}{(CH_3)_3CCH{=}CH_2} + COS + CH_3SH$$

O-1，2,2-三甲基丙基-*S*-甲基黄原酸酯（**3**）：于安有搅拌器、温度计、回流冷凝器的反应瓶中，加入2-甲基丁醇-2 48.5 g（60 mL，0.55 mol），用金属钠干燥过的甲苯750 mL，加热回流，分批加入金属钾21 g（0.55 mol）。待钾全部反应完后，慢慢加入3,3-二甲基丁醇-2（**2**）51 g（0.5 mol），充分搅拌。冷却，慢慢加入二硫化碳57 g（0.75 mol），反应完后，冷至室温，得到橙色悬浮物。再慢慢加入碘甲烷78 g（0.55 mol），水浴加热回流5 h.。冷却，放置过夜，滤去碘化钾。减压蒸馏，首先蒸出甲苯和醇，再收集85～87℃/800 Pa的馏分，得化合物（**3**）65 g，收率71%。

3,3-二甲基-1-丁烯（**1**）：于安有蒸馏装置（接收瓶用冰水冷却）的圆底烧瓶中，加入上面的化合物（**3**），加热至沸，不断有分解产物蒸出。蒸完后，馏出液用冷的20%的氢氧化钠水溶液洗涤三次，再用冷水洗涤，无水硫酸钠干燥。过滤，蒸馏，收集40～42℃的馏分，得（**1**）24 g，收率53%。

若直接将黄原酸酯用三丁基锡烷还原，可以得到脱去羟基的产物，这是合成脱氧糖类化合物的方法之一。例如（Iacono S. and James R. Rasmussen1 Org Synth，1990，Coll Vol 7：139）。

$$\xrightarrow[3.CH_3I]{1.NaH,\ 2.CS_2} \underset{(92\%)}{CH_3SC(=S)O-\text{糖}} \xrightarrow{Bu_3SnH} (75\%)$$

黄原酸酯的热解合成烯类化合物，有比较明显的不足：黄原酸酯需要多步合成；热解时掺杂含硫杂质，造成分离困难。

利用*N*,*N*-二甲基硫代氨基甲酰氯与伯醇或仲醇钠反应，生成*N*,*N*-二甲基硫代氨基甲酸酯，于180～200℃加热热解，可以生成烯。该方法操作简便，收率较高（黄宪等. 新编有机合成化学. 北京：化学工业出版社，2003：50）。

$$\underset{\mathrm{OH}}{\overset{\mathrm{R^1}}{\mathrm{RCHCHR^2}}} \xrightarrow{\mathrm{NaH,Me_2NCSCl}} \underset{\mathrm{OC(=S)NMe_2}}{\overset{\mathrm{R^1}}{\mathrm{RCHCHR^2}}} \xrightarrow{\triangle} \overset{\mathrm{R^1}}{\mathrm{RC{=}CHR^2}} + \mathrm{Me_2NC(=O)SH}$$

（75%～95%）　（65%～90%）

二、季铵碱的热消除

含有 β-H 的季铵碱热消除生成烯烃衍生物的反应，叫作 Hofmann 降解反应。季铵碱通常是由胺类的彻底甲基化生成季铵盐，后者再与碱反应来制备的。例如：

$$\underset{\mathrm{NH_2}}{\mathrm{CH_3CH_2CH_2CHCH_3}} + \mathrm{CH_3I}(\text{过量}) \longrightarrow \underset{^{+}\mathrm{N(CH_3)_3I^-}}{\mathrm{CH_3CH_2CH_2CHCH_3}} \xrightarrow[\triangle]{t\text{-BuOK}} \mathrm{CH_3CH_2CH_2CH{=}CH_2}$$

对于这类消除反应，一般认为应遵守 Hofmann 规则，即倾向于生成取代烷基最少的烯烃。这一点与卤代烷的消除反应有很大不同。对 Hofmann 规则的解释为，由于铵离子上的 N^+ 电荷的诱导，使得与之结合的烷基的 β-氢表现有一定的酸性，β-氢酸性强的烷基容易发生消除。由于烷基的给电子诱导效应，侧链越少，该碳原子的 β-氢酸性越强。另外烯烃的稳定性反映在过渡态的位能上，烯烃的安定性大，过渡态的位能低，反应所需活化能小，反应速率快，加之烷基少的碳原子上位阻小，导致该效应的结果就是趋向于形成最少烷基取代的烯烃。

按照上述分析，烷基反应性大小顺序如下（Hofmann 规则序列）：

乙基＞正丙基＞正丁基＞正戊基＞异戊基＞异丁基

Hofmann 降解反应在胺类、含氮杂环化合物、生物碱类化合物的结构测定中经常用到。在消除反应机理研究中也经常遇到，也用于有机合成，合成 Hofmann 烯烃。

$$\mathrm{C_6H_5CH_2CH_2\overset{+}{N}(CH_3)_2CH_2CH_3\ OH^-} \xrightarrow{\triangle} \underset{(94\%)}{\mathrm{C_6H_5CH{=}CH_2}} + \mathrm{CH_2{=}CH_2}$$

（喹嗦啶季铵碱，N-CH₃，环上带 $CO_2C_2H_5$）$\mathrm{OH^-} \xrightarrow{\triangle}$ 开环产物（N-CH₃ 氮杂环癸烯，双键碳上带 $CO_2C_2H_5$）

又如：

$$\underset{\mathrm{CH_3}}{\mathrm{(CH_3)_2C}}\text{—}\overset{\mathrm{C_2H_5}}{\overset{+}{\mathrm{N}}}\text{—}\mathrm{(CH_3)_2\cdot OH^-} \xrightarrow{\triangle} \underset{(93\%)}{\mathrm{(CH_3)C{=}CH_2}} + \underset{(7\%)}{\mathrm{CH_2{=}CH_2}}$$

反应机理通常是E2。对于无环体系而言，可能是季铵碱中的HO^-，在加热过程中进攻酸性相对较强的β-H而生成双键上取代基最少的烯烃（Hofmann烯烃）。对于环己基体系，则遵从Sayzev规则。

霍夫曼规则适用于双分子消除反应（见双分子反应）。由于双分子消除反应的立体化学过程是反式消除，体积大的离去基团（三级胺基）与β-H正处于相反方向。霍夫曼消除方向取决于最稳定的构象异构体，例如2-戊基三甲基铵盐消除，得到98%的1-戊烯，只有2%的2-戊烯。原因就是构象[1]中邻交叉位只是H原子，立体效应小些；而构象[2]中邻交叉位的CH_3CH_2基离N$(CH_3)_3$近，立体效应大些，显然[1]比[2]稳定。[1]消除生成1-戊烯，[2]生成2-戊烯。构象[3]中三个大基团的位阻最大，稳定性最差，尽管可能生成2-戊烯，但所占比例应当很少。

$$CH_3CH_2CH_2CH(\overset{+}{N}(CH_3)_3\ OH^-)CH_3 \longrightarrow \underset{(98\%)}{CH_3CH_2CH_2CH{=}CH_2} + \underset{(2\%)}{CH_3CH_2CH{=}CHCH_3}$$

[1]: H, C_3H_7, H, H, H, $\overset{+}{N}Me_3$

[2]: H, H, CH_3, C_2H_5, H, $\overset{+}{N}Me_3$

[3]: H, H, CH_3, H, C_2H_5, $\overset{+}{N}Me_3$

对于位阻比较大的季铵碱，反应机理可能是类似于五元环的Ei机理，此时氢氧根负离子不是进攻β-H，而是夺取甲基上的一个氢，最后生成烯。

$$H{-}C{-}C{-}\overset{+}{N}R_2(CH_3)\ ^-OH \xrightarrow{-H_2O} H{-}C{-}C{-}\overset{+}{N}R_2{-}H_2\overset{-}{C} \longrightarrow C{=}C + H{-}CH_2{-}NR_2$$

所用的季铵碱最好是三甲铵基，否则产物将会复杂化。例如有机合成中间体1-庚烯的合成。

1-庚烯（Hept-1-ene），C_7H_{14}，98.19。无色透明液体。mp-119℃，bp 93～94℃。d_4^{20} 0.696，n_D^{20} 1.400。与乙醇、乙醚、丙酮、石油醚混溶，不溶于水。

制法　Furniss B S，Hannaford A J，Rogers V，et al. Vogel’s Textbook of Practical Chemistry. Longman London and New York. Fourth edition，1978：333.

$$\underset{(2)}{C_5H_{11}CH_2CH_2NH_2} \xrightarrow{CH_3I(过量)} \underset{(3)}{C_5H_{11}CH_2CH_2\overset{+}{N}(CH_3)_3I^-} \xrightarrow{AgOH}$$

$$\underset{(4)}{C_5H_{11}CH_2CH_2\overset{+}{N}(CH_3)_3OH^-} \xrightarrow{\triangle} \underset{(1)}{C_5H_{11}CH{=}CH_2}$$

正庚基三甲基碘化铵（**3**）：于安有搅拌器、温度计、滴液漏斗的反应瓶中，加入22.8 g（0.2 mol）新蒸馏的正庚基胺（**2**），74 g（0.4 mol）新蒸馏过的三丁胺和60 mL干燥的DMF，冰水冷却下滴加碘甲烷80 g（0.56 mol）。加完后于室温放置过夜。加入200 mL干燥的乙醚，充分搅拌后冰水浴中静置。过滤析出的固体，乙醚洗涤，无水乙醇中重结晶，得正庚基三甲基碘化铵（**3**）37 g，mp 145～146℃，收率84%。

正庚基三甲基氢氧化铵（**4**）：将34 g（0.2 mol）硝酸银溶于340 mL蒸馏水中，加热至85℃。另将8 g（0.2 mol）氢氧化钠溶于340 mL蒸馏水中，加热至85℃，剧烈搅拌下将氢氧化钠溶液倒入硝酸银溶液中，静置，使氧化银沉于底部，以倾洗法用蒸馏水洗涤5次。将28 g（0.1 mol）正庚基三甲基碘化铵溶于160 mL蒸馏水，再加入20 mL乙醇。剧烈搅拌下加入氧化银，同时通入氮气搅拌反应2 h。滤去银盐，用少量水洗涤。滤液于旋转蒸发器中减压浓缩（浴温40℃），得到无色黏稠的液体（**4**）。

1-庚烯（**1**）：于安有搅拌器、温度计、通气导管和蒸馏装置的反应瓶中（接受瓶用冰水浴冷却），加入上面得到的化合物（**4**），再加入少量的水。油浴加热至160℃，蒸出水。升温至约190℃使（**4**）不断分解，蒸出生成的产物，直至反应瓶中基本上无反应物为止。将馏出物倒入分液漏斗中，用乙醚提取二次。合并乙醚提取液先用稀盐酸洗涤（洗去三甲胺），再用水洗，无水硫酸钠干燥后，蒸出乙醚，而后进行分馏，收集93～94℃的馏分，得1-庚烯（**1**）约6 g，收率60%。

上述反应中使用了氧化银试剂，价格较高。但优点是生成的碘化银沉淀很容易除去。一般而言，季铵碱不容易得到纯品。

季铵碱的热消除反应，存在着消除和取代的竞争，反应中往往有取代产物。例如：

$$(CH_3)_3CCH_2CH_2\overset{+}{N}(CH_3)_3OH^- \xrightarrow{\triangle} \underset{(81\%)}{(CH_3)_3CCH{=}CH_2} + \underset{(19\%)}{(CH_3)_3CCH_2CH_2OH} + (CH_3)_3N$$

实际上，季铵碱完全没有取代而只发生消除的反应很少，大多数反应是热消除为主的反应。如下反应则几乎都是取代反应（Brasen W R and Hauser C R. Organic Syntheses，1963，Coll Vol 4：582）。

$$\text{2-}CH_3C_6H_4CH_2NMe_2 \xrightarrow{EtBr,EtOH} \underset{(92\%\sim95\%)}{\text{2-}CH_3C_6H_4CH_2\overset{+}{N}Me_2Et\,Br^-} \xrightarrow{AcONa,AcOH} \underset{(88\%\sim91\%)}{\text{2-}CH_3C_6H_4CH_2OAc} \xrightarrow{NaOH} \underset{(95\%\sim97\%)}{\text{2-}CH_3C_6H_4CH_2OH}$$

其实，季铵盐中的胺基很容易被其他基团取代，例如心脏病治疗药左西孟坦中间体3-(4′-乙酰氨基苯甲酰基）丁腈（**6**）的合成。

$$AcNH{-}C_6H_4{-}COCH_2CH_3 \xrightarrow[(CH_3)_2NH\cdot HCl]{HCHO} AcNH{-}C_6H_4{-}CO{-}CH(CH_3)CH_2N(CH_3)_2$$

$$\xrightarrow[(87\%)]{CH_3I} AcNH{-}C_6H_4{-}CO{-}CH(CH_3)CH_2\overset{+}{N}(CH_3)_3\cdot I^- \xrightarrow[(67\%)]{NaCN} \underset{(\mathbf{6})}{AcNH{-}C_6H_4{-}CO{-}CH(CH_3)CH_2CN}$$

季铵碱热消除的其他例子如下：

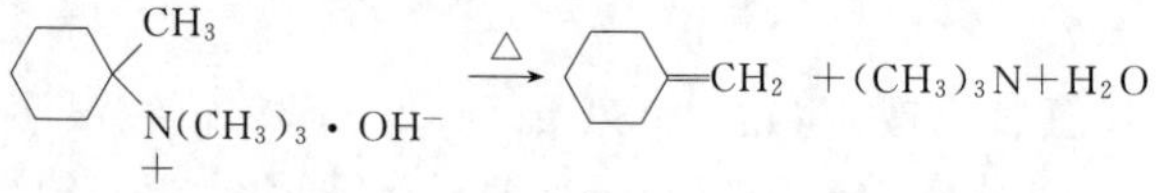

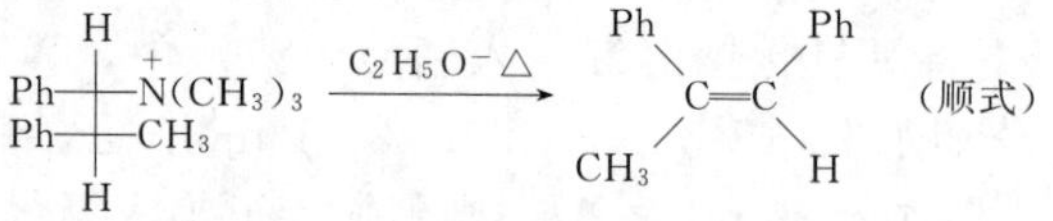

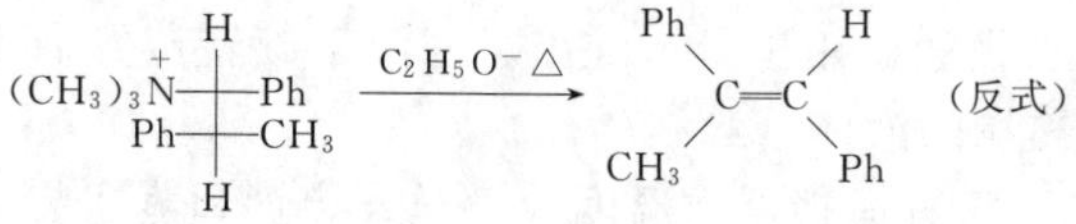

$$\text{1-甲基环己基}-\overset{+}{N}(CH_3)_3\cdot OH^- \xrightarrow{\triangle} \text{环己亚基}=CH_2 + (CH_3)_3N + H_2O$$

$$\text{Ph}(H)C-\overset{+}{N}(CH_3)_3 / \text{Ph}(H)C-CH_3 \xrightarrow{C_2H_5O^-\ \triangle} (Ph)(CH_3)C=C(Ph)(H) \quad \text{（顺式）}$$

$$(CH_3)_3\overset{+}{N}-C(H)(Ph) / Ph-C(H)-CH_3 \xrightarrow{C_2H_5O^-\ \triangle} (Ph)(CH_3)C=C(H)(Ph) \quad \text{（反式）}$$

季铵盐及其碱的热消除具有反式消除的特征。反应的一般过程是首先将胺转变为季铵碱，而后再进行热消除。当然，三甲基季铵碱是首要选择，因为此时热分解产物比较简单。

抗疟药奎宁中间体 *N*-脲基高部奎宁可用季铵碱的热消除反应来制备。

***N*-脲基高部奎宁**（*N*-Uramidohomomeroquinene），$C_{11}H_{18}N_2O_3$，226.28。棱状结晶。mp 163～164℃（分解）。

制法　Cope A C，Trumbell E R. Org Reactons，1960，11：317.

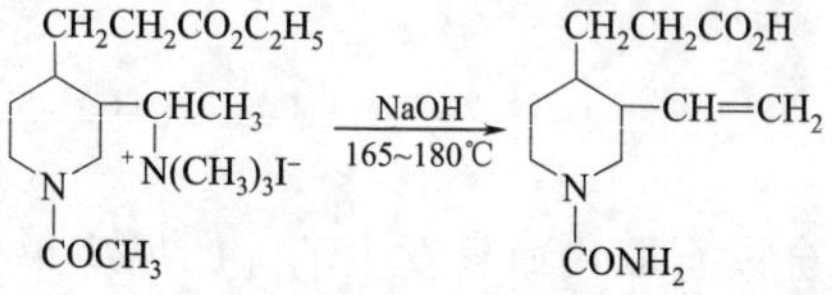

$$\underset{\textbf{(2)}}{\text{4-}(CH_2CH_2CO_2C_2H_5)\text{-3-}[CHCH_3\overset{+}{N}(CH_3)_3I^-]\text{-1-}COCH_3\text{-哌啶}} \xrightarrow[165\sim180℃]{NaOH} \underset{\textbf{(1)}}{\text{4-}(CH_2CH_2CO_2H)\text{-3-}(CH=CH_2)\text{-1-}CONH_2\text{-哌啶}}$$

于一只铂或镍制坩埚中，加入化合物（**2**）1.45 g，再加入等量的水，搅拌加热，加入由 5 g 氢氧化钠溶于 4 mL 水的溶液 2.5 mL，于 140℃左右剧烈放出三甲基胺。慢慢将温度升至 165～180℃，不时补加水以补充由于挥发而减少的水，同时不断搅拌。当三乙胺不再放出时（约 0.5～1 h），冷却，用移液管除去过量的碱液，得到浅棕色固体或半固体物。加入 3 mL 水，用浓盐酸中和至对石磊呈中性，活性炭脱色。过滤，滤液中加入由氰化钾 0.35 g 溶于少量水的溶液，蒸气浴加热 30 min。用盐酸调至刚过红变色。冷却，析出棱状结晶（**1**）0.3 g，收率 38%，mp 163～164℃（分解）。

反应中常用的碱性试剂有氧化银、氢氧化钠、氢氧化铊、乙醇钠、叔丁醇钾等。也可以使用阴离子交换树脂。

二苯甲基乙烯基醚可以用如下方法来合成。

二苯甲基乙烯基醚（Diphenylmethyl vinyl ether），$C_{15}H_{14}O$，210.27。无色液体。bp 120℃/2.0 kPa。n_D^{25} 1.5716。

制法 Carl Kalser and Joseph Weinstock. Org Synth，1988，Coll Vol 6：552.

$$Ph_2CHOCH_2CH_2NMe_2 \xrightarrow{CH_3I} Ph_2CHOCH_2CH_2\overset{\oplus}{N}Me_3I^{\ominus} \xrightarrow{OH^-}$$

(2) (3)

$$Ph_2CHOCH_2CH_2\overset{\oplus}{N}Me_2OH^{\ominus} \xrightarrow{\triangle} Ph_2CHOCH{=}CH_2$$

(1)

N-2-(二苯甲氧基乙基)-三甲基碘化铵（**3**）：于安有搅拌器、温度计、滴液漏斗的反应瓶中，加入 *N*,*N*-二甲基-2-(二苯甲氧基)-乙胺（**2**）13.3 g（0.052 mol），丙酮 50 mL，搅拌下滴加碘甲烷 8.1 g（0.057 mol）与 15 mL 丙酮的混合液，约 5 min 加完，继续搅拌反应 30 min。冷至 0℃，抽滤，固体物依次用丙酮、乙醚洗涤，得无色结晶季铵盐（**3**）20～20.2 g，mp 194～196℃，收率 97%～98%。

二苯甲基乙烯基醚（**1**）：于 500 mL 锥形瓶中加入阴离子交换树脂（OH^-型）60 g，100 mL 甲醇，搅拌 5 min。将此树脂装入 25×6.5 cm 的色谱分离柱中，用 750 mL 甲醇洗柱，并维持液面高于树脂 1～2 cm。洗毕，将约 2/3 的树脂倒入上述季铵盐（**3**）19.9 g（0.05 mol）与 50 mL 甲醇的悬浮液中，搅拌加热使季铵盐溶解。而后将其再倒入盛有 1/3 树脂的色谱分离柱中，用甲醇洗涤反应容器。而后用甲醇洗脱，直至洗出液不再呈碱性。减压浓缩回收溶剂后，于 100℃减压（水泵）分解，直至无气体放出，约需 5～10 min。冷却，加入乙醚 250 mL，依次用稀硫酸（0.2 mol/L）、水洗涤，无水硫酸镁干燥，回收乙醚后减压蒸馏，收集 163～167℃/2.4 kPa 的馏分，得二苯甲基乙烯基醚（**1**）8.5～9 g，收率 81%～86%。

对于含有更活泼的 *β*-H 的季铵盐，可以使用更弱的碱。例如 *α*-亚甲基-*γ*-丁内酯的合成。该化合物本身具有抗真菌、抗癌等作用，医药、有机合成中间体，多用于新药开发。

***α*-亚甲基-*γ*-丁内酯**（*α*-Methylene-*γ*-butyrolactone，Tulipalin A），$C_5H_6O_2$，98.10。无色油状液体。

制法 Roberts T L，Borromeo F S，Poulter C D. Tetrahedron Lett，1977，19：1621.

(2) $\xrightarrow[2.CH_2{=}\overset{+}{N}(CH_3)_2I^-]{1.LDA}$ (3) [$CH_2N(CH_3)_2$] $\xrightarrow{CH_3I}$ (4) [$CH_2\overset{+}{N}(CH_3)_3I^-$] $\xrightarrow{NaHCO_3}$ (1) [$=CH_2$]

于安有搅拌器、低温温度计的反应瓶中，加入二异丙基胺 2.02 g（20 mmol），20 mL 无水 THF，冷至 4℃，加入 2.35 mol/L 的丁基锂-己烷溶液 8.34 mL（20 mmol），搅拌 15 min 后，冷至－78℃，加入 *γ*-丁内酯（**2**）1.60 g（19 mmol），

加完后继续于−78℃搅拌反应 45 min。加入二甲基亚甲基碘化铵 7.4 g (40 mmol)，于−78℃搅拌 30 min 后升至室温。减压蒸出溶剂，剩余物溶于 20 mL 甲醇中，加入碘甲烷 15 mL，室温搅拌 24 h。减压蒸出溶剂，得白色固体。加入 70 mL 5%的碳酸氢钠水溶液和 50 mL 二氯甲烷，使固体热解。分出有机层，水层用二氯甲烷提取 5 次。合并有机层，无水硫酸镁干燥。过滤，减压蒸出溶剂，得浅黄色油状液体 (**1**) 2.4 g。过硅胶柱纯化，用二氯甲烷-丙酮洗脱，得化合物 (**1**) 1.21 g，收率 67%。

对于环己烷衍生物而言，其季铵碱的热消除，主要以 E2 机理为主，进行反式消除。例如薄荷基和新薄荷基三甲基铵氢氧化物的热消除，此时不一定遵守 Hofmann 规则。

(−)-薄荷基三甲基铵氢氧化物 → (+)-反-2-薄荷烯 (96%~86%) + (+)-3-薄荷烯 (4%~14%)

(+)-新薄荷基三甲基铵氢氧化物 → (+)-反-2-薄荷烯 (10.5%~8%) + (+)-3-薄荷烯 (89.5%~92%)

又如异薄荷基和新异薄荷基三甲基铵氢氧化物的热消除反应：

(+)-异薄荷基三甲基铵氢氧化物 → (+)-顺-2-薄荷烯 (99%) + (+)-3-薄荷烯 (1%)

(−)-新异薄荷基三甲基铵氢氧化物 → (+)-顺-2-薄荷烯 少量 + (+)-3-薄荷烯 主产物

将薄荷烷相应的季铵碱的消除与以上的卤代烷、磺酸酯（将季铵基换成卤素原子、磺酸酯基）的消除反应比较，可以看出反应的方向和产物的构型都很一致。

绝大多数 Hofmann 消除的 E2 机理都是按照共平面的反式消除，这是因为位阻以及构象转化的能量都对反式消除有利。但是在某些结构条件下，共平面顺式消除也是可以发生的，多数情况下作为副反应以较低的产率及速率进行，但在

有些反应中顺式消除会处在有利地位甚至反应只按顺式进行。比较典型的一个例子是异构的低冰片烷衍生物，

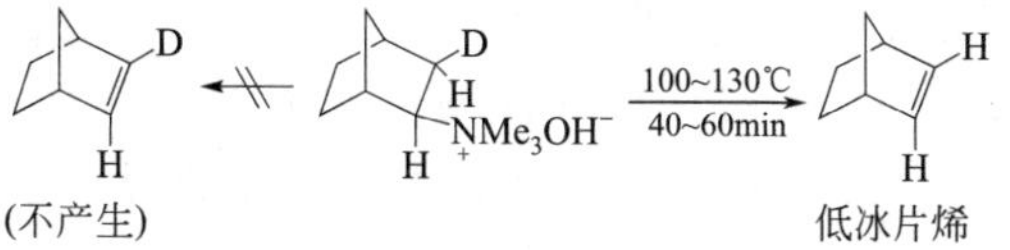

(不产生) 低冰片烯

季铵碱的热消除对于脂肪族、脂环族、杂环族胺均能得到比较满意的结果。对于脂环族胺来说，小于六元环者仅得到顺式烯烃，而七元环以上者则可以得到顺式和反式的混合物，其中往往以反式为主。

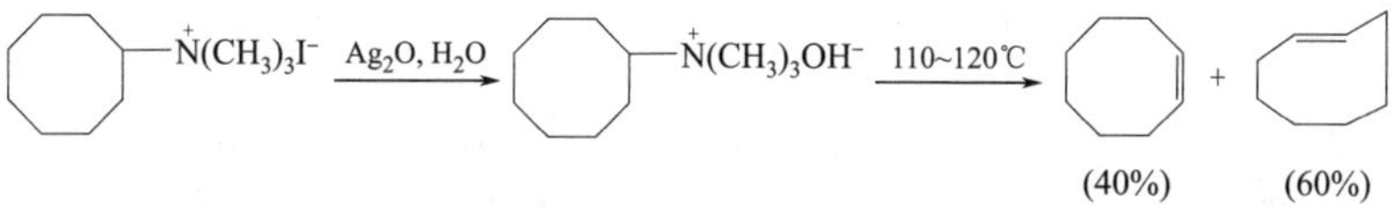

(40%) (60%)

也可以不用将季铵盐转化为季铵碱，而是用季铵盐直接与强碱如苯基锂、液氨-氨基钠（钾）等反应，生成相应的烯烃。

用溴化季铵盐代替季铵碱的消除反应如下：

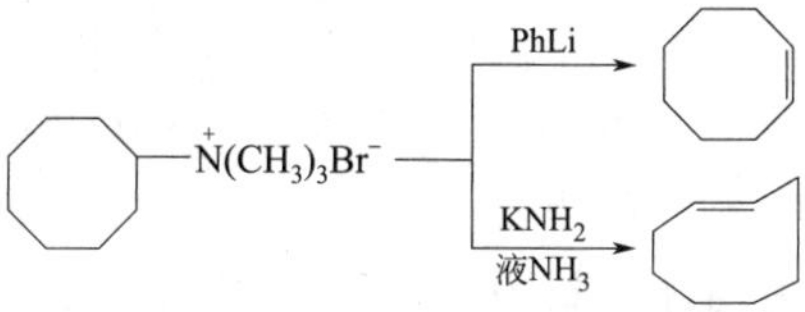

此时的反应机理已不同，属于 Ei 机理。

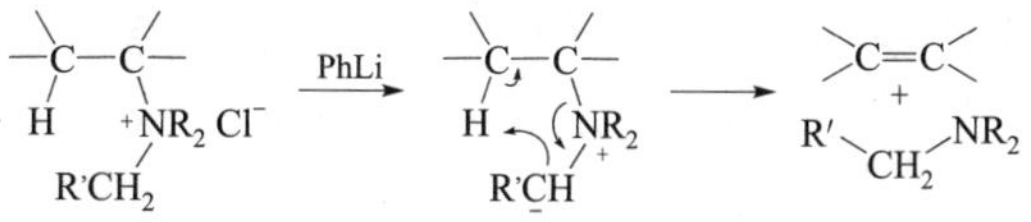

如下反应则是消除产物发生了异构化，生成更稳定的烯类化合物（Arava V R，Malreddy S，Thummala S R. Synth Commun，2012，42：3545）。

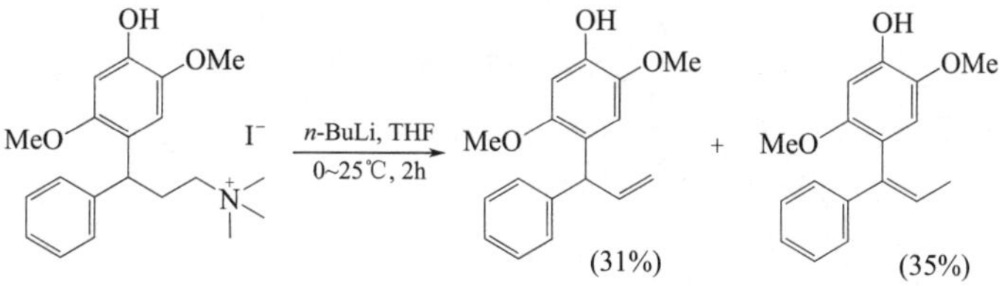

(31%) (35%)

不含 β-H 的季铵碱加热分解，生成取代产物醇。

三、叔胺氧化物的热消除

叔胺用过氧化氢氧化生成叔胺氧化物，后者在缓和的条件下经热消除生成烯烃和 N,N-二取代羟胺，此反应称为 Cope 消除反应。

在实际反应中，是将叔胺与氧化剂的混合物进行反应，不必将氧化胺分离出

来。反应条件温和，副反应少，并且烯烃一般也不会重排，因而适用于多种烯的合成。如得到的烯烃有 Z、E 异构时，一般以 E-型为主.

Cope 消除也是顺式消除，几乎所有的证据都证明是经由五元环状过渡态而进行的。该反应具有不发生重排的特点，是制备烯烃的一种有价值的方法。很显然，该反应属于五元环 Ei 机理。该反应具有明显的溶剂效应，非质子极性溶剂可显著提高反应速率。

反应过程中形成一个平面的五元环过渡态，叔胺氧化物的氧作为进攻的碱。

$$\mathrm{>C=C<} + \mathrm{R_2NOH}$$

要产生这样的环状结构，氨基和 β-氢原子必须处于同一侧，并且在形成五元环过渡态时，α,β-碳原子上的原子基团呈重叠型，这样的过渡态需要较高的活化能，形成后也很不稳定，易于进行消除反应。

$$\mathrm{R_2CH{-}CR_2N(CH_3)_2} \xrightarrow{H_2O_2} \mathrm{R_2CH{-}CR_2N(CH_3)_2{\to}O} \longrightarrow \xrightarrow{\triangle} \mathrm{R_2C{=}CR_2} + \mathrm{(CH_3)_2NOH}$$

$$\mathrm{C_6H_5CH(N(CH_3)_2)CH_3} \xrightarrow[2.加热]{1.30\%\ H_2O_2} \mathrm{C_6H_5CH{=}CH_2}$$

精细化学品、医药中间体、材料中间体亚甲基环己烷的合成如下。

亚甲基环己烷（Methylenecyclohexane），C_7H_{12}，96.17。无色透明液体。bp 99～100℃。溶于乙醇、乙醚、苯、石油醚，不溶于水。

制法　Arthur C，Cope and Engelbert Ciganek. Organic Syntheses，1963，Coll Vol 4：612.

$$\underset{(2)}{\mathrm{C_6H_{11}CH_2NMe_2}} \xrightarrow{H_2O_2} \mathrm{C_6H_{11}CH_2NMe_2{\to}O} \xrightarrow{\triangle} \underset{(1)}{\mathrm{C_6H_{10}{=}CH_2}} + \mathrm{Me_2NOH}$$

于 500 mL 反应瓶中加入 N,N-二甲基环己甲胺（**2**）49.4 g（0.35 mol），30%的过氧化氢 39.5 g（0.35 mol），45 mL 甲醇。混合均匀后室温放置 36 h。在放置 2 h 和 5 h 时分别加入 30%的过氧化氢 39.5 g（0.35 mol）。36 h 后加入少量的钯黑破坏过氧化氢，搅拌至不再有氧气放出。过滤，减压浓缩至干。安上搅拌器和冷却效果良好的回流冷凝器，先用油浴加热至 90～100℃，而后减压于 1.33 kPa 压力下将油浴温度升高至 160℃，反应 2 h，使氨氧化物分解完全。于蒸出液中加入 100 mL 水，分出有机层，依次用冷水 5 mL×2、冰冷的盐酸 5 mL×2、5%的碳酸氢钠 5 mL 洗涤，用干冰-丙酮冷却后过滤。最后分馏，收集 101～102℃的馏分，得亚甲基环己烷（**1**）26.6～29.6 g，收率 79%～88%。由水层中可回收 N,N-二甲基羟胺，回收率 90%以上。

该类反应若在无水 DMSO 与 THF 的混合液中进行，可在室温或略高于室温的情况下进行热消除。

对于五元环、六元环和七元环的如下反应，得到的消除产物的比例明显不同[Cope A C；Trumbull E R. Org React. 1960，11，317（Review）]。

Cope 消除反应在应用范围上没有季铵碱法普遍，但其具有操作简单、没有异构化的特点。

环己烷衍生物的叔胺氧化物，消除时为顺式消除。在如下薄荷基二甲基胺氧化物的热消除反应中，有两种 β-H 与氧化物处于顺式，故生成两种产物，以 Hofmann 烯烃为主。而在新薄荷基二甲基胺氧化物分子中，与胺氧化物处于顺式的只有一种 β-H，故只生成一种唯一产物。

薄荷基二甲基胺氧化物

新薄荷基二甲基胺氧化物

如下苯基环己基胺氧化物的热消除也是如此。

Cope 反应并不能使含有氮原子的六元环开环，但可以使五、七至十元环开环（Cope A，Lebel N. J Am Chem Soc，1960，82：4656）。

CH_3　N^+　^-O　H　CH　$(CH_2)_n$　△　$(CH_2)_n$　N　CH_3　OH　$CH{=}CH_2$

$n=4, 5$

采用该反应可以合成张力很大的化合物三环癸三烯（Triquinacene）。

Me_2N^+　O^-　$^+NMe_2$　^-O　125~140℃

三环癸三烯

固相法 Cope 消除已有报道（Sammelson R E；Kurth M J. Tetrahedron Lett，2001，42：3419），该方法在构建化合物库用于生物活性化合物的筛选方面有重要意义。

O　O　N　OH　*m*-CPBA, $CHCl_3$　rt　O　O　N^+　^-O　H　OH

67%

O　O　+　HO　N　OH

不饱和羟胺加热时可以发生协同反应生成环状含氮氧化物，后者可以进一步转化为羟胺（House H O，Manning D T，Melillo D G，et al. J Org Chem，1976，41：855，8630）。这种反应称为反 Cope 消除反应。例如［Engelbert Ciganek and John M Read Jr. J Org Chem，1995，60（18）：5795］：

N^+—O^-　Me　$LiAlH_4$　N—OH　Me　CH_3　N^+　O^-　CH_3　H_2O_2　N　CH_3　CH_3

不饱和羟胺　　环状含氮氧化物

又如［Nicholas J，Cooper and David W，Knight. Tetrahedron，2004，60（2）：243］：

R^2　$(\ )_n$　NOH　R　R^1　△　R^2　$(\ )_n$　R^1　R　N^+　O^-　R = H　R^2　$(\ )_n$　R^1　N　OH

$n=1, 2$

反 Cope 消除已成为合成环状含氮氧化物的重要方法，在天然产物合成中有重要应用。

四、Mannich 碱的热消除

含活泼氢的羰基化合物，与甲醛（或其他醛）以及氨或胺（伯、仲胺）脱水缩合，活泼氢原子被氨甲基或取代氨甲基所取代，生成含β-氨基（或取代氨基）的羰基化合物的反应，称为 Mannich 反应，又称为氨甲基化反应。其反应产物叫做 Mannich 碱或盐。以丙酮的反应为例表示如下：

$$CH_3COCH_2-H + HCHO + H-NR_2 \longrightarrow CH_3COCH_2CH_2NR_2 + H_2O$$

动力学研究证明，Mannich 反应为三级反应，酸和碱都对此反应有催化作用。

酸催化机理为：

$$R_2NH + HCHO \rightleftharpoons \underset{[1]}{R_2N-CH_2OH} \xrightleftharpoons{H^+} R_2N-CH_2\overset{+}{O}H_2$$

$$\rightleftharpoons \left[R_2N-\overset{+}{C}H_2 \longleftrightarrow R_2\overset{+}{N}=CH_2\right]_{[2]} + H_2O$$

$$CH_3COCH_3 \xrightleftharpoons{H^+} CH_3C(=\overset{+}{O}H)CH_3 \xrightleftharpoons{-H^+} CH_3C(OH)=CH_2 \xrightarrow{CH_2=\overset{+}{N}R_2\ [2]}$$

$$CH_3C(=\overset{+}{O}H)CH_2CH_2NR_2 \rightleftharpoons CH_3COCH_2CH_2NR_2 + H^+$$

首先是胺与甲醛反应生成 *N*-羟甲基胺［1］，［1］接受质子后失去水生成亚胺盐［2］，［2］含活泼氢化合物的烯醇式与［2］进行 Michael 加成，失去质子后生成 Mannich 碱。

若用碱催化，则是碱与活泼氢化合物作用生成碳负离子，后者再和醛与胺（氨）反应生成的加成产物作用。

$$CH_3-\overset{O}{\overset{\|}{C}}-R' \xrightarrow{HO^-} {}^-CH_2-\overset{O}{\overset{\|}{C}}-R' + H_2O$$

$$HCHO + R_2NH \rightleftharpoons R_2N-CH_2-OH \xrightarrow{{}^-CH_2COR'} R_2NCH_2CH_2\overset{O}{\overset{\|}{C}}-R' + HO^-$$

最后一步反应相当于 S_N2 反应。

含活性氢化合物除了醛、酮之外，还有羧酸、酯、腈、硝基烷烃以及邻、对位未被取代的酚类等，甚至一些杂环化合物如吲哚、α-甲基吡啶等。

胺可以是伯胺、仲胺或氨，芳香胺有时也可以发生反应。

反应常在醇、醋酸、硝基苯等溶剂中进行。

Mannich 反应中以酮的反应最重要。但具有 α-H 的醛也可以用于该反应。

值得指出的是，在 Mannich 反应中，当使用氮原子上含有多个氢的氨或伯胺时，若活泼氢化合物和甲醛过量，则氮上的氢均可参加缩合反应，生成多取代的 Mannich 碱。

$$3R-\overset{O}{\overset{\|}{C}}-CH_3 + 3HCHO + NH_3 \longrightarrow N(CH_2CH_2\overset{O}{\overset{\|}{C}}R)_3$$

当活泼氢化合物具有两个或两个以上的活泼氢时，在甲醛和胺过量的情况下可以生成多氨甲基化产物。

$$R-\overset{O}{\overset{\|}{C}}-CH_3 + 3HCHO + 3NH_3 \longrightarrow (H_2NCH_2)_3C\overset{O}{\overset{\|}{C}}R$$

有时可以利用这一性质合成环状化合物，例如：

$CH_3CH_2COCH_2CH_3$ + HCHO + HCHO + CH_3NH_2 ⟶ 3,5-二甲基-1-甲基-4-哌啶酮（CH_3, CH_3, N—CH_3）

Mannich 碱通常是不太稳定的化合物，可以发生多种化学反应，利用这些反应可以制备各种不同的新化合物，在有机合成中具有重要的用途。Mannich 碱的主要反应类型如下：脱氨甲基反应（R-CH_2 键的断裂），脱胺反应（CH_2-N 键的断裂），取代反应（氨基被取代、NH 中的氢被硝基、亚硝基、乙酰基等取代），还原反应，与有机金属化合物的反应，成环反应等。

若 Mannich 碱中，胺基 β 位上有氢原子，加热时可脱去胺基生成烯，特点是在原来含有活性氢化合物的碳原子上增加一个次甲基双键。例如：

$$C_6H_5COCH_3 + CH_2O \xrightarrow{HN(C_2H_5)_2} C_6H_5COCH_2CH_2N(C_2H_5)_2 \xrightarrow{\triangle} C_6H_5COCH{=}CH_2$$

$$\text{1-}(CH_2CH_2N(CH_3)_2)\text{异喹啉} \xrightarrow[\text{减压蒸馏}]{\text{固体KOH}} \text{1-}(CH{=}CH_2)\text{异喹啉}\ (70\%)$$

松树叶蜂 Diprion pini 性信息素活性成分的关键中间体 2-亚甲基辛醛的合成如下。

2-亚甲基辛醛（2-Methyleneoctanal），$C_9H_{16}O$，140.23。油状液体。

制法　徐艳杰，孟祎，张方丽，陈力功. 应用化学，2003，7：696.

$$\underset{(2)}{CH_3(CH_2)_6CHO} + CH_2O + HN(CH)_2 \longrightarrow \underset{(1)}{CH_3(CH_2)_5C(=CH_2)CHO}$$

方法 1

于安有搅拌器、温度计、回流冷凝器的反应瓶中，加入二甲胺水溶液 7.70 g（56.37 mmol），6.0 mol/L 的盐酸 10.0 mL，搅拌下加入 38％的甲醛 6.8 mL（93.96 mmol），20 mL 水。用饱和碳酸钠溶液中和至 pH7，而后加入正辛醛

(**2**) 5.95 g (46.48 mmol)，加热至 90℃搅拌反应 4 h。冷至室温，乙醚提取 3 次。合并乙醚溶液，依次用氢氧化钠溶液、水洗涤，无水硫酸镁干燥。过滤，浓缩，过硅胶柱纯化，石油醚-乙醚 (100∶1) 洗脱，得无色液体 (**1**) 4.10 g，收率 63.2%。

方法 2

于安有搅拌器、温度计、回流冷凝器的反应瓶中，加入二甲胺水溶液 7.18 g (52.62 mmol)，醋酸 3.0 mL，搅拌下加入 38%的甲醛 6.3 mL (87.70 mmol)，而后加入正辛醛 (**2**) 4.49 g (38.08 mmol) 和 20 mL 醋酸。加热至 90℃搅拌反应 4 h。冷至室温，加入饱和氢氧化钠溶液中和醋酸。乙醚提取 3 次。合并乙醚溶液，水洗，无水硫酸镁干燥。过滤，浓缩，过硅胶柱纯化，石油醚-乙醚 (100∶1) 洗脱，得无色液体 (**1**) 3.44 g，收率 70.1%。

Mannich 碱的热消除，可被酸或碱所催化，也可直接在惰性溶剂中加热分解。常用的碱有氢氧化钾、二甲苯胺等。若把 Mannich 碱变成季铵盐，则消除更容易进行。

对于不同结构的 Mannich 碱，分解条件也不相同。有些需要在减压蒸馏或水蒸气蒸馏条件下进行，有些需要在溶剂中加热进行，而有些则会自动分解。

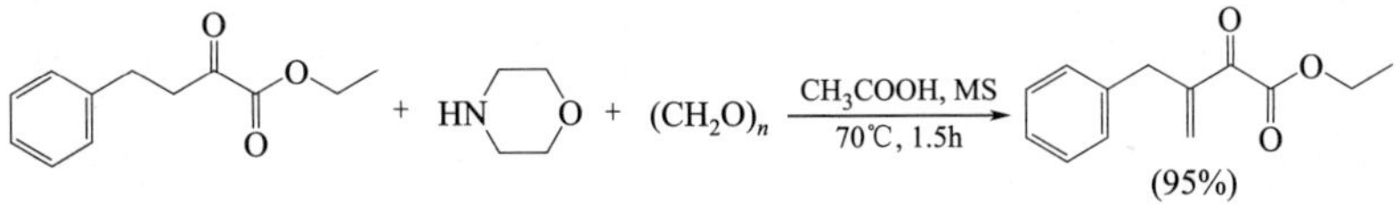

$+ \; HN\langle\rangle O \; + \; (CH_2O)_n \xrightarrow[70℃,\ 1.5h]{CH_3COOH,\ MS}$ (95%)

其他一些 β-(N,N-二甲基) 氨基酮类化合物也非常不稳定，在乙酸钠或其他弱碱溶液中即可分解，放出二甲胺生成相应的 α,β-不饱和酮类混合物。

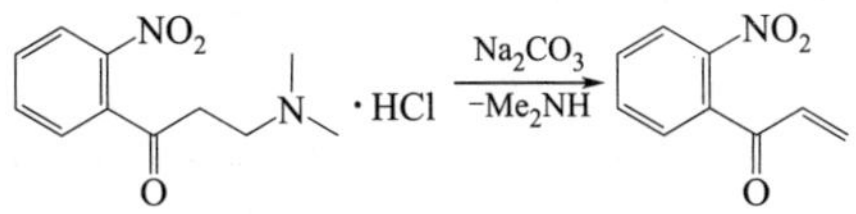

$NO_2 \cdots \cdot HCl \xrightarrow[-Me_2NH]{Na_2CO_3} NO_2 \cdots$

$CH_3COHN \cdots \cdot HCl \xrightarrow[-Me_2NH]{Na_2CO_3} CH_3COHN \cdots$

利尿药依他尼酸 (又名利尿酸)(Ethacrynic acid)(**7**) 的一条合成路线如下：

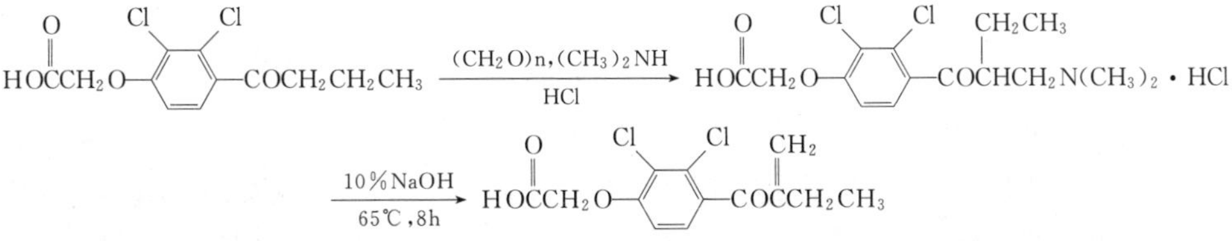

$HOCCH_2O$—(2,3-二氯苯基)—$COCH_2CH_2CH_3 \xrightarrow[HCl]{(CH_2O)n,(CH_3)_2NH} HOCCH_2O$—(2,3-二氯苯基)—$COCH(CH_2CH_3)CH_2N(CH_3)_2 \cdot HCl$

$\xrightarrow[65℃,8h]{10\%NaOH} HOCCH_2O$—(2,3-二氯苯基)—$COC(=CH_2)CH_2CH_3$

(利尿酸)　(**7**)

有时若 Mannich 碱的一个碳原子上连有两个羧基时，分解过程中可以同时失去一个羧基，最终产物中只保留一个羧基。例如：

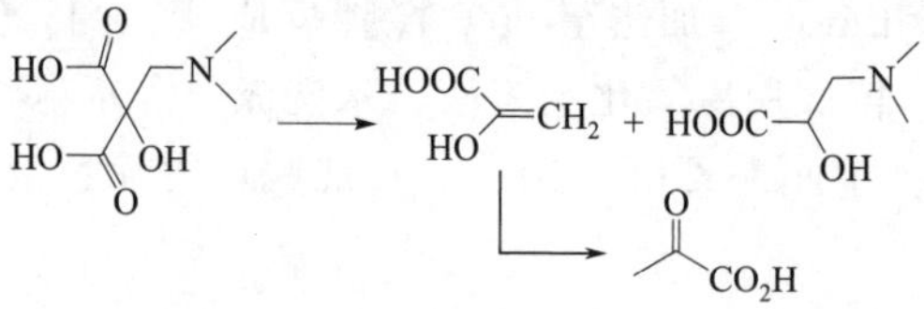

五、亚砜和砜的热消除

亚砜热消除时，发生顺式消除反应生成烯烃。

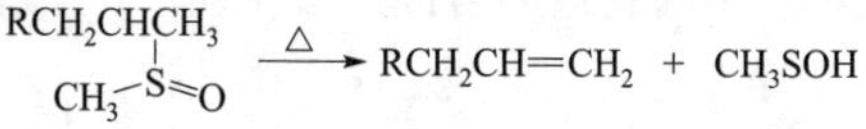

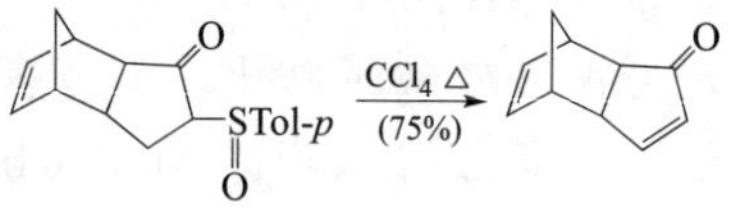

$$RCH_2CH(CH_3)S(O)CH_3 \xrightarrow{\triangle} RCH_2CH{=}CH_2 + CH_3SOH$$

显然，反应也是经历了五元环过渡态进行的，因而为顺式消除。

由于亚砜可由二甲亚砜的烃基化反应得到，其热消除是由烃化试剂合成增加一个碳原子的末端烯烃的方法之一。

$$Ph_2C{=}CH_2 + CH_3SOCH_3 \xrightarrow{NaH} Ph_2CHCH_2CH_2SOCH_3 \xrightarrow[(96\%)]{150\sim200℃} Ph_2CHCH{=}CH_2$$

硫醚的氧化可以生成亚砜。利用这一性质，可以在有机分子的特定位置引入烃硫基，生成硫醚，再将其氧化为亚砜，进而热解，则在此处生成碳碳双键。例如抗癌药康普瑞汀 D-2 的合成。

康普瑞汀 D-2（Combretastatin D-2），$C_{18}H_{16}O_4$，296.32。白色结晶。mp 154.5～155℃。

制法　Scott D，Rychnovsky J and Kooksang Hwang. J Org Chem，1994，59（18）：5414.

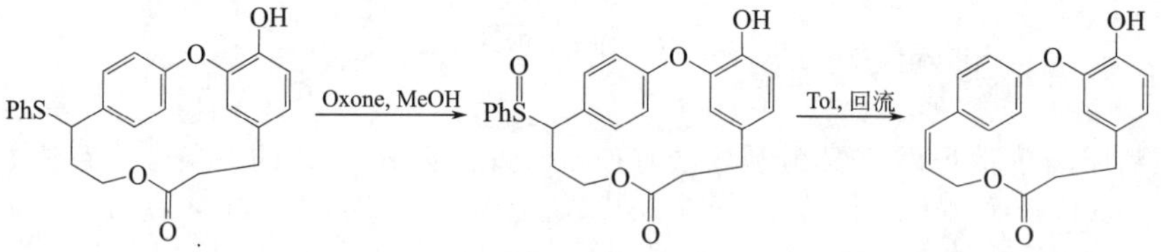

(2) —Oxone, MeOH→ (3) —Tol, 回流→ (1)

于反应瓶中加入化合物（**2**）52 mg（0.127 mmol），甲醇 50 mL，慢慢加入 0.25 mol/L 的 Oxone（过硫酸氢钾复合盐）水溶液 0.26 mL（0.065 mmol），室温搅拌反应 15 min 后，再加入上述溶液 0.16 mL（0.04 mmol），用 TLC 跟踪反应。加入乙醚和饱和盐水，分出有机层，水洗，无水硫酸镁干燥。过滤，浓缩，得砜类化合物（**3**）。将其溶于 15 mL 甲苯中，回流反应过夜。冷却，过硅胶柱纯化，以10%～20%的乙酸乙酯-己烷洗脱，得白色结晶（**1**）36.8 mg，收率98%，mp 154.5～155℃。（mp 152～154.5 ℃）；R_f=0.28（20% 乙酸乙酯-己烷）。

砜加热也可以生成烯烃，常用于α,β-不饱和羰基化合物的合成。

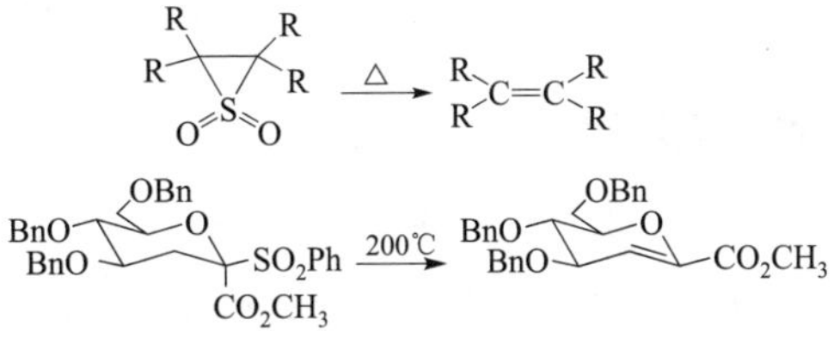

砜的β-位有卤素原子、羟基、酯基、三甲基硅基等基团时，在一定的条件下也可以顺利地发生消除反应生成烯。例如：

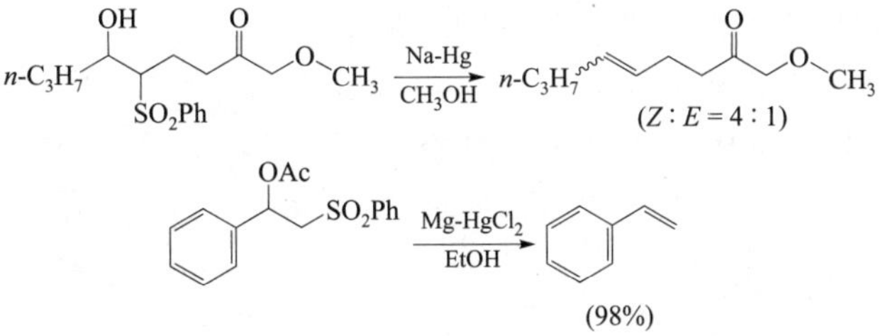

(98%)

α-卤代砜在碱的作用下可以发生挤出反应生成烯，该反应称为Ramberg-Bäcklund反应。关于该反应的内容详见本书第十一章。

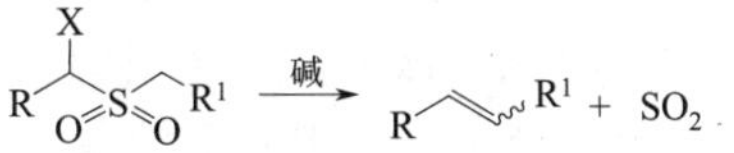

例如如下反应［K C Nicolaou，G Zuccarello，Riemer C，Estevez V A，Dai W M. J Am Chem Soc，1992，114（19）：7360］。

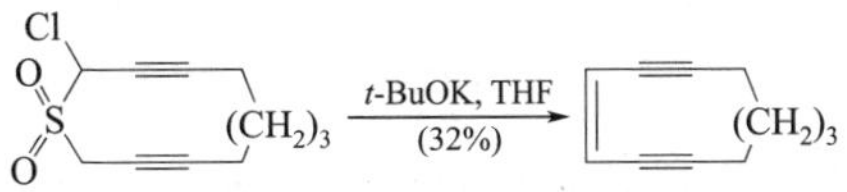

上述反应可能的过程如下：

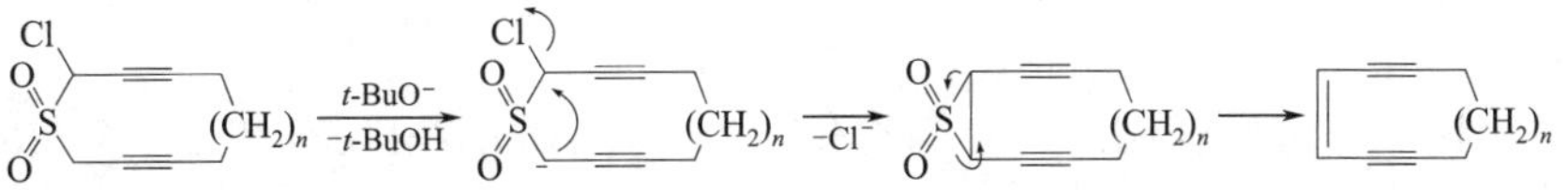

抗艾滋病毒药物卡波维（Carbovir）的反式异构体（**8**）的一条合成路线如下（Arne Gcumann，Hugh Marley，Richard J K T. Tetrahedron Lett，1995，36：7767）。

$$\text{RO}\!-\!\text{(thiane dioxide, NHBoc, Br)} \xrightarrow[\text{2.HCl, MeOH(100\%)}]{\text{1.}t\text{-BuOK, THF, }-78^\circ\text{C(77\%)}} \text{HO-(cyclopentene)-NH}_2\cdot\text{HCl} \longrightarrow trans\text{-Carbovir (8)}$$

R = H,AcO

六、酮-内鎓盐的热解反应

在内鎓盐中，磷的内鎓盐很常见。例如：

$$Ph_3P + RR'CHX \longrightarrow [Ph_3\overset{+}{P}—CHRR']\overset{-}{X} \xrightarrow{BuLi} [Ph_3\overset{+}{P}—\overset{-}{C}RR' \longleftrightarrow Ph_3P=CRR']$$

内鎓盐(叶立德)

上述内鎓盐与醛、酮反应可以生成烯烃，是合成含烯键化合物的一种方便方法，而且双键的位置就在原来醛、酮羰基的位置。上述反应称为 Wittig 反应，在药物、有机合成中应用广泛。

上述反应中的含卤素化合物若为 α-卤代酮，则与 PPh_3 反应后，生成酮-磷内鎓盐。将酮-磷内鎓盐加热（快速真空热解，FVP）至 500℃以上，则生成炔烃。

$$RCOCH_2Br \xrightarrow{Ph_3P} RCOCH=PPh_3 \xrightarrow{FVP} R—C\equiv CH$$

酮-磷内鎓盐

这些炔烃，可以是简单的炔烃，也可以是酮炔或烯炔。

上述酮-内鎓盐也可以叫酰基叶立德。除了上述合成方法外，还可以由叶立德与酰氯、酸酐反应来制备，因此，该方法是由酰氯或酸酐合成增加一个以上碳原子炔烃的方法。例如由丁酰氯合成 2-己炔酸乙酯。

$$CH_3CH_2CH_2COCl + Ph_3P=CHCO_2C_2H_5 \longrightarrow Ph_3P=C(COCH_2CH_2CH_3)(CO_2C_2H_5)$$

$$\xrightarrow[(80\%)]{\triangle} CH_3CH_2CH_2C\equiv CCO_2C_2H_5$$

又如三氟丁炔-2-酸乙酯的合成（Hamper B C. Org Synth，1992，70：246）：

$$Ph_3\overset{+}{P}CH_2CO_2C_2H_5Br^- \xrightarrow[Et_3N]{(CF_3CO)_2O} Ph_3P=C(COCF_3)(CO_2C_2H_5) \xrightarrow[133\sim266Pa]{150\sim200^\circ C} CF_3C\equiv CCO_2C_2H_5$$

采用该方法可以合成乙炔二酮类化合物［R Alan Aitken，Hugues Herion，Amaya Janusi et al. Tetrahedron Lett，1993，34（35）：5621］。

$$Ph_3P=CHCOR^1 \xrightarrow[\text{或}R_2COCOOCO_2Et]{R^2COCOCl/Et_3N} Ph_3P=C(COR^1)COCOR^2 \xrightarrow[-Ph_3PO]{\triangle} R^1CO—C\equiv C—COR^2$$

若上式中 R^1、R^2 分别为 EtO-，则生成丁炔二酸二乙酯，其为重要的有机合成中间体。特别是在 Diels-Alder 反应中作为亲双烯体使用，用于合成环状化合物。

丁炔二酸二乙酯（Diethyl butynedioate，Diethyl acetylenedicarboxylate），$C_8H_{10}O_4$，170.17。无色液体。

制法　R Alan Aitken，Hugues Hérion，Amaya Janosi，et al. J Chem Soc，Perkin Tran 1，1994：2467.

$$\underset{\mathbf{(2)}}{Ph_3P{=}CHCO_2C_2H_5} \xrightarrow[Et_3N,\ Tol]{C_2H_5O_2CCOCl} \underset{\mathbf{(3)}}{Ph_3P{=}C(COOC_2H_5)COCOOC_2H_5} \xrightarrow{0.133\sim13.3Pa,\ 500℃} \underset{\mathbf{(1)}}{C_2H_5O_2CC{\equiv}CCO_2C_2H_5}$$

2-氧代-3-三苯基膦叉丁二酸二乙酯（**3**）：于反应瓶中加入化合物（**2**）10 mmol，三乙胺 1.01 g（10 mmol），干燥的甲苯 50 mL，室温搅拌下滴加由草酸单乙酯酰氯 10 mmol 溶于 10 mL 甲苯的溶液。加完后继续搅拌反应 3 h，而后倒入 100 mL 水中。分出有机层，水层用二氯甲烷提取 2 次。合并有机层，无水硫酸钠干燥。过滤，减压浓缩。剩余物用乙酸乙酯重结晶，得无色结晶（**3**），收率 91%，mp 136-138℃。

丁炔二酸二乙酯（**1**）：将化合物（**3**）0.5 g 于 500℃、0.133～13.3 Pa 的真空条件下反应 1 h，经处理后得到化合物（**1**），收率 63%。

七、对甲苯磺酰腙的分解合成烯类化合物

醛、酮与对甲苯磺酰肼反应，生成醛、酮的对甲苯磺酰腙，后者在强碱（例如甲基锂）存在下可以生成烯类化合物。该反应称为 Shapiro 反应。该反应是由 Shapiro R H 等于 1967 年发现的。

$$-\underset{H}{\overset{|}{C}}-\underset{O}{\overset{}{\underset{\|}{C}}}- \xrightarrow{TsNHNH_2} -\underset{H}{\overset{|}{C}}-\underset{N-NHTs}{\underset{\|}{C}}- \xrightarrow[2.\ H_2O]{1.\ 2\ mol\ RLi} {>}C{=}C{<}$$

酮与对甲苯磺酰肼反应生成相的腙，若用硼氢化钠还原则生成烷烃。

Shapiro 反应最常见的方法是在乙醚、己烷或四亚甲基二胺中，使用至少两倍量的烷基锂与底物反应。该方法的特点是烯烃的收率高、反应具有选择性，生成双键上取代基较少的烯烃，而且几乎没有副反应。可能的反应机理如下：

$$-\underset{H}{\overset{|}{C}}-\underset{N-NH-Ts}{\underset{\|}{C}}- \xrightarrow{2\ mol\ RLi} \left[-\overset{-}{\underset{}{\overset{|}{C}}}-\underset{\overset{-}{N}-\underline{N}-Ts}{\underset{\|}{C}}-\right] \longrightarrow \left[-\overset{|}{C}{=}\underset{:\overset{-}{N}{=}\underline{N}\quad Li^+}{\underset{|}{C}}-\right]$$

$$\xrightarrow{-N_2} {>}C{=}C{<}_{Li} \xrightarrow{H_2O} {>}C{=}C{<}_{H}$$

在两分子强碱作用下，腙氮原子上和α-碳上的氢相继被碱夺取，生成双负离子中间体，该中间体然后放出氮气，生成烯基锂。烯基锂中间产物可以被亲电试剂（R′-X）捕获，生成取代烯烃，也可以与水作用，水解生成烯烃，与 D_2O 作用生成氘代烯，与二氧化碳作用生成α,β-不饱和酸，与DMF作用生成α,β-不饱和醛等。也可以与α,β-不饱和羰基化合物发生1,2-加成或Machael加成反应。例如烯基锂与如下各种试剂的反应：

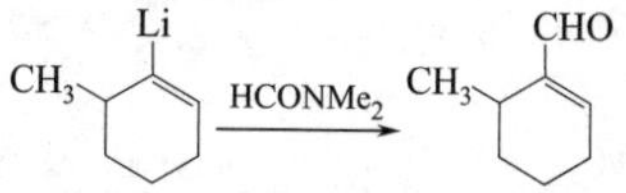

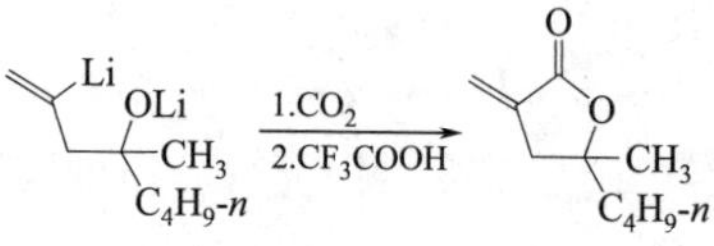

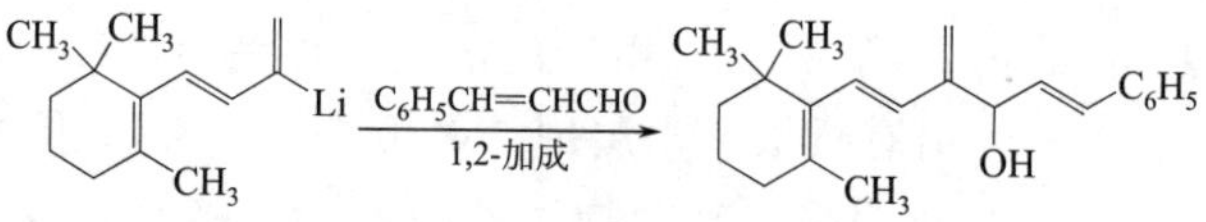

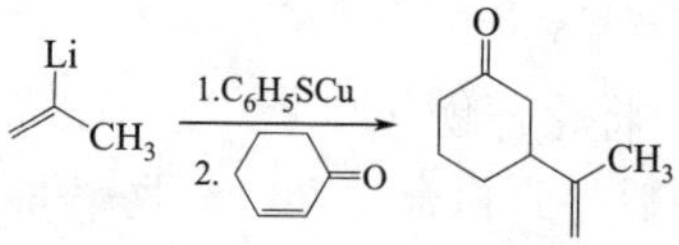

Li，CH_3 $\xrightarrow{HCONMe_2}$ CHO，CH_3

Li，OLi，CH_3，C_4H_9-*n* $\xrightarrow[2.CF_3COOH]{1.CO_2}$ O，O，CH_3，C_4H_9-*n*

CH_3，CH_3，Li，CH_3 $\xrightarrow[1,2\text{-加成}]{C_6H_5CH{=}CHCHO}$ CH_3，CH_3，C_6H_5，OH，CH_3

Li，CH_3 $\xrightarrow[2.\ \text{环己烯酮}]{1.C_6H_5SCu}$ O，CH_3

(1,4-加成)

该机理的主要证据如下：反应中需要2倍量的烷基锂试剂；用同位素氘进行标记试验证明，产物中的氢来自于水，不是来自于邻近的碳；有些反应中的中间体已经检测到。

具体例子如下：

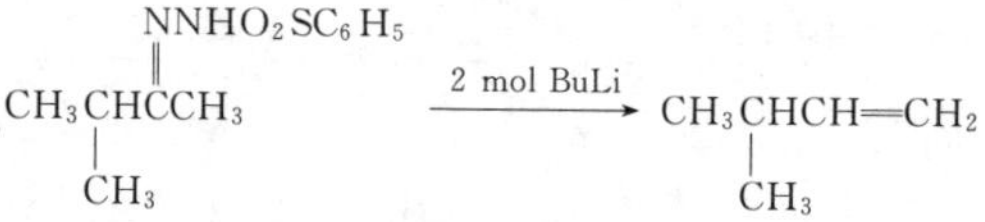

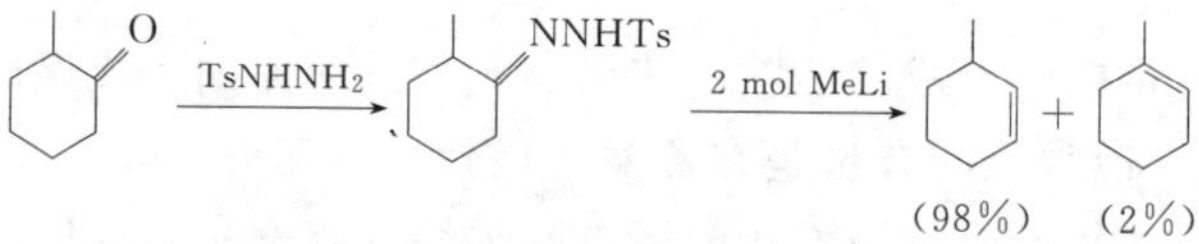

$$CH_3CH(CH_3)C(=NNHO_2SC_6H_5)CH_3 \xrightarrow{2\ mol\ BuLi} CH_3CH(CH_3)CH{=}CH_2$$

O $\xrightarrow{TsNHNH_2}$ NNHTs $\xrightarrow{2\ mol\ MeLi}$ （98%）+（2%）

熊去氧胆酸是临床上治疗各种胆疾病及消化道疾病的药物，在急性和慢性肝疾病的治疗中也有重要应用。其中间体（**9**）的一条合成路线就是利用了该反应。

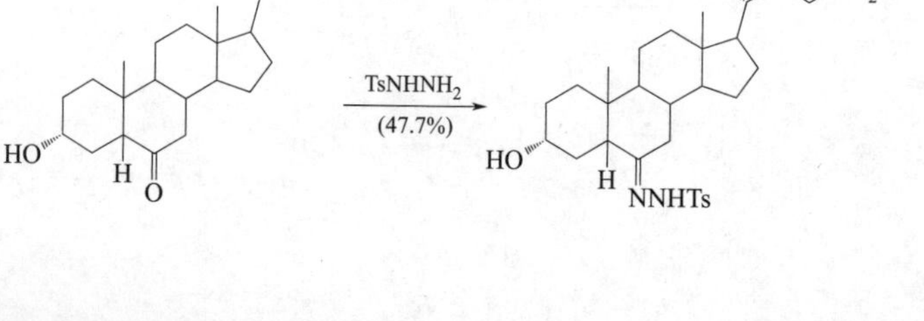

CO_2Me，HO，H，O $\xrightarrow[(47.7\%)]{TsNHNH_2}$ CO_2Me，HO，H，NNHTs

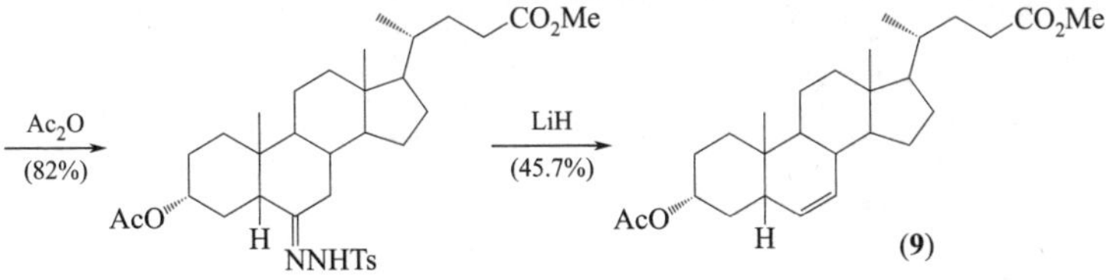

又如医药、有机合成中间体莰烯-2 的合成。

2-莰烯（2-Bornene，Bornylene，1，7，7-Trimethylbicyclo［2.2.1］hept-2-ene），$C_{10}H_{16}$，136.24。无色结晶。mp 110～111℃。

制法 ① 韩广甸，范如霖，李述文.有机制备化学手册：下卷.北京：化学工业出版社，1978：75.② Shapiro R H and Duncan J H. Org Synth，1971，51：66.

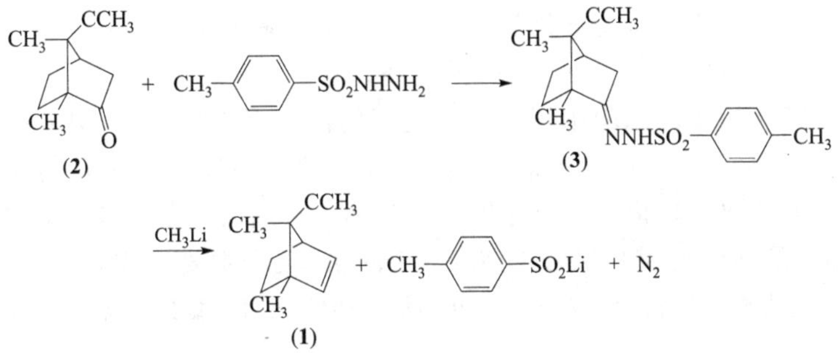

2-莰酮对甲苯磺酰腙（**3**）：于安有回流冷凝器的反应瓶中，加入对甲苯磺酰肼 44 g（0.24 mol），樟脑（**2**）31.6 g（0.2 mol）和 300 mL 95%的乙醇，1 mL 浓盐酸，加热回流反应 2 h。冰浴冷却，抽滤析出的结晶，空气中干燥。用乙醇重结晶，得无色针状结晶（**3**）50 g，mp 163～164℃，收率 73%。

2-莰烯（**1**）：于安有搅拌器、温度计、滴液漏斗、回流冷凝器（安氯化钙干燥管）的反应瓶中，加入上述化合物（**3**）32 g（0.1 mol），干燥的乙醚 450 mL，水浴冷却，搅拌下慢慢滴加 150 mL 1.6 mol/L 的甲基锂的乙醚溶液（0.24 mol），约 1 h 加完。反应中沉淀出对甲苯亚磺酸锂，同时反应液变为深橙红色。小心地加入少量的水以使甲基锂分解，而后加水 200 mL。分出有机层，水洗四次。水层合并后用乙醚提取两次。合并乙醚层，无水硫酸钠干燥。分馏蒸出乙醚至剩余 50～60 mL，加入 100 mL 新蒸馏的戊烷，蒸馏至 30～50 mL，再加入戊烷，蒸馏至 30～40 mL。过中性氧化铝色谱分离柱，用戊烷洗脱。分馏浓缩蒸出溶剂戊烷，将剩余物转入 50 mL 烧瓶中，借助于油浴和红外灯通过 U 形管进行蒸馏。分出前馏分（戊烷和 2-莰烯）后，在冷却的接受瓶中得到无色结晶 2-莰烯（**1**）8.5～8.8 g，mp 110～111℃，收率 63%～65%。

若使用 α，β-不饱和羰基化合物，采用该反应可以生成共轭二烯。例如维生素 D_3 中间体 7-去氢胆固醇（**10**）的合成如下：

TsNHNH$_2$ (77%)　LiH, Tol (85%)　KOH-MeOH (89.5%)

7-去氢胆固醇 (10)

反应中的碱除了甲基锂、丁基锂之外，还可以使用 LiH、NaH、Na-乙二醇、氨基钠等。但使用这些催化剂时，常发生一些副反应，而且容易生成烯烃双键上取代基较多的烯烃。

对甲苯磺酰腙在乙二醇中用金属钠进行的消除反应称为 Bamford-Stevens 反应。Bamford-Stevens 反应与 Shapiro 反应具有相似的反应机理，前者使用的碱主要是钠、甲醇钠、氢化钠、氢化钾、氨基钠等，而后者常常使用烃基锂或 Grignard 试剂。最终的反应结果，Bamford-Stevens 反应主要生成取代基多的烯烃，属于热力学控制的产物，而 Shapiro 反应则是生成取代基少的烯烃，属于动力学控制的产物。

Bamford-Stevens 反应机理如下。

质子溶剂（S-H）中

非质子溶剂中

上述两种不同的反应生成的中间体碳正离子或卡宾，除了发生消除反应外，也可以发生其他反应。例如（Chandrasekhar S，Rajaiah G，Chandraiah L，

Swamy D N. Synlet t 2001：1779)：

$$\text{2-furyl-CH=N-NHTs} \xrightarrow[\text{回流}]{t\text{-BuOK}, t\text{-BuOH}} \text{2-furyl-CH}_2\text{OBu-}t \ (83\%)$$

又如如下反应（Aggarwal V K，Alonso E，Hynd G，Lydon K M，Palmer M J，Porcelloni M，Studley J R. Angew Chem Int Ed. 2001，40：1430)：

$$R^2CHO + R_1CH{=}N{-}\bar{N}(Na^+){-}Ts \xrightarrow[PhCH_2\overset{+}{N}Et_3Cl^-, MeCN, 40℃]{Rh_2(OAc)_4, \text{四氢噻吩}} \text{环氧化物}(R^1, R^2) \ (59\%\sim97\%)$$

该反应的进一步发展是在铑催化剂存在下，Eschenmoser 腙发生串联 Bamford-Stevens 反应-脂肪 Claisen 热重排，其反应中间体仍是重氮化合物及 1,2-氢迁移产物烯基醚。

$$\longrightarrow \ \text{(82\%)} \ (>20:1)$$

Ph, OCH_3, $C_6H_4OCH_3$, H, O

$$\xrightarrow[ClCH_2CH_2Cl, 130℃]{Rh_2(OAc)_4}$$

R = H, 81%
R = CH_3, 66%
Z:E > 30:1

$$[N_2, OBn, R] \xrightarrow{Rh_2(OAc)_4} [RhLn, R, OBn]$$

α,β-不饱和羰基化合物与甲苯磺酰肼反应生成的腙用邻苯二酚硼烷还原，则生成双键移位的烯。

$$C_6H_5CH{=}CH\overset{NNHTs}{\overset{\|}{C}}CH_3 + \text{邻苯二酚硼烷(BH)} \longrightarrow C_6H_5CH_2CH{=}CHCH_3$$

医药、有机合成中间体 5β-胆甾-3-烯的合成如下。

5β-胆甾-3-烯 (5β-Cholest-3-ene)，$C_{27}H_{46}$，370.65。无色结晶。mp 48～50℃。

制法　George W K，Robert H，et al. Org Synth，1988，Coll Vol 6：293.

$$\text{(2)} \xrightarrow[EtOH, \text{回流}]{p\text{-}CH_3C_6H_4SO_2NHNH_2} \text{(3)} \xrightarrow{\text{邻苯二酚硼烷(BH)}} \text{(1)}$$

C_8H_{17}, O, TsNHN

胆甾-4-烯-3-酮对甲苯磺酰腙（**3**）：于安有搅拌器、回流冷凝器的反应瓶中，加入胆甾-4-烯-3-酮（**2**）10.19 g（26.5 mmol），对甲苯磺酰肼 5.53 g（29.7 mmol），95%的乙醇 17 mL，搅拌下加热回流 10 min。冷至室温，过滤，滤饼用 95%的乙醇重结晶，得化合物（**3**）13.1 g～13.3 g，mp 139～141℃，收率 89%～94%。

5β-胆甾-3-烯（**1**）：于反应瓶中加入化合物（**3**）4.98 g（9 mmol），氯仿 20 mL，水泵减压，用氮气冲洗 3 次。冷至 0℃，用注射器加入邻苯二酚硼烷 1.29 g（1.21 mL，10.8 mmol），于 0℃搅拌反应 2 h。加入三水合醋酸钠 2.5 g（18 mmol）和 20 mL 氯仿，除去冷浴，室温反应 30 min 后加热回流 1 h。冷至室温，过滤，氯仿洗涤。合并滤液和洗涤液，旋转浓缩，剩余物过氧化铝色谱分离柱纯化，己烷洗脱，浓缩，得无色液体化合物（**1**），冷后固化，收率 83%～88%。

八、醚裂解生成烯烃类化合物

醚与强碱如烷基钠、烷基锂、氨基钠等作用，可以生成烯。当底物的 β-位上连有吸电子基团时，反应容易进行。

$$\text{H}-\text{C}-\text{C}-\text{OR} \xrightarrow{\text{R'Na}} \text{C}=\text{C} + \text{RONa} + \text{R'H}$$

如下化合物无需加碱而直接加热，即可发生消除反应生成烯类化合物。

$$EtO-CH_2CH(CO_2Et)_2 \xrightarrow[(91\%\sim94\%)]{\triangle} CH_2=C(CO_2Et)_2$$

叔丁基醚更容易发生消除反应。

关于醚类化合物发生消除反应的机理，有几种解释。在强碱性条件下可能是 E1cb 机理或者更接近于 E1cb 机理（DePuy C H，Bierbaum V M，J Am Chem Soc，1981，103：5034）。

苄基乙基醚的消除是以五元环 Ei 机理进行的。该反应已经用 $PhCD_2OCH_2CH_3$ 同位素标记法证实。

$$\text{PhCH}_2\text{OCH}_2\text{CH}_3 \text{ (五元环过渡态)} \longrightarrow \text{PhCH}_2\text{O}^- + \text{H}_2\text{C}=\text{CH}_2$$

如下芳基 β-卤代乙基醚与三苯基膦反应，生成鏻盐，后者在乙酸乙酯中加热，可以生成乙烯基三苯基鏻盐（Edward E，Schweizer and Robert D. Bach Organic Syntheses，1973，Coll Vol 5：1145）。

$$PhOCH_2CH_2Br \xrightarrow{Ph_3P,\ PhOH} PhOCH_2CH_2\overset{+}{P}Ph_3\ Br^- \xrightarrow[(66\%\sim86\%)]{AcOEt,\ \triangle} CH_2=CH\overset{+}{P}Ph_3\ Br^-$$

β-卤代醚衍生物与锌粉一起回流，可同时除去卤原子和醚基而生成烯烃。例如：

$$BrCH_2CH(OC_2H_5)(CH_2)_{13}CH_3 \xrightarrow[\text{回流},24\ h]{Zn,C_4H_9OH} CH_3(CH_2)_{13}CH{=}CH_2\ (63\%)$$

但该反应中的卤原子仅限于溴和碘，β-氯代醚中的氯原子活性较差，β-氯代醚的制备也较困难。

由β-卤代醚分子中消去烃氧基和卤素原子的反应称为Boord烯合成反应。

$$\text{—C(X)—C(OR)—} \xrightarrow{Zn} \text{C=C}$$

反应中生成的相应的有机金属试剂是反应中的中间体。烷氧负离子不是很好的离去基.因此一般认为这个反应为E1cb机理。

Boord反应可以使用锌、镁、钠、氨基钠或其他试剂来实现，烯烃的收率较高，使用范围也较广。当使用β-卤代缩醛（酮）时，可以生成乙烯基醚。有时也可以用于合成乙炔基醚。

$$\text{—C(X)—C(OR)—OR} \longrightarrow \text{C=C—OR}$$

使用金属钠时如下氯代环醚可以发生开环反应，生成不饱和醇。

$$\text{2-(氯甲基)四氢呋喃} \xrightarrow[2.H_2O]{1.Na,\ Et_2O} CH_2{=}CHCH_2CH_2CH_2OH\ (76\%\sim83\%)$$

例如食用香料（*E*）-4-己烯-1-醇的合成。

(*E*)-4-己烯-1-醇 [（*E*）-4-Hexen-1-ol]，$C_6H_{12}O$，100.16。无色液体。bp 70～74℃/1.53 kPa。

制法　Raymond Paul，Olivier Riobé and Michel Maumy. Org Synth，1988，Coll Vol 6：675.

$$\mathbf{(2)} \xrightarrow{Cl_2,\ Et_2O} \mathbf{(3)} \xrightarrow{MeMgBr} \mathbf{(4)} \xrightarrow[2.H_2O]{1.Na} \mathbf{(1)}$$

2,3-二氯四氢吡喃（**3**）：于安有搅拌器、温度计、通气导管的反应瓶中，加入无水乙醚400 mL，二氢吡喃（**2**）118 g（1.40 mol），丙酮-干冰浴冷至－30℃。通入干燥的氯气，控制反应液温度不得高于－10℃。约1 h通完，此时反应液变为黄色，并反应温度迅速降低。加入几滴二氢吡喃使黄色消失。将得到的化合物（**3**）的无色溶液于－30℃保存备用。

3-氯-2-甲基四氢吡喃（**4**）：于安有搅拌器、回流冷凝器（安氯化钙干燥管）、滴液漏斗的反应瓶中，加入镁屑51 g（2.11 mol），无水乙醚1.2 L，搅拌下慢慢滴加溴甲烷200 g（2.15 mol），控制滴加速度，保持反应液缓慢回流。约2 h后生成甲基溴化镁试剂。冰盐浴冷却，用滴液漏斗滴加上述化合物（**3**）的溶液，控制加入速度，使反应液不要回流太剧烈。加完后，将生成的浆状物回流3 h。

冰浴冷却，慢慢加入冷的15%的盐酸900 mL。分出有机层，水层用乙醚提取2次。合并有机层，无水碳酸钾干燥。过滤，浓缩。剩余物减压分馏（12 cm韦氏分馏柱），收集48～95℃/1.26～1.40 kPa的馏分，得无色液体（**4**）122～136 g，收率65%～72%。（**4**）为顺、反异构体混合物。

(*E*)-4-己烯-1-醇（**1**）：于安有搅拌器、滴液漏斗、回流冷凝器的干燥反应瓶中，加入新鲜切割的金属钠53 g（2.3 mol），无水乙醚1.2 L。搅拌下滴加化合物（**4**）136 g（1.10 mol），反应开始时反应液变蓝。控制滴加速度，保持反应液回流，约90 min加完。加完后继续回流反应1 h。冰盐浴冷却，小心滴加30 mL无水乙醇，而后滴加700 mL水。分出有机层，水层用乙醚提取2次。合并有机层，无水碳酸钾干燥。过滤，浓缩。剩余物用12 cm韦氏分馏柱减压分馏，收集70～74℃/1.53 kPa的馏分，得无色液体（**1**）89～94 g，收率88%～93%。n_D^{25} 1.4389。

重要的有机合成试剂乙基乙炔基醚，在有机合成中可在底物分子中引入炔键，也是喹诺酮类药物关键中间体3-*N*,*N*-二甲氨基丙烯酸乙酯的合成中间体[曾志玲.广东化工，2012，39（15）：32]。其合成方法如下。

乙基乙炔基醚（Ethyl ethynyl ether，Ethoxyethyne），C_4H_6O，70.09。无色液体。

制法　Jones E R H，Geoffrey Eglinton，Whiting M C and Shaw B L. Organic Syntheses，Coll Vol 4：404.

$$\underset{(\mathbf{2})}{\mathrm{ClCH_2CH(OEt)_2}} \xrightarrow[2.\mathrm{NaCl,\ H_2O}]{1.\mathrm{Na,\ NH_3}} \mathrm{Na{-}C{\equiv}C{-}OEt} \xrightarrow{\mathrm{H_2O}} \underset{(\mathbf{1})}{\mathrm{H{-}C{\equiv}C{-}OEt}}$$

于反应瓶中通入干燥的液氨500 mL，加入0.5 g水合硝酸铁，而后分批加入清洁、新切割的金属钠38 g（1.65 mol），直至钠反应完成氨基钠。于15～20 min内滴加氯代乙缩醛（**2**）76.5 g（0.502 mol），摇动15 min，慢慢通入氮气使氨挥发。用干冰-三氯乙烷溶液浴冷至－70℃，立即加入预先冷至－20℃的饱和氯化钠溶液325 mL，尽可能地摇动。安上分馏头，接受瓶用干冰-三氯乙烯冷至－70℃，将反应瓶慢慢加热至100℃。反应完后，将接受物慢慢升至0℃，而后再冷至－70℃。逐滴加入饱和磷酸二氢钠溶液进行中和。用干冰冷却使水层冻结。倾出上层液体，用无水氯化钙干燥，分馏，收集49～50℃/99.62 kPa的馏分，得乙氧基乙炔（**1**）20～21 g，收率58%～61%。

除了*β*-卤代醚外，其他一些*β*-卤代物也可以发生类似的反应。例如：

$$\mathrm{{>}C(X){-}C(Z){<}} \longrightarrow \mathrm{{>}C{=}C{<}}$$

X＝Cl、Br、I；

Z＝OCOR、TsO、NR_2、SR等

上式中 X 为溴或碘时，Z 基团也可以是羟基。

环氧化合物在某些试剂如仲丁基锂、叔丁基二甲基硅碘烷、二异丙基氨基锂-叔丁醇钾等作用下，可以生成烯丙基醇。

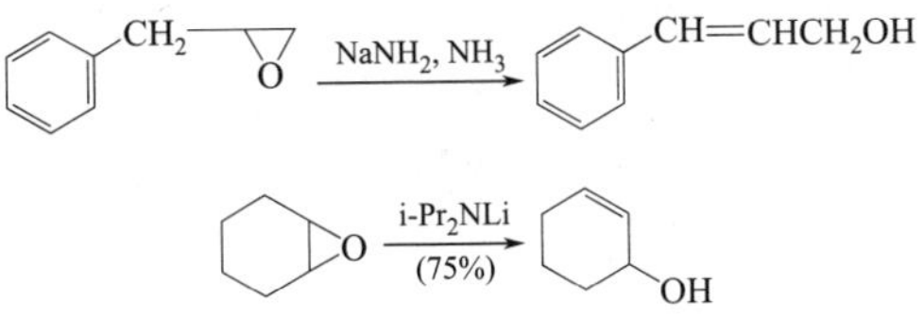

例如如下反应［Michael R. Detty. J Org Chem，1980，45（5）：924］。

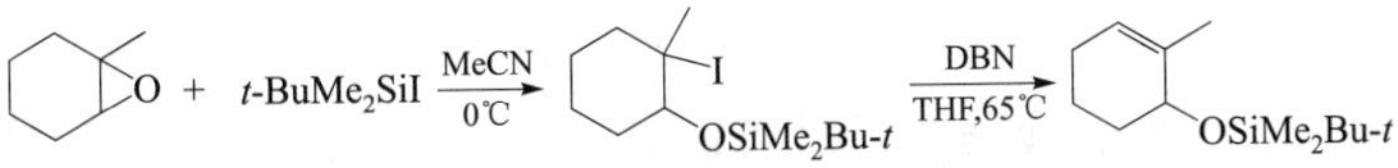

若使用光学活性的试剂，可以由环氧化物制备光学活性的烯丙醇。例如 2-环己烯-1-醇（**11**）为镇痛药二氢可待因（Dihydrocodeine）的中间体［Asami M，Suga T，Honda K，Inoue S. Tetrahedron Lett，1997，38（36）：6425］。

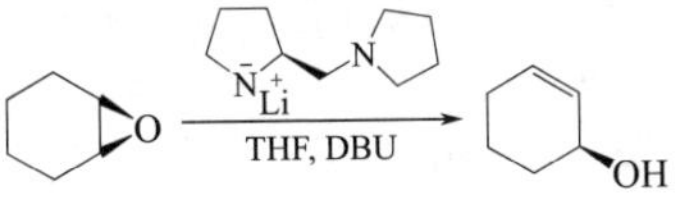

80%(81%ee) (**11**)

医药、材料中间体反松香芹醇的合成如下。

反松香芹醇（*trans*-Pinocarveol），$C_{10}H_{16}O$，152.24。无色油状液体。

制法 Crandall J K，Crawley L C. Organic Syntheses，Coll Vol 6：948.

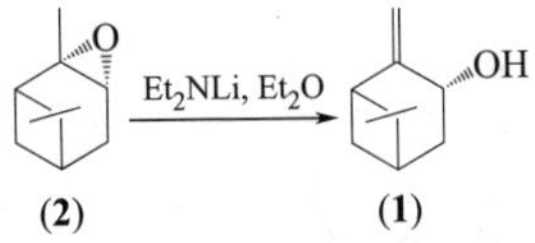

(**2**) (**1**)

于安有搅拌器、滴液漏斗、回流冷凝器的反应瓶中，通入氮气，加入无水乙醚 100 mL，二乙基胺 2.40 g（0.0329 mol），冰盐浴冷却。加入 1.4 mol/L 的正丁基锂-己烷溶液 25 mL（0.035 mol），搅拌 10 min 后，撤去冷浴，于 10 min 滴加由化合物（**2**）5.00 g（0.0329 mol）溶于 20 mL 无水乙醚的溶液。加热回流 6 h。冰浴冷却，慢慢加入 100 mL 水。分出有机层，依次用 1 mol/L 的盐酸 100 mL、饱和碳酸氢钠水溶液、水洗涤，无水硫酸镁干燥。过滤，浓缩，得浅黄色油状液体。短程蒸馏，收集 92～93℃/1.064 kPa 的馏分，得无色油状液体（**1**）4.5～4.75 g，收率 90%～95%，n_D^{25} 1.4955。

环醚例如 THF 与有机锂试剂缓慢反应，醚键断裂得到含有 C=C 双键的醇类化合物。

O CH$_2$—H + R—Li $\xrightarrow{-RH}$ OLi

H + R—Li $\xrightarrow{-RH}$ OLi

O

显然，上述反应发生 E2 消除，生成端基含有双键的烯醇。

将缩酮（醚）的蒸气通过热的 P_2O_5 或 Al_2O_3，可以生成烯和醇。缩醛用此方法可以得到烯醇醚。

$$-\underset{H}{C}-\underset{OR}{C}-OR \xrightarrow{P_2O_5,\triangle} -C{=}C-OR + ROH$$

该反应也可以在室温下进行，反应试剂为三氟甲磺酸三甲基硅基酯或在六甲基二硅氮烷存在下与三甲基碘硅烷作用来实现［Paul G Gassman，Stephen J Burns. J Org Chem，1988，53（23）：5574］。

CH_3O OCH_3 $\xrightarrow[CH_3CH_2N(i\text{-}Pr)_2]{CF_3SO_3SiMe_3}$ OCH_3 (97%)

O O $\xrightarrow[CH_3CH_2N(i\text{-}Pr)_2]{CF_3SO_3SiMe_3}$ $OCH_2CH_2OSiMe_3$ (99%)

抗癌药三尖杉酯碱（Harringtonine）中间体（**12**）的合成如下（陈芬儿. 有机药物合成法：第一卷. 北京：中国医药科技出版社，1999：531）：

CH_3 CH_3 O OCH_3 CO_2CH_3 $\xrightarrow[EtOH\text{-}H_2O,\ 回流]{NaOH}$ CH_3 CH_3 O CO_2Na (**12**)

烯醇醚热解可以生成烯和醛。

O H H H $\xrightarrow{\triangle}$ >C=C< + H(C=O)CH_3

可能的变化过程如下：

H O H H H ⟶ >C=C< + O=C(H)CH_3

对于结构为 $R—O—CH═CH_2$ 的烯醇醚，热解反应速率的一般规律是 Et＜i-Pr＜*t*-Bu。

第三章　醇的消除反应

有多种方法可以使醇脱水，如热解法、酸催化下的脱水等。醇脱水生成的产物也不尽相同。在硫酸、磷酸等强酸存在下，醇脱水可以生成烯或醚，这主要取决于醇的结构和反应温度。醇分子内脱水生成烯，其间可能会发生重排等反应；醇分子间脱水则生成醚类化合物。多元醇可以发生消除反应，一些醇的衍生物也可以发生消除反应。这些反应在药物及其中间体的合成中占有非常重要的地位。例如鼻炎治疗药卢帕他定（Rupatadine）原料药（**1**）的合成如下（陈仲强，陈虹. 现代药物的制备与合成. 北京：化学工业出版社，2007：361）：

$$\xrightarrow[(80.2\%)]{H_2SO_4}\quad (1)$$

第一节　醇的热解反应

若将醇气化，在 Al_2O_3 催化剂存在下进行气相脱水，则生成烯类化合物，由于醇和生成的烯与催化剂的接触时间很短，副反应显著减少，是工业上合成烯烃的方法之一。

$$\xrightarrow[\triangle]{Al_2O_3} + H_2O$$

使用 Al_2O_3 作催化剂的醇的热解反应，反应温度较低时有利于醚的生成，而温度较高时有利于烯的生成，并且很少有重排反应发生。

$$CH_3CH_2OH \xrightarrow{Al_2O_3} \begin{cases} \xrightarrow{260℃} C_2H_5OC_2H_5 + H_2O \\ \xrightarrow{360℃} CH_2{=}CH_2 + H_2O \end{cases}$$

$$CH_3CH_2CH_2CH_2OH \xrightarrow[\triangle]{Al_2O_3} CH_3CH_2CH{=}CH_2 + H_2O$$

一些高级的醇也可以用这种方法进行脱水反应，例如十二烷基醇。

如下仲醇在 Al_2O_3 催化下脱水，主要生成取代基较多的烯烃。

$$\underset{\displaystyle OH}{RCH_2\overset{}{C}HCH_3} \xrightarrow[\triangle]{Al_2O_3} \underset{(主)}{RCH{=}CHCH_3} + \underset{(次)}{RCH_2CH{=}CH_2}$$

除了 Al_2O_3 外，还可以使用其他金属氧化物作脱水催化剂，例如 Cr_2O_3、TiO_2、WO_3、ThO_2、硫化物、其他金属盐、沸石等。

用 Al_2O_3 作催化剂时，由于氧化铝表面具有带有—OH 的活性中心，醇可以被吸附于催化剂表面，生成醇铝化合物，而后分解生成烯。

$$>Al{-}OH + HOCH_2CH_2R \xrightarrow{-H_2O} \underset{醇铝化合物}{>Al{-}OCH_2CH_2R} \longrightarrow >Al{-}OH + CH_2{=}CHR$$

例如非巴比妥类静脉麻醉剂盐酸氯胺酮（Keta mine hydrochloride）、环戊基苯酚（消毒剂）等的中间体环戊烯的合成。

环戊烯（Cyclopentene），C_5H_8，68.12。无色液体。mp −135℃，bp 45～46℃，d_4^{20} 0.7720，n_D 1.4225。溶于醇、醚、苯、丙酮、氯仿，不溶于水。

制法　孙昌俊，曹晓冉，王秀菊. 药物合成反应——理论与实践. 北京：化学工业出版社，2007：362.

$$\underset{(2)}{\text{环戊醇}{-}OH} \xrightarrow[370\sim380℃]{Al_2O_3} \underset{(1)}{\text{环戊烯}}$$

于一管式反应器中加入无水氧化铝，预热至 370～380℃。将环戊醇加热蒸发，将其蒸气通入预热的反应管中热裂。热裂后的蒸汽冷凝后分出水层。所得油层用无水硫酸钠干燥，得环戊烯（**1**），收率 85%～90%。

当然，不同结构的 Al_2O_3，其催化活性存在很大差异。

值得指出的是，使用稀土金属氧化物如二氧化钍作催化剂时，其消除方向与用 Al_2O_3 时不同，主要产物为取代基较少的烯烃，为由甲基仲醇合成端基烯提供了较好的合成方法［Lundeen A，Tanhoozer R. J Org Chem，1967，32（11）：3386］。

$$\underset{\displaystyle OH}{(CH_3)_2CHCH_2CHCH_3} \xrightarrow[(87\%)]{ThO_2, 387℃} \underset{(97\%)}{(CH_3)_2CHCH_2CH{=}CH_2} + \underset{(3\%)}{(CH_3)_2CHCH{=}CHCH_3}$$

可能的反应过程如下：

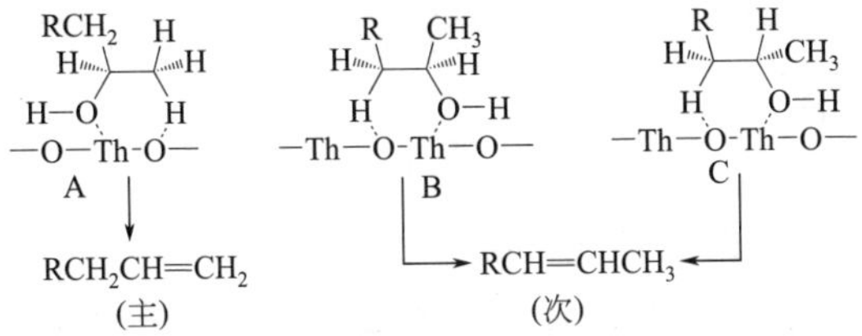

$$RCH_2CH{=}CH_2\ (主) \qquad RCH{=}CHCH_3\ (次)$$

在生成的三种过渡态中，A 是最稳定的，B 和 C 由于重叠张力大而不稳定，所以端基烯为主要产物。和二氧化钍一样，很多稀土氧化物都有这种性质。

防止醇脱水重排的一种方法是将醇转化为酯，而后进行热消除反应。

如下化合物 A 与乙酐反应可生成酯 B，然后加热分解生成烯 C。反应机理不同，生成的产物也可能不同：

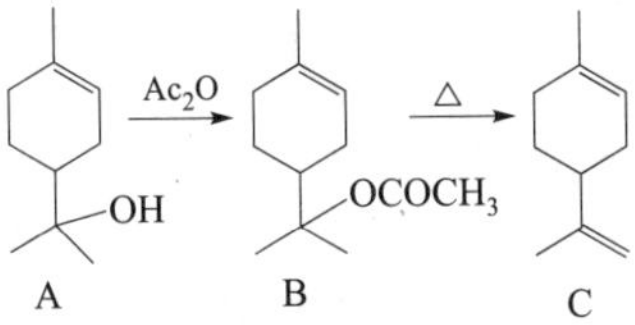

$$A \xrightarrow{Ac_2O} B\ (OCOCH_3) \xrightarrow{\triangle} C$$

醇的镁盐在高温（200～340℃）加热，可以分解为烯。

可能的反应机理为 Ei 机理［Eugene C Ashby，George F. Willard，Anil B Goel. J Org Chem，1979，44（8）：1221］。

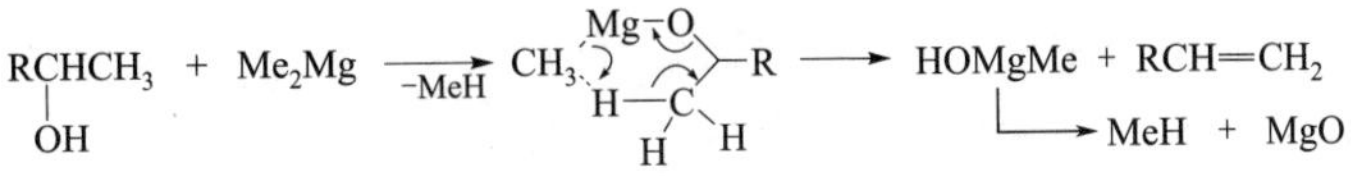

$$RCH(OH)CH_3 + Me_2Mg \xrightarrow{-MeH} \longrightarrow HOMgMe + RCH{=}CH_2;\quad HOMgMe \longrightarrow MeH + MgO$$

醇铝、醇锌也可发生类似的反应。

这种高温下的脱水，更适合于工业生产，实验室中很少应用。

第二节　酸催化下脱水成烯

醇类分子内脱水是合成烯烃的主要方法之一，一般是在酸催化下进行的。

一、反应机理

在酸催化下，醇羟基首先质子化生成鎓盐，然后鎓盐发生消除反应生成烯。常用的催化剂有硫酸、氢卤酸、硫酸氢钾、甲酸、对甲苯磺酸、醋酸、草酸、酸酐（乙酸酐、邻苯二甲酸酐）等。催化剂不同、醇的结构不同，反应机理也不尽相同。

$$-\underset{H}{C}-\underset{OH}{C}- \underset{}{\overset{H^+}{\rightleftharpoons}} -\underset{H}{C}-\underset{\overset{+}{O}H_2}{C}- \overset{-H_2O}{\rightleftharpoons} -\underset{H}{C}-\overset{}{\underset{+}{C}}- \rightleftharpoons \;>C=C<\; + H^+$$

醇的结构与脱水方式和难易程度有很大关系。三类醇的脱水反应速率为 3°＞2°＞1°。仲醇、叔醇在硫酸催化下会发生重排的事实，说明反应是按 E1 机理进行的。若生成较不稳定的碳正离子，可重排成更稳定的碳正离子，而后再按 Saytzev 规则从 β-碳上失去一个质子生成烯。例如：

$$CH_3-C(CH_3)_2-CH(OH)-CH_3 \overset{H^+}{\rightleftharpoons} CH_3-C(CH_3)_2-CH(\overset{+}{O}H_2)-CH_3 \underset{+H_2O}{\overset{-H_2O}{\rightleftharpoons}} CH_3-C(CH_3)_2-\overset{+}{C}H-CH_3 \xrightarrow{-H^+} (CH_3)_3CCH{=}CH_2$$

$$CH_3-C(CH_3)_2-\overset{+}{C}H-CH_3 \longrightarrow CH_3-\overset{+}{C}(CH_3)-CH(CH_3)-CH_3 \xrightarrow{-H^+} (CH_3)_2C{=}C(CH_3)_2$$

伯醇在硫酸催化下的脱水尚有争议。例如正丁醇的脱水，主要生成 2-丁烯。一种解释是：

$$CH_3CH_2CH_2CH_2OH \overset{H^+}{\rightleftharpoons} CH_3CH_2CH_2CH_2\overset{+}{O}H_2 \underset{H_2O}{\overset{-H_2O}{\rightleftharpoons}} CH_3CH_2CH_2\overset{+}{C}H_2 \xrightarrow{-H^+} CH_3CH_2CH{=}CH_2$$

$$CH_3CH_2CH_2\overset{+}{C}H_2 \xrightarrow{H迁移} CH_3CH_2-\overset{+}{C}HCH_3 \xrightarrow{-H^+} CH_3CH{=}CHCH_3$$

反应中首先伯醇质子化生成质子化的醇，失去水分子生成伯碳正离子，重排后生成更稳定的仲碳正离子，最后失去质子生成 2-丁烯。因为仲碳正离子比伯碳正离子稳定，因此 2-丁烯为主要产物。

另一种解释是生成的 1-丁烯在酸性条件下异构化为 2-丁烯。

$$CH_3CH_2CH{=}CH_2 \underset{-H^+}{\overset{+H^+}{\rightleftharpoons}} CH_3-CH_2-\overset{+}{C}H-CH_3 \underset{+H^+}{\overset{-H^+}{\rightleftharpoons}} CH_3CH{=}CHCH_3$$

这种观点认为，伯醇难以生成真正的碳正离子，质子化的伯醇，失去水和失去一个质子几乎是同时进行的，因而开始时主要是 1-丁烯，异构化后生成热力学更稳定的 2-丁烯。也可能是生成的酸式硫酸酯发生酯的热消除生成 1-丁烯。

α-萜品醇 A 与草酸共热一小时，主要生成化合物［1］和少量的［2］，但随着时间的延长，则异构化为［1］、［2］、［3］、［4］的混合物。

$$A \xrightarrow{(CO_2H)_2} [1] \longrightarrow [2] + [3] + [4]$$

二、醇的结构对反应的影响

醇的酸催化脱水成烯，多按 E1 机理进行，反应中生成碳正离子。因此，三类醇的脱水反应速率是叔醇>仲醇>伯醇。反应条件应按照醇的活性来选择。伯醇可选用高浓度的强酸（硫酸、磷酸）和较高的反应温度。而叔醇、仲醇的反应条件较温和。例如：

$$CH_3CH_2OH \xrightarrow[170℃]{浓 H_2SO_4} CH_2{=}CH_2$$

$$CH_3CH_2CH_2CH(OH)CH_3 \xrightarrow[87℃]{62\% H_2SO_4} CH_3CH_2CH{=}CHCH_3$$

$$CH_3CH_2C(OH)(CH_3)_2 \xrightarrow[87℃]{46\% H_2SO_4} CH_3CH{=}C(CH_3)_2$$

例如冠状动脉扩张药派克西林（Perhexiline）等的中间体 α-(2,2-二苯基乙烯基）吡啶的合成。

α-(2,2-二苯基乙烯基）吡啶 ［α-(2,2-Diphenylvinyl) pyridine］，$C_{19}H_{15}N$，257.33。结晶性固体。

制法　孙昌俊，曹晓冉，王秀菊.药物合成反应——理论与实践.北京：化学工业出版社，2007：351.

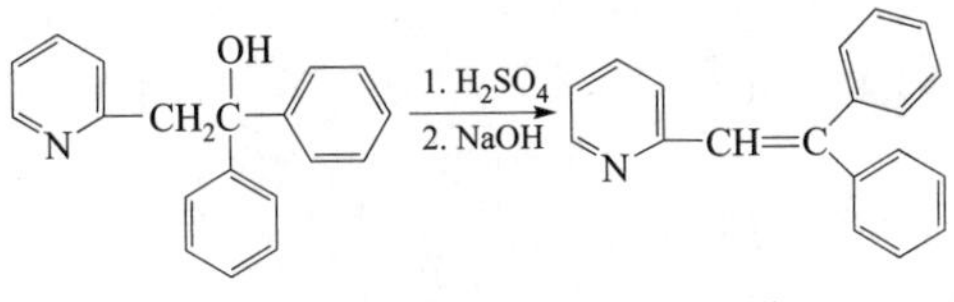

1. H_2SO_4　2. NaOH

(2)　(1)

于安有搅拌器、回流冷凝器、温度计、滴液漏斗的反应瓶中，加入1,1-二苯基-2-(α-吡啶基）乙醇（**2**）27.5 g，浓硫酸 110 mL。搅拌下加热至 90～100℃，搅拌反应 0.5h。冷至 40℃以下，于 40～60℃用 40%的氢氧化钠慢慢调至 pH12，搅拌反应 2h，保持 pH 不变。冷至室温，抽滤，滤饼水洗至近中性。滤饼用 8 倍量的乙醇加热溶解，活性炭脱色，搅拌回流 1h。趁热过滤，冷冻后滤出固体，干燥，得化合物（**1**）17.2g，收率 67%。

又如 1,1-二苯基-1-丙烯的合成：

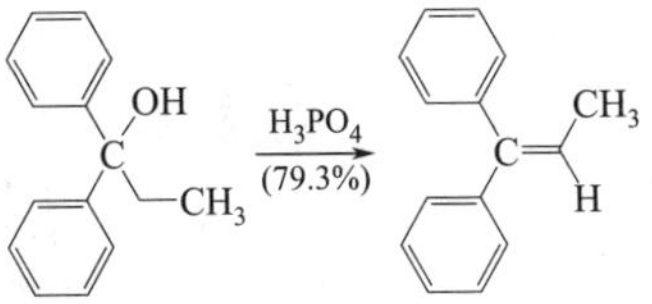

H_3PO_4 (79.3%)

有机合成中间体 1-甲基环己烯的合成如下。

1-甲基环己烯（1-Methylcyclohexene），C_7H_{12}，96.17。无色液体。bp 110～111℃。d_4^{20} 0.811，n_D^{20} 1.450。溶于多数有机溶剂。高度易燃，具有刺激性。

制法　Furniss B S，Hannaford A J，Rogers V，et al. Vogel's Textbook of Practical Chemistry. Longman London and New York. Fourth edition，1978：332.

$$\text{2-甲基环己醇 (2)} \xrightarrow{H_3PO_4} \text{1-甲基环己烯 (1)}$$

于100 mL蒸馏瓶中加入2-甲基环己醇（**2**）20 g（0.18 mol），5 mL浓磷酸，几粒沸石，安上12 cm长的分馏柱，分馏柱连接冷凝器，接受瓶用冰水冷却。用电热套加热反应瓶。收集100～112℃的馏分。反应完后，将馏出液用无水硫酸镁干燥，重新蒸馏，收集103～110℃的馏分，得1-甲基环己烯（**1**）14 g，收率75%。产品中大约含有20%的3-甲基环己烯（bp 103℃），纯的1-甲基环己烯的沸点为110℃，二者可以通过精馏的方法分离。

β-位有吸电子基团的醇，由于β-H的活性增大，可在温和的条件下脱水，甚至碱催化也能脱水。

$$O_2N-C_6H_4-CH(OH)CH_2CO_2C_2H_5 \xrightarrow{H^+} O_2N-C_6H_4-CH{=}CHCO_2C_2H_5$$

硅沿着病治疗药克硅平（Oxypovidinum）、眩晕、头晕、呕吐或耳鸣等症治疗药倍他定盐酸盐（Betahistine Hydrochloride）中间体2-乙烯基吡啶（**2**）的合成如下：

$$\text{2-}C_5H_4N-CH_2CH_2OH \xrightarrow[160\sim180℃]{NaOH} \text{2-}C_5H_4N-CH{=}CH_2\ (2)$$

氢卤酸、氯化氢乙醇溶液、磺酸等也可以用于醇的脱水。例如抗癌药托瑞米芬（Toremifene）中间体的合成如下。

(Z)-4-[4-(2-(二甲氨基) 乙氧基) 苯基]-3,4-二苯基丁-3-烯-1-醇 {(*Z*)-4-[4-(2-(Dimethyla mino) ethoxy) phenyl]-3,4-diphenylbut-3-en-1-ol}，$C_{26}H_{29}NO_2$，387.52。mp 110～112℃。

制法 陈芬儿. 有机药物合成法. 北京：中国医药科技出版社，1999：665.

$$(CH_3)_2NCH_2CH_2O-C_6H_4-C(OH)(C_6H_5)-CH(C_6H_5)CH_2CH_2OH\ (2) \xrightarrow{HCl,\ C_2H_5OH} (CH_3)_2NCH_2CH_2O-C_6H_4-C(C_6H_5){=}C(C_6H_5)CH_2CH_2OH\ (1)$$

于干燥反应瓶中，加入（**2**）40.5 g（0.1 mol）、饱和氯化氢的无水乙醇溶液250 mL，加热搅拌回流1 h。反应毕，回收溶剂。剩余物用1 mol/L碳酸钠溶液调至pH 7，用乙酸乙酯提取数次，无水硫酸钠干燥。过滤，回收溶剂，得（**1**）38.7 g（100%）[为顺反异构体混合物，(*Z*)：(*E*)＝2：1]。用甲苯重结晶，得（**1**）15.9 g，收率41%，mp 110～112℃。

又如抗真菌药盐酸萘替芬（Naftifine hydrochloride）原料药（**3**）的合成，反应中使用的是浓盐酸（陈卫平等. 中国医药工业杂志，1989，20：148）。

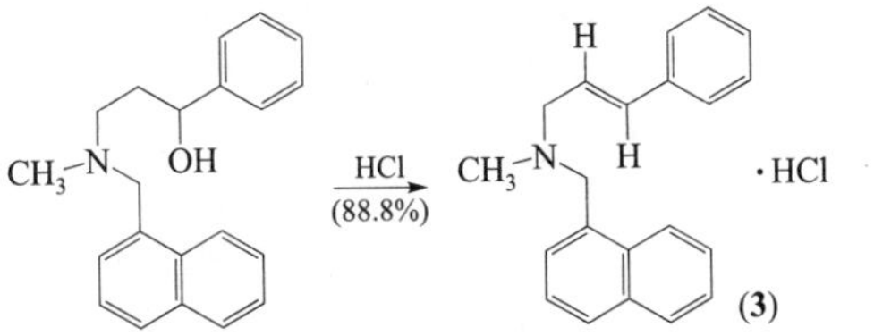

抗癫痫药物盐酸噻加宾（Tiagabin hydrochloride）中间体 4-溴-1,1-二（3-甲基-2-噻吩基)-1-丁烯（**4**）的合成中使用氢溴酸，则环丙基的开环和醇的脱水一锅完成［赵学清等. 中国医药工业杂志，2006，37（2）：75］。

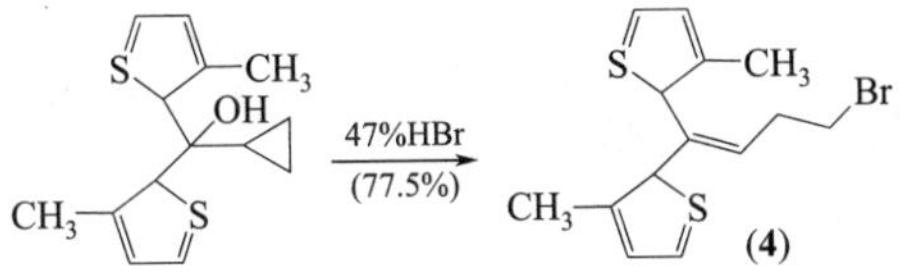

抗抑郁药盐酸奥沙氟生（Oxaflozane hydrochloride）原料药的合成中，以对甲苯磺酸一水合物为脱水剂，于苯中回流脱水得到相应的含双键的中间体。

盐酸奥沙氟生（Oxaflozane hydrochloride），$C_{14}H_{18}F_3NO \cdot HCl$，309.76。结晶。溶于水，不溶于有机溶剂。mp164℃。

制法　陈芬儿. 有机药物合成法. 北京：中国医药科技出版社，1999：729.

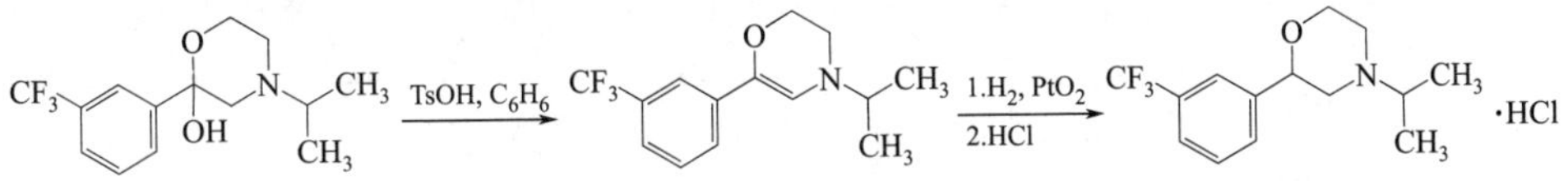

3,4-二氢-4-(1-甲基乙基)-2-[3-(三氟甲基) 苯基]-2*H*-1,4-噁嗪（**3**）：于反应瓶中，加入（**2**）15.5 g（53.6 mmol）、对甲基苯磺酸水合物 11.2 g（58.9 mmol）和苯 400 mL，加热回流 2 h，冷却至室温，用碳酸氢钠饱和水溶液（200 mL×2）洗涤，有机层用碳酸钾/硫酸镁干燥，活性炭脱色。浓缩，得红棕色液体，减压蒸馏，收集 150～155℃/3.33 Pa 馏分，得化合物（**3**）。

盐酸奥沙氟生（**1**）：于反应釜中加入化合物（**3**）1.0 g（3.69 mmol）、二氧化铂 0.12 g 和醋酸 75 mL，振摇下通入氢气反应 18 h。加入 95%乙醇 50 mL，硅藻土过滤，浓缩，剩余物用 35 g 二氧化硅色谱分离，用 5.5%氯仿-0.5%甲醇三乙胺洗脱。减压蒸馏，收集 52℃/0.67 Pa 馏分，得化合物（**1**）0.66 g，收率 66%。用乙酸乙酯溶解，然后加入必需量的干燥氯化氢饱和乙醇液，析出沉淀，过滤，干燥，得结晶（**1**），mp164℃。

有些反应可以使用氯化亚砜将醇转化为烯类化合物。例如用于绝经后妇女雌激素受体阳性或不详的转移性乳腺癌治疗药物枸橼酸托瑞米芬（Toremifene Citrate）原料药的合成。

枸橼酸托瑞米芬（Toremifene citrate），$C_{26}H_{29}NO_2 \cdot C_6H_8O_7$，598.09。白色结晶性粉末。mp 160～162℃。游离碱 mp 108～110℃。

制法　陈仲强，陈虹. 现代药物的制备与合成：第一卷. 北京：化学工业出版社，2008：193.

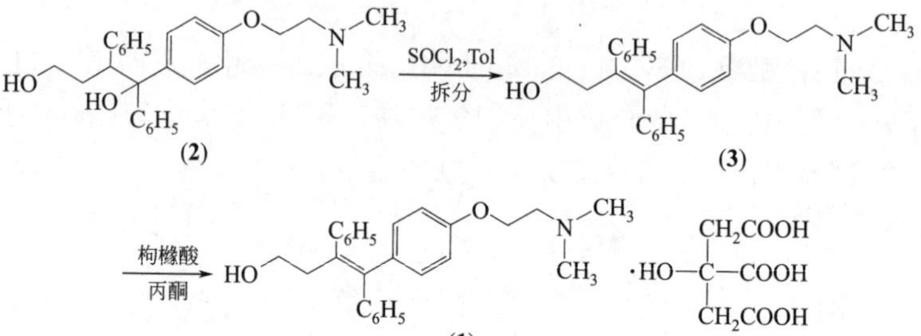

(2) $\xrightarrow[\text{拆分}]{SOCl_2,Tol}$ (3) $\xrightarrow[\text{丙酮}]{\text{枸橼酸}}$ (1)

于反应瓶中加入化合物（**2**）320g（0.79mol），甲苯2L，搅拌热解。冰盐浴冷至0℃以下，于1h内滴加氯化亚砜220mL（3.03mol）。保温反应1h后，再室温搅拌反应1h。加热至80℃继续反应3h。减压浓缩至干，剩余物用1L乙酸乙酯重结晶，得 *Z*、*E* 异构体的盐酸盐混合物 300 g，收率 86%，mp 177～180℃。

将上述混合物加入600mL水中，搅拌下微热，用10%的氢氧化钠水溶液调至pH9～10，用甲苯提取（200mL×3），合并有机层，无水硫酸镁干燥。过滤，浓缩。剩余物用300mL丙酮重结晶2次，得白色结晶（**3**）150g，收率46.7%，mp 108～110℃。

将化合物（**3**）40.6g、丙酮175mL混合，微热溶解，加入枸橼酸24.3g溶于100mL丙酮的溶液，冷却析晶。抽滤，冷丙酮洗涤，干燥，得化合物（**1**）53.8g，收率90%，mp 160～162℃。

又如胃及十二指肠疾病治疗药尼扎替丁（AXID）等的中间体2-二甲氨基甲基-4-氯甲基噻唑盐酸盐（**5**）的合成（孙昌俊，曹晓冉，王秀菊. 药物合成反应——理论与实践. 北京：化学工业出版社，2007：352）。

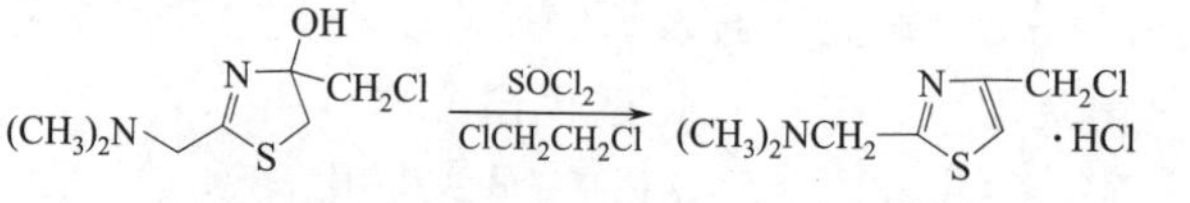

$$\xrightarrow[ClCH_2CH_2Cl]{SOCl_2} (CH_3)_2NCH_2\text{-thiazole-}CH_2Cl \cdot HCl$$

(74%) (**5**)

上述例子都是使用了强酸。值得指出的是，伯醇在强酸存在下于较低的反应温度，容易分子间脱水生成醚，这是在合成中需要注意的。

$$CH_3CH_2OH \xrightarrow[170℃]{浓\ H_2SO_4} CH_2{=}CH_2 + H_2O$$

$$CH_3CH_2OH \xrightarrow[140℃]{浓\ H_2SO_4} CH_3CH_2OCH_2CH_3 + H_2O$$

也有使用有机酸酰氯作为脱水剂的报道。例如驱肠虫药噻乙吡啶（Thioethylpyridine）原料药的合成。

噻乙吡啶（Thioethylpyridine），$C_{11}H_{10}BrNS$，268.17。结晶性固体。mp 178～180℃。

制法 孙昌俊，曹晓冉，王秀菊. 药物合成反应——理论与实践. 北京：化学工业出版社，2007：351.

(2) $\xrightarrow[130℃,\ 5min]{PhCOCl}$ (1)

于安有搅拌器、温度计的反应瓶中，加入溴化吡啶羟乙基噻吩（**2**）125 g（0.5 mol），苯甲酰氯 126 g（1 mol），搅拌下油浴加热至内温 130℃，待反应物完全熔化后，反应 5 min。冷却，用 55%和 45%的甲苯-甲醇混合溶媒洗涤两次，分去甲苯层，剩余物用少量甲醇溶解，冷却后析出结晶。抽滤，用甲醇重结晶（1∶1.25），干燥后得化合物（**1**）87.1 g，收率 65%，mp 178～180℃。

一些具有提高反应的选择性、专一性和使反应条件更加温和的试剂不断被人们所发现。例如 NBS/Py、$POCl_3$（或 $SOCl_2$）/Py、DMF/AcONa、DMF/TsONa、TsCl/Py · DMF、DMSO 以及 Ph_3P/CCl_4 等，这些试剂对于提高复杂烯烃的收率非常有意义。例如：

$\xrightarrow[rt,\ 15min]{NBS/Py}$

$\xrightarrow[HAc]{HClO_3}$

$\xrightarrow[Py]{POCl_3}$

某些含叔羟基的化合物可用二甲亚砜脱水。例如：

$\xrightarrow[180℃]{DMSO}$ （71%） + （3.7%）

二甲亚砜的脱水，可能与二甲亚砜的 S→O 键与醇的羟基和 β-H 形成六元环过渡态有关。

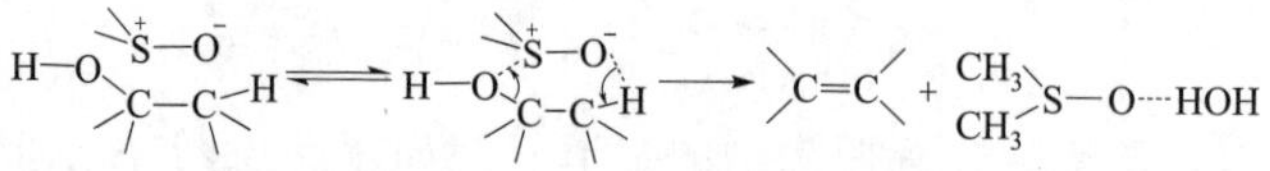

1,4-二醇用二甲亚砜脱水，可生成高收率的环醚。例如：

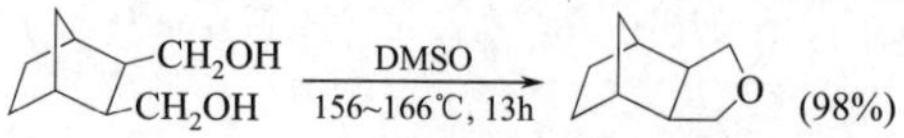

β-羟基酸很容易脱水生成 α,β-不饱和酸，而 β-羟基酸可以通过 Knoevenagel 反应或 Reformarsky 反应来合成。α-羟基酸分子间脱水生成交酯，例如：

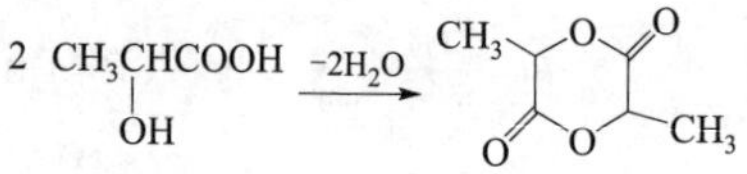

γ-和 δ-羟基酸可自动脱水生成五元环或六元环的内酯，因而它们难以游离存在，但它们的盐较稳定。

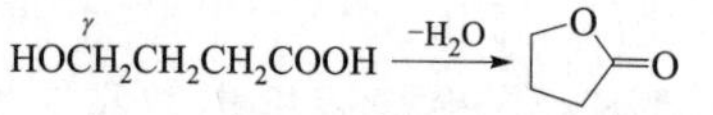

$$HOCH_2CH_2CH_2COOH \xrightarrow{-H_2O} \gamma\text{-丁内酯}$$

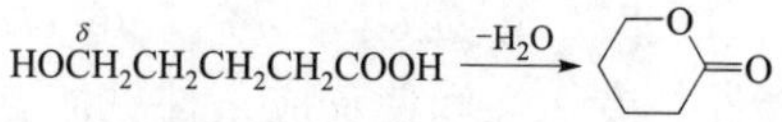

$$HOCH_2CH_2CH_2CH_2COOH \xrightarrow{-H_2O} \delta\text{-戊内酯}$$

间氯苯乙烯可以由相应的醇用硫酸氢钾进行脱水来合成。

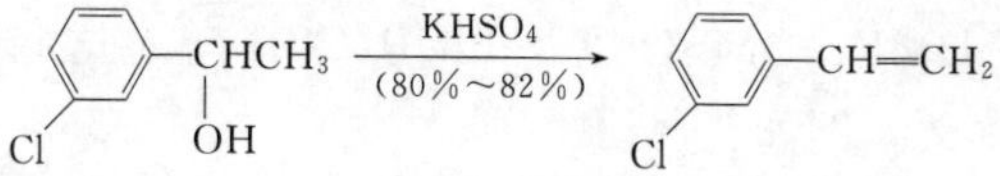

3-甲基-4-乙氧甲酰-2-环己烯酮（**6**）是重要有机合成中间体，可用于维生素 E 等的合成，其合成方法如下［胡炳成，吕春绪，刘祖亮. 应用化学，2003，20（10）：1012］。

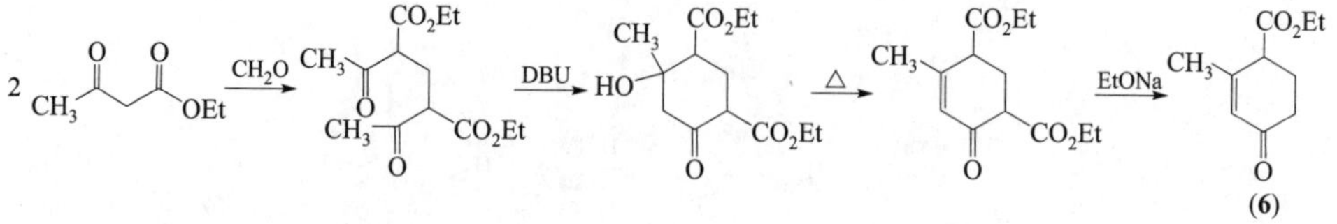

第三节　多元醇的脱水反应

常见的多元醇主要是 1,2-二醇、1,3-二醇、1,4-二醇、甘油等。糖类化合物属于多羟基醛或酮，在糖苷类药物合成中常常会用到脱去二醇成烯的反应。

邻二醇可以消除两个羟基生成烯烃。

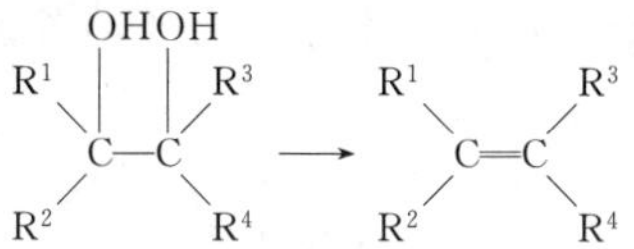

这类反应具有优良的立体选择性。反应过程是邻二醇与适当的试剂生成环状中间体而保持构型，继而进行顺式消除，立体选择性地生成顺、反异构体。

邻二醇与1,1′-硫代羰基二咪唑反应，生成邻二醇的硫代碳酸酯中间体，后者与三烃基氧基磷（亚磷酸酯）反应生成烯，该反应称为Corey-Winter烯烃合成反应。显然，该方法属于顺式消除反应。

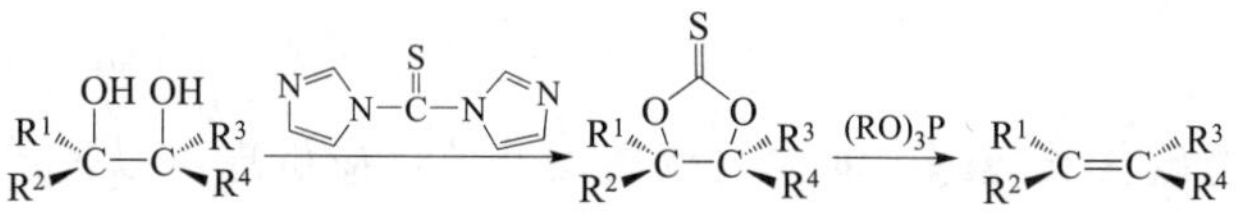

反应机理如下：

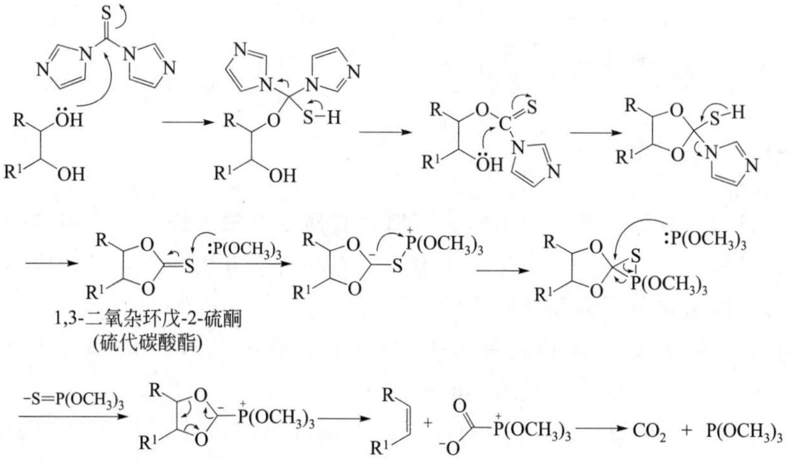

1,3-二氧杂环戊-2-硫酮
(硫代碳酸酯)

上述反应中生成了硫代碳酸酯中间体，而后与亚磷酸酯反应，最后生成烯。

邻二醇与硫代光气反应也可以生成硫代碳酸酯。

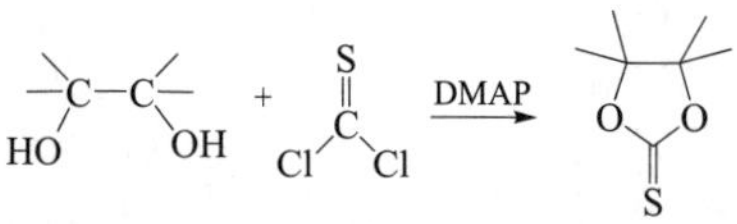

这种用硫光气代替硫羰基二咪唑的改进方法，使反应温度降低很多，温和的条件使带有多种官能团的复杂分子也可应用。

该反应的反应机理，首先两个醇羟基相继对硫羰基进行亲核加成，消除两分子氯化氢或咪唑，得到相应的五元环状硫代碳酸酯中间体。该中间体然后与亚磷酸酯的反应，有人提出了卡宾机理。该机理认为，硫代碳酸酯中间体与亚磷酸酯进行加成，并热解成卡宾，放出硫代亚磷酸酯。生成的卡宾再和另一分子的亚磷酸酯反应得到磷叶立德，磷叶立德经过协同的环消除产生立体专一的烯烃，同时释放出二氧化碳和亚磷酸酯。

HO OH + S=C(Cl)Cl —DMAP→ —:P(OR)$_3$→ [S–$\overset{+}{P}(OR)_3$] —–S=P(OR)$_3$→

[carbene] —:P(OR)$_3$→ [P(OR)$_3$ ylide] → >C=C< + [O=C(O$^-$)–$\overset{+}{P}(OR)_3$] → P(OR)$_3$ + CO_2

因此，上述硫代碳酸酯中间体与亚磷酸酯的反应机理可以表示如下：

R, R^1 —:PR$_3$→ S–$\overset{+}{P}R_3$ → S, PR$_3$ —:PR$_3$, –S=PR$_3$→ ; —–S=PR$_3$→ carbene —:PR$_3$→ –$\overset{+}{P}R_3$ → R–CH=CH–R^1 + CO_2 + PR_3

(硫化碳酸酯)

将烯烃转换成邻二醇的方法很多，但是其逆反应却比较少，实用例子也很匮乏。对于羟基比较多的糖合成化学来说，该方法特别有用，特别是合成不饱和糖类化合物。例如如下不饱和糖的合成。

5,6-二脱氧-1,2-*O*-异亚丙基-*α*-D-木-5-烯呋喃糖（5,6-Dideoxy-1,2-*O*-isopropylidene-*α*-D-xylohex-5-enofuranose），$C_9H_{14}O_4$，186.21。

制法　Horton D，Thompson J K，Tindall C G，Jr. Methods Carbohydr Chem，1972，6：297.

HO–CH_2, HO–C, HO, CH_3 —N-imidazolyl–C(=S)–N-imidazolyl, CH_3COCH_3→ S, HO, CH_3 —P(OCH$_3$)$_3$, 回流→ HO, CH_3

(2)　(3)　(1)

1,2-*O*-异亚丙基-*α*-D-葡萄呋喃糖-5,6-硫代碳酸酯（**3**）：于反应瓶中加入 1,2-*O*-异亚丙基-*α*-D-葡萄呋喃糖（**2**）13.5 g（0.061 mol），250 mL 丙酮，搅拌下加热溶解，加入硫代碳酸二咪唑 13.1 g（0.073 mol），氮气保护下回流反应 1.5h。加入活性炭 0.5 g，15 min 后过滤。减压浓缩，得浅棕色固体。加入 60 mL 甲醇，搅拌，过滤，得白色结晶12.1g。滤液冷冻，可以再得到2.4g。将固体物用200 mL甲醇重结晶，得化合物（**3**）11.2～13.5 g，mp 180～185℃，收率70%～80%。

5,6-二脱氧-1,2-*O*-异亚丙基-*α*-D-木-5-烯呋喃糖（**1**）：于反应瓶中加入化合物（**3**）5.0g（0.019mol），新蒸馏的亚磷酸三甲酯20mL，氮气保护下回流反应60h。冷却后倒入250mL 1mol/L的氢氧化钠溶液中，氯仿提取（250mL×4），无水硫酸镁干燥。过滤，减压浓缩，得无色浆状物，放置后固化，重2.78g，收率78%。硅胶柱纯化后，mp 61～65℃，$[\alpha]_D^{20}-60°$（*C*=2，$CHCl_3$）。

又如抗艾滋病药物2′,3′-双脱氧双脱氢肌苷的合成如下。

2′,3′-双脱氧双脱氢肌苷（2′,3′-Didehydro-2′,3′-dideoxyinosine），$C_{10}H_{10}N_4O_3$，234.21。mp >310℃（MeOH）（文献值 mp >300℃）。

制法　C K Chu，V S Bhadti，B Doboszewski. et al. J Org Chem，1989，54（9）：2217.

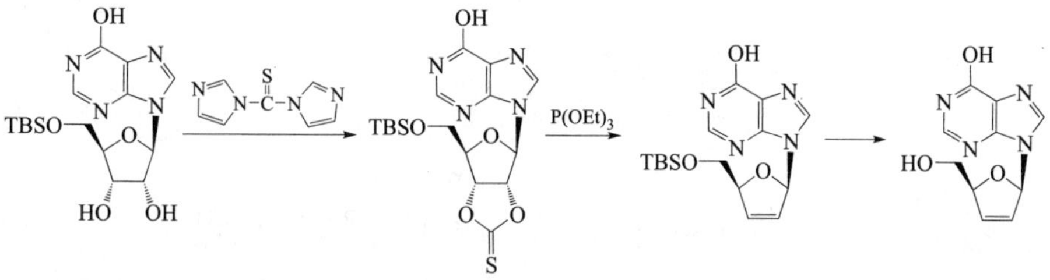

(2)　(3)　(4)　(1)

5′-*O*-叔丁基二甲基硅基-2′,3′-*O*-硫代碳酸酯基肌苷（**3**）：于反应瓶中加入化合物（**2**）4.6g（12.04mmol），1,1′-硫代碳酸二咪唑4.2g（23.6mmol），DMF 50mL，室温搅拌反应。反应结束后，按照常规方法处理，粗品过硅胶柱纯化，以氯仿-甲醇（17：1）洗脱，得化合物（**3**）2.76g，收率54%，mp 173～175℃。

5′-*O*-叔丁基二甲基硅基-2′,3′-二脱氢-2′,3′-二脱氧肌苷（**4**）：于反应瓶中加入化合物（**3**）1.0g（2.4mmol），三乙氧基磷30mL，氮气保护，回流反应30min。减压蒸出过量的试剂，剩余物过硅胶柱纯化，以氯仿-甲醇（15：1）洗脱，得化合物（**4**）0.32g，收率39%。

2′,3′-二脱氢-2′,3′-二脱氧肌苷（**1**）：于反应瓶中加入化合物（**4**）3.0g（8.6 mmol），用1mol/L的四丁基氟化铵的THF溶液34mL（34mmol）脱保护基。减压蒸出溶剂，剩余物过硅胶柱纯化，用氯仿-甲醇（7：1）洗脱，得化合物（**1**）1.36 g，收率67%，mp >310℃（MeOH）（文献值 mp >300℃）。

也可以将邻二醇类化合物制成双（二硫代碳酸酯）[双（黄原酸酯）]，而后在苯或甲苯中用三丁基锡烷还原得到烯类化合物。还原机理可能是自由基过程。

$$\ce{-C(OH)-C(OH)- ->[NaOH, CS_2, CH_3I] -C(OC(=S)SCH_3)-C(OC(=S)SCH_3)- ->[Bu_3SnH] >C=C<}$$

例如如下反应：

TBSO–(核糖, B, 2,3-二OH) $\xrightarrow{NaOH,\ CS_2,\ CH_3I}$ TBSO–(B, 2,3-二 $OC(=S)SCH_3$) $\xrightarrow{Bu_3SnH}$ TBSO–(B, 2,3-双键)

也可以将邻二醇制成缩醛的形式，而后还原生成烯。使用二甲基甲酰胺二甲缩醛为反应物的反应如下（Hanessian S，Bargiotti A，La Rue M. Tetrahedron Lett，1978：737）。

酒石酸二乙酯 $\xrightarrow[CH_2Cl_2,\ 25℃(定量)]{(MeO)_2CHNMe_2}$ 环缩醛–NMe_2 $\xrightarrow[25℃]{MeI}$ 环缩醛–$\overset{+}{N}Me_3\ I^-$ $\xrightarrow[40min]{Tol,\ 回流}$ $EtO_2C-CH=CH-CO_2Et$ + $Me_4\overset{+}{N}\ I^-$

(86%) 反丁烯二酸二乙酯

BzO–(OMe, HO, OH) $\xrightarrow{(MeO)_2CHNMe_2}$ BzO–(OMe, 缩醛 NMe_2) $\xrightarrow[2.\ \triangle]{1.MeI}$ BzO–(OMe, 双键) (89%)

Ph–(缩醛, OMe, NMe_2) $\xrightarrow[2.120℃]{1.MeI}$ Ph–(双键, OMe) (85%)

又如如下反应：

环己二烯二醇 (HO, OH) $\xrightarrow[2.\ 邻溴氟苯 (F, Br)/Mg/THF]{1.PhCH(OCH_3)_2/TsOH}$ Ph–缩醛加合物 $\xrightarrow[THF]{LDA/t\text{-}BuOK}$ 苯并双环烯

上述反应中邻溴氟苯生成苯炔，苯炔作为亲双烯体参与反应，最终生成相应的产物。

邻二醇转化为磺酸酯中间体，可以间接发生脱氧作用生成烯。例如邻二甲磺酸酯和邻二甲苯磺酸酯，分别与萘-钠和 DMF 中的 NaI（或 NaI-Zn）作用生成烯。

OMs Na, 萘
OMs

Ph O O R^1 O TsO R^2 OMe $\xrightarrow[\text{回流}]{\text{NaI, Zn, DMF}}$ Ph O O O OMe

$R^1 = H, R^2 = TsO, 85\%$
$R^1 = TsO, R^2 = H, 66\%$

使用 NaI 时，首先是碘负离子亲核取代磺酸酯基，而后进行反式消除生成烯。

Ph O O OTs O TsO H OMe $\xrightarrow{I^-}$ Ph O O H OTs I⁻ OTs OMe H H $\xrightarrow{-TsO^-}$

Ph O O OTs O OMe I^- I H $\xrightarrow[-TsO^-]{-I_2}$ Ph O O O OMe

使用 NaI-Zn 的反应称为 Tipson-Cohen 反应，在含糖类化合物合成中有应用。例如抗生素类药物地贝卡星（Dibekacin）中间体（**7**）的合成：

CH_2Y O OR RO Y O Y OH Y O O Y O O $OCOC_6H_5$ $\xrightarrow{\text{NaI, Zn, DMF}}$ CH_2Y O Y O Y OH Y O O Y O O $OCOC_6H_5$ (**7**)

$R = CH_3SO_2,\ p\text{-}CH_3C_6H_4SO_2$
$Y = NHCO_2Et$

将邻二醇与烷基锂反应生成二烷氧基二锂，而后与卤钨酸盐 K_2WCl_6 或一些其他钨试剂在 THF 中回流，可以发生脱氧反应生成烯。四取代的邻二醇反应最快，大部分反应为顺式消除。

HO OH $\xrightarrow[\text{THF}]{\text{2MeLi}}$ LiO OLi $\xrightarrow[\text{THF, 回流}]{K_2WCl_6}$ $[\,C\text{-}O,\ C\text{-}O,\ W,\ Cl,\ Cl,\ Cl,\ Cl\,]^{2-}$ ⟶ 烯 + $WCl_4O_2^{2-}$

OH OH $\xrightarrow[\text{THF}]{\text{2MeLi}}$ $\xrightarrow[\text{THF, 回流}]{K_2WCl_6}$ O O W Cl Cl Cl Cl $\xrightarrow{-WCl_4O_2^{2-}}$ (69%) + (5%)

OH OH $\xrightarrow[\text{THF}]{\text{2MeLi}}$ $\xrightarrow[\text{THF, 回流}]{K_2WCl_6}$ (22%) + (50%)

少数过渡金属催化剂，如 Re、Mo、Ru、V、W 等的化合物，能催化邻二醇的脱氧脱水（DODH）生成烯烃的反应。目前报道最多的是 Re 化合物，Re 良好的催化活性可能是由于铼具有亲氧和价态可变的特点。金属催化的 DODH 反应具有反应条件简单、选择性高、环境污染少等优点。该方法以 $CpReO_3$（Cp 为环戊二烯基）为催化剂，PPh_3 为还原剂，对一些邻二醇和多元醇具有良好的收率。

邻二醇在酸催化下可以脱去一分子水生成烯醇，后者互变为羰基化合物。例如如下 1,2-二醇在硫酸作用下只脱去一分子水而生成酮，得到的产物为甲状腺肥大治疗药奥生多龙（Oxendolone）中间体。

16β-乙基雌烷-4-烯-3,17-二酮（16β-Estrane-4-ene-3,17-dione），$C_{20}H_{28}O_2$，300.44。mp 79～80℃。

制法　陈芬儿. 有机药物合成法：第一卷. 北京：中国医药科技出版社，1999：97.

$$(2)\xrightarrow{H_2SO_4,\ MeOH}(1)$$

于反应瓶中加入化合物（**2**）5.0 g（0.0157 mol），甲醇 100 mL，浓硫酸 13 mL，放置 15 min。将反应物倒入 300 mL 10%的碳酸氢钠水溶液中，析出固体。过滤，水洗，干燥，得粗品。用乙醚重结晶，得化合物（**1**）3.6 g，收率 72.6%，mp 79～80℃。

上述反应是首先脱去一分子水生成烯醇，而后互变为酮。

甘油脱水可以生成丙烯醛。丙烯醛是重要的有机合成中间体，广泛用于医药、农药等行业。反应可以在液相或气相条件下进行，常用的催化剂有硫酸、亚硫酸钾、硫酸氢钾等。在很多反应中是利用甘油原位生成丙烯醛而进行相应的反应。例如喹啉的合成。

$$PhNH_2 + HOCH_2CH(OH)CH_2OH \xrightarrow[PhNO_2]{H_2SO_4} \text{喹啉}$$

甘油与甲酸反应可以生成甲酸甘油酯，后者加热分解放出一氧化碳并脱去一分子水生成烯丙醇。后者为镇痛药钠络酮（Naloxone）、丁丙诺啡（Buprenornhine）、苄达明（Benzydamine）等的中间体。

烯丙醇（Allyl alcohol），C_3H_6O，58.81。无色液体。bp 97℃。具有强烈的特异性气味。吸水性很强，与水、乙醇混溶。

制法　孙昌俊，曹晓冉，王秀菊. 药物合成反应——理论与实践. 北京：化学工业出版社，2007：365.

$$\underset{(\mathbf{2})}{\begin{array}{l}CH_2OH\\ |\\ CHOH\\ |\\ CH_2OH\end{array}} \xrightarrow{HCOOH} \begin{array}{l}CH_2OOCH\\ |\\ CHOH\\ |\\ CH_2OH\end{array} \xrightarrow[-H_2O]{-CO} \underset{(\mathbf{1})}{\begin{array}{l}CH_2\\ \|\\ CH\\ |\\ CH_2OH\end{array}}$$

于安有蒸馏装置的反应瓶中，加入甘油（**2**）200 g（2.2 mol），85%的甲酸70g（1.3 mol）。反应瓶中安一只温度计至液面以下。用直接火迅速加热至195℃，收集前馏分（含大量甲酸）。升温至260℃，收集195～260℃的馏分。将反应物冷却至100℃左右，加入50 g甲酸，重新加热至195～260℃，收集馏出液。再加入50g甲酸，重复上述操作，共收集馏出液约160 mL。将馏出液用固体碳酸钠中和，分出有机层，进行常压分馏，收集103℃左右的馏分，得纯度68%～70%的烯丙醇85g。将其用无水碳酸钾干燥后，重新蒸馏，收集94～97℃的馏分，可得纯度98%的烯丙醇（**1**）58 g，收率46%。

1,4-丁二醇在硫酸催化下脱水，可生成四氢呋喃。

$$HOCH_2CH_2CH_2CH_2OH \xrightarrow{H_2SO_4} \text{(四氢呋喃)} + H_2O$$

$$(CH_3)_2\underset{OH}{\underset{|}{C}}CH_2CH_2\underset{OH}{\underset{|}{C}H}(CH_2)_4CH_3 \xrightarrow[(94\%\sim97\%)]{H_3PO_4} \text{2,2-二甲基-5-}(CH_2)_4CH_3\text{-四氢呋喃}$$

1,5-戊二醇在阳离子交换树脂催化下分子内脱水生成，生成吡喃。

$$HO(CH_2)_5OH \xrightarrow[(94\%)]{\text{阳离子交换树脂}} \text{(四氢吡喃)}$$

二氧六环则可由乙二醇或环氧乙烷来制备；

$$2HOCH_2CH_2OH \xrightarrow[\text{或}H_3PO_4]{H_2SO_4} \text{(1,4-二氧六环)} + 2H_2O$$

$$2\ \text{(环氧乙烷)} \xrightarrow{40\%H_2SO_4} \text{(1,4-二氧六环)}$$

第四节　β-卤代醇消除次卤酸

β-卤代醇在一些金属或金属盐的催化下可以消除次卤酸生成烯烃。其中β-碘代醇的收率较高。该反应的特点是反式消除。

$$R^1R^2C(OH)-CHIR' \longrightarrow R^1R^2C=CHR'$$

正因为其具有反式消除的特点，当选择合适的 β-卤代醇时，可以立体选择性地合成具有一定构型的烯烃。

E-3-甲基-2-戊烯的合成如下：

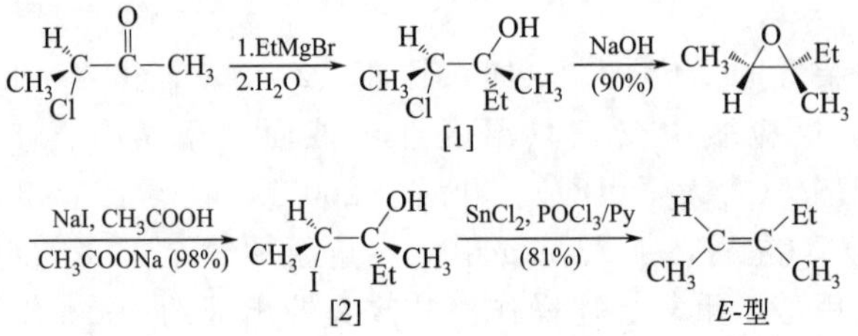

$\xrightarrow[2.H_2O]{1.EtMgBr}$ [1] $\xrightarrow[(90\%)]{NaOH}$ $\xrightarrow[CH_3COONa\ (98\%)]{NaI,\ CH_3COOH}$ [2] $\xrightarrow[(81\%)]{SnCl_2,\ POCl_3/Py}$ *E*-型

手性 3-氯-2-丁酮与 Grignard 试剂反应，遵循 Cram 规则，生成 β-氯代醇［1］，［1］在碱的作用下发生分子内 S_N2 反应生成环氧乙烷衍生物，随后与 NaI 反应生成 β-碘代醇［2］，与［1］相比，它们的绝对构型没有发生变化，将其转化为碘化物的目的是为了提高消除反应的收率。［2］还原后生成 *E*-型烯类化合物。

可供选用的还原剂很多，如 Ti(Ⅱ)，可以由 $TiCl_3$ 与 $LiAlH_4$ 反应得到，还原 β-溴代醇生成烯效果很好。例如胆固醇的合成。胆固醇在体内有广泛的生理学功能，是制造激素的重要原料。

胆固醇 (Cholesterol)，$C_{27}H_{46}O$，386.66。mp 147～150℃。不溶于水，易溶于乙醚、氯仿等溶剂。

制法　John E，Mc Murry and Tova Hoz. J Org Chem，1975，40 (25)：3797.

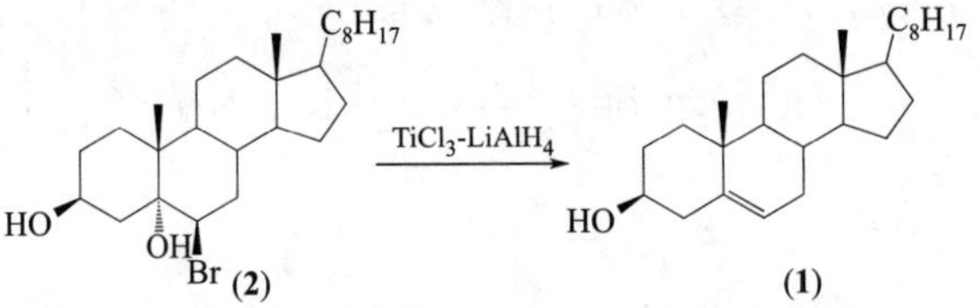

(2) $\xrightarrow{TiCl_3-LiAlH_4}$ **(1)**

活性 Ti(Ⅱ) 制备：

于反应瓶中加入干燥的 THF 70mL，$TiCl_3$ 2.3g (15mmol)，氮气保护，搅拌下加入 $LiAlH_4$ 0.142g (3.75mmol)，立即放出氢气，室温搅拌 10min，得到黑色 Ti(Ⅱ) 悬浮液。

化合物 (**2**) 5mmol，溶于 5mL 干燥的 THF 中，加入上述 Ti(Ⅱ) 悬浮液中，回流反应 16h。冷却后加入 60mL 水淬灭反应。加入戊烷提取，合并有机层，饱和盐水洗涤，无水硫酸钠干燥。过滤，浓缩，得化合物 (**1**)，收率 79%，mp 148℃。

又如如下反应：

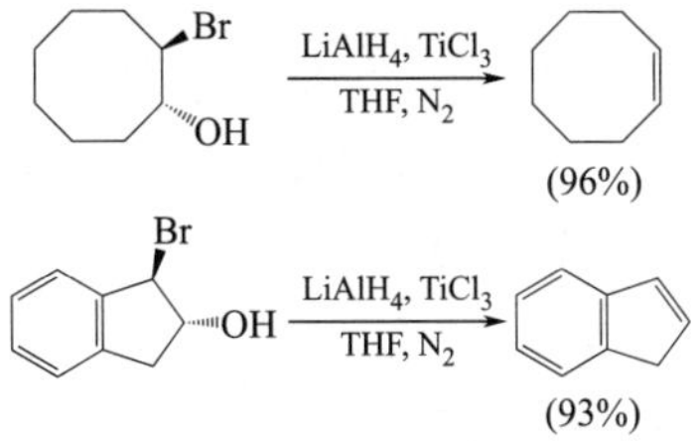

反应的大致过程如下。

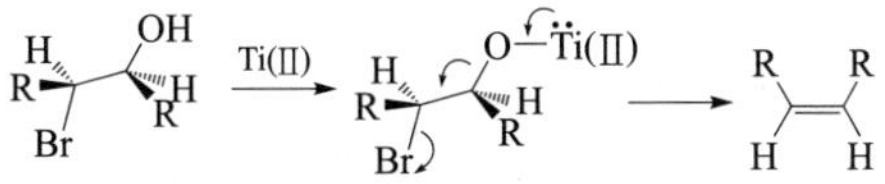

该反应的最大特点是生成的烯具有固定的位置。苏型卤代醇生成 *cis*-烯烃，而赤型卤代醇生成 *trans*-烯烃。另一种可能的反应途径是单电子转移的自由基机理，此时缺乏立体专一性。

2-(1-羟基-2,2,2-三氯乙基)-3,3-二甲基环丙基甲酸乙酯在铝和溴化铅作用下脱去次氯酸生成相应的烯烃［Hideo Tanaka，Shiro Yamashita，Motoi Yamanoue and Sigeru Torii. J Org. Chem，1989，54（2）：444］。

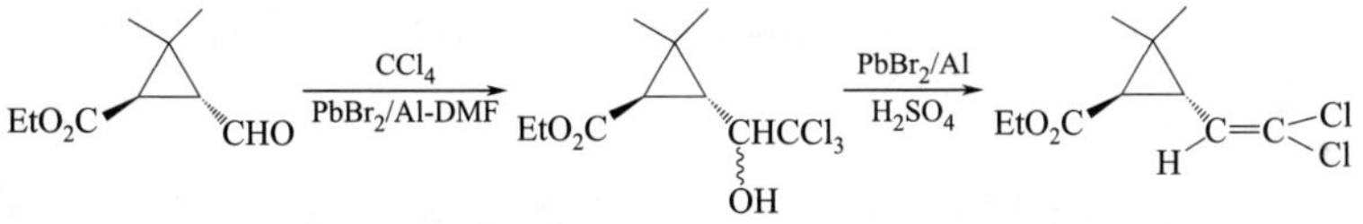

又如有机合成中间体 4-氯-1-(2,2-二氯乙烯基）苯的合成。

4-氯-1-(2,2-二氯乙烯基）苯［4-Chloro-1-(2,2-dichloroethenyl) benzene］，$C_8H_5Cl_3$，207.49。无色或浅黄色液体。

制法　Tanaka H，et al. J Org Chem，1989，54：444.

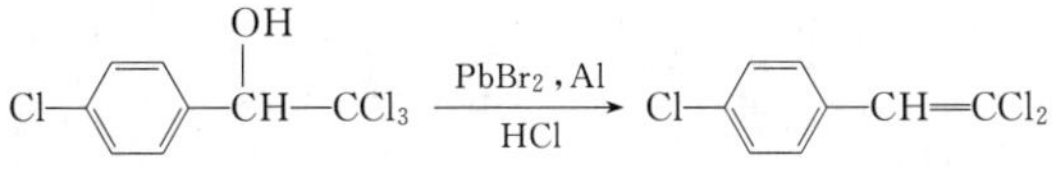

于反应瓶中加入二溴化铅 19 mg（0.05 mmol），新鲜的铝箔 41 mg（1.5 mmol），36%的盐酸 0.17mL（2mmol），甲醇 2mL。再加入 2,2,2-三氯-1-(4-氯苯基）乙醇（**2**）260mg（1.0mmol），于 50～60℃搅拌反应，直至大部分的（**2**）消失（约 7h）。减压蒸出甲醇，剩余物倒入冰水中（约 10mL），己烷-乙酸乙酯（1∶1）提取 4 次。合并有机层，依次用碳酸氢钠、食盐水洗涤，无水硫酸钠干燥。浓缩，过硅胶柱纯化（己烷∶乙酸乙酯为 20∶1），得化合物（**1**）172mg，收率 83%。还可以得到 1-(4-氯苯基)-2,2-二氯乙醇 20mg，收率 9%。

也有使用锌还原的报道。例如［Guevel R，Paquette L A. J Am Chem Soc，1994，116（4）：1776］：

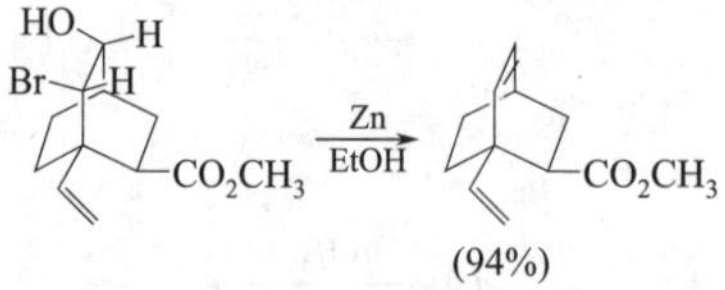

与β-卤代醇的反应相似，β-氯代环氧化物也可以在一些金属或金属盐作用下，发生脱卤开环反应，生成相应的不饱和醇类化合物。例如：

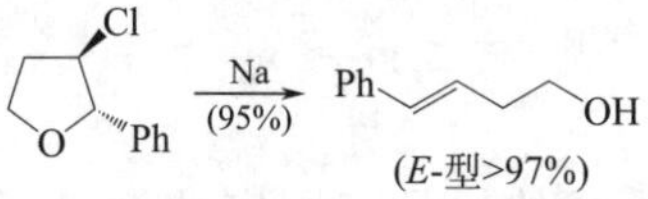

一些β-卤代酯类化合物也可以发生类似的反应生成烯。例如如下α-溴代乙酰基葡萄糖在二氯二茂钛作用下，发生脱溴、脱乙酸酯基生成1,2-不饱和糖。这种方法在糖类化合物的合成中有重要用途。

3,4,6-三-*O*-乙酰基-1,5-脱氢-2-脱氧-D-阿拉伯-己-1-烯糖（3,4,6-Tri-*O*-acetyl-1,5-anhydro-2-deoxy-D-arabino-hex-1-enitol），$C_{12}H_{16}O_7$，272.25。油状液体。

制法　Cullen L Cavallaro and Jeffrey Schwartz. J Org Chem，1995，60(21)：7055.

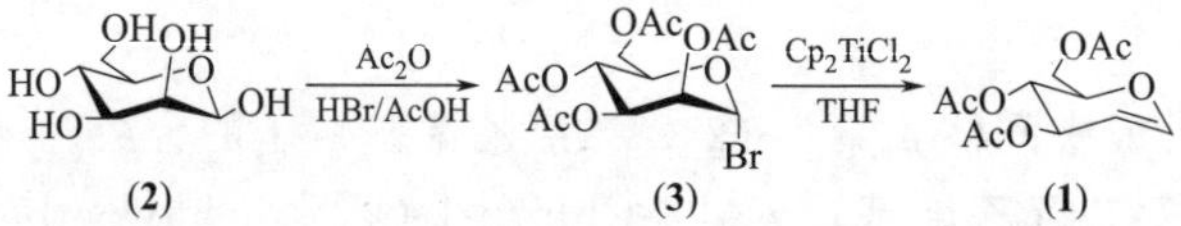

2,3,4,6-四-*O*-乙酰基-1-溴-α-D-甘露糖（**3**）：于反应瓶中加入β-D-甘露糖（**2**）500 mg（2.78 mmol），醋酸酐2.5 mL，14.3%的溴化氢醋酸溶液1.12 mL（18 mmol），室温搅拌反应5 min。固体全溶后再加入14.3%的溴化氢醋酸溶液5.8 mL（87 mmol），室温搅拌反应12 h。用搅拌提取3次，减压蒸出溶剂。剩余糖浆物用乙醚溶解，减压浓缩，如此3次，得无色浆状物（**3**）1.1 g，收率95%。直接用于下一步反应。

于干燥的反应瓶中，加入二氯二茂钛300 mg（0.702 mmol），THF 10 mL，搅拌下加入2,3,4,6-四-*O*-乙酰基-1-溴-α-D-甘露吡喃糖基（**3**）180 mg（0.438 mol）溶于10 mL THF的溶液，室温下约5 min加完。反应混合物很快变为棕色，10 min后变红。减压浓缩，剩余物加入乙醚，过硅胶柱纯化，得无色油状液体（**1**）113 mg，收率95%。

如下碘代内酯在碘化钠和三甲基氯硅烷作用下，发生脱碘开环反应，生成不饱和羧酸［E J Corey and Stephen W Wright. Tetrahedron Lett，1984，25(26)：2729］。

$\xrightarrow[\text{(97\%)}]{\text{NaI, }Me_3SiCl}$ CO_2H

β-卤代醇在碱性条件下脱除卤化氢可以生成环氧乙烷衍生物。例如前列腺炎治疗药物奈哌地尔（Naftopidil）等的中间体环氧溴丙烷的合成：

环氧溴丙烷（Epibromohydrin），C_3H_5BrO，136.98。无色液体。mp −40℃，bp 134～136℃，61～62℃/6.67 kPa，d_4^{25} 1.615，n_D1.4820。能与醇、醚、氯仿混溶，不溶于水，易挥发。

制法　孙昌俊，曹晓冉，王秀菊. 药物合成反应——理论与实践. 北京：化学工业出版社，2007：363.

$$\underset{\textbf{(2)}}{BrCH_2CH(OH)CH_2Br} \xrightarrow{Ca(OH)_2} \underset{\textbf{(1)}}{\text{环氧}-CH_2Br}$$

于安有减压蒸馏装置的反应瓶中，加入1,3-二溴丙醇-2（**2**）1070g（4.9mol），水750mL，摇动下分批加入200g工业氢氧化钙，约15min加完，而后再加入氢氧化钙200g（共4.75mol），水浴加热，减压蒸馏，接收瓶放入冰水浴中，收集60～65℃/6.0～6.67kPa的馏分。基本上无馏出物时，分出上层水层，倒入反应瓶中重新减压蒸馏。两次蒸馏所得粗品合并，无水硫酸钠干燥后常压蒸馏，收集133～136℃的馏分，得环氧溴丙烷（**1**）580g，收率86%。

第五节　醇的分子间脱水

醇与硫酸或氧化铝一起加热，两分子醇之间脱去一分子水生成醚。这是工业上和实验室中常用的制备低级单醚类化合物的方法。

$$R—OH + H—OR \xrightarrow[\text{或 }Al_2O_3]{\text{浓硫酸}} R—O—R + H_2O$$

$$2CH_3CH_2OH \xrightarrow[140℃]{H_2SO_4} CH_3CH_2OCH_2CH_3 + H_2O$$

例如有机合成中常用的溶剂、萃取剂二丁醚的合成。

二丁醚（Butyl ether），$C_8H_{18}O$，130.26。无色液体。bp 142℃，d_4^{25} 0.7841。与醇、醚、互溶，不溶于水。

制法　孙昌俊，曹晓冉，王秀菊. 药物合成反应——理论与实践. 北京：化学工业出版社，2007：360.

$$\underset{(\mathbf{2})}{C_4H_9OH} \xrightarrow{H_2SO_4} \underset{(\mathbf{1})}{C_4H_9CO_4H_9} + H_2O$$

于安有分馏柱的反应瓶中，加入正丁醇（**2**）445g（6mol），慢慢加入浓硫酸80g，加入几粒沸石，加热至沸，控制分馏柱顶部温度不超过95℃，馏出速度2～3滴/秒进行分馏脱水。直至脱水完全。反应温度从开始的110℃左右逐渐升至145℃。冷后慢慢加入水100mL，充分摇动。分出有机层，以5%的硫酸洗涤二次，再依次用5%的硫酸亚铁、水洗涤，无水碳酸钠干燥后减压分馏。进行常压蒸馏，收集140～143℃的馏分，得二丁醚（**1**）200g，收率50%。

某些环醚也可以用此方法来制备，例如：

$$2\,HOCH_2CH_2OH \xrightarrow[\triangle]{H_3PO_4} \text{(1,4-二氧六环)} + 2H_2O$$

$$HOCH_2CH_2CH_2CH_2OH \xrightarrow[\triangle]{H_2SO_4} \text{(四氢呋喃)} + H_2O$$

常用的催化剂有硫酸、磷酸、对甲苯磺酸、氧化铝，有时也可以用氯化锌、三氟化硼等Luwis酸作催化剂。用氧化铝作催化剂时需要更高的反应温度。工业上用氧化铝作催化剂由乙醇制备乙醚，可采用气相法在220～250℃进行脱水，反应速率相当快。但超过300℃则主要是分子内脱水生成乙烯。温度高于350℃时，几乎完全生成乙烯。

以乙醇用硫酸作催化剂合成乙醚的反应为例表示其反应过程如下：乙醇与硫酸作用，不同温度下得到不同的产物，可用亲核取代反应和消除反应来说明。乙醇与硫酸首先生成锌盐，加热至100℃左右生成硫酸氢乙酯：

$$CH_3CH_2\ddot{O}H + H_2SO_4 \rightleftharpoons CH_3CH_2-\overset{+}{O}H_2 \cdot HSO_4^- \xrightarrow{100℃} CH_3CH_2OSO_3H + H_2O$$

加热至130～140℃时，一分子乙醇对硫酸氢乙酯（或质子化的乙醇）发生S_N2反应，生成醚。

$$CH_3CH_2\ddot{O}H + CH_3CH_2-OSO_3H \longrightarrow CH_3CH_2OCH_2CH_3 + H_2SO_4$$

$$CH_3CH_2\ddot{O}H + CH_3CH_2-\overset{+}{O}H_2 \xrightarrow{-H_2O} CH_3CH_2\underset{H}{\overset{+}{O}}CH_2CH_3 \xrightarrow{-H^+} CH_3CH_2OCH_2CH_3$$

醇羟基不是一个好的离去基团，但通过和质子结合成锌盐，从而使α-碳原子的正电性增强，水又是一个好的离去基，易于发生亲核取代反应。

当加热至160℃以上时，则发生分子内的脱水生成烯烃。因此。合成醚类化合物时，烯烃是副产物之一。

由上述事实可以看出，温度较低时有利于分子间脱水生成醚，而当温度较高时有利于分子内脱水生成烯。

醇的结构与脱水方式和难易程度有很大关系。三类醇的脱水反应速率是：3°＞2°＞1°，但3°醇的脱水更容易发生在分子内，主要产物是烯烃。发生消除反应生成烯烃的倾向是：3°＞2°＞1°，例如：

$$CH_3CH_2OH \xrightarrow[>160℃]{98\% H_2SO_4} CH_2{=}CH_2 + H_2O$$

$$\text{环己醇(—OH)} \xrightarrow[130\sim140℃]{98\% H_2SO_4} \text{环己烯} + H_2O$$

$$(CH_3)_3C{-}OH \xrightarrow[85\sim90℃]{20\% H_2SO_4} (CH_3)_2C{=}CH_2 + H_2O$$

正因为如此，仲、叔醇不宜在酸性条件下直接制备单醚。但可以与伯醇一起反应来制备混合醚。例如：

$$(CH_3)_3C{-}OH + CH_3OH \xrightarrow[80℃]{H_2SO_4} (CH_3)_3C{-}O{-}CH_3 + H_2O$$

将叔丁醇慢慢加入含硫酸的甲醇中，叔丁醇与硫酸作用，生成质子化的叔丁醇或叔丁基碳正离子（或异丁烯），而后立即与甲醇反应，生成甲基叔丁基醚。

$$(CH_3)_3C{-}OH + H^+ \longrightarrow (CH_3)_3C{-}\overset{+}{O}H_2 \xrightarrow{H\ddot{O}CH_3} (CH_3)_3C{-}OCH_3 + H_2O + H^+$$

$$(CH_3)_3C{-}OH + H^+ \xrightarrow{-H_2O} (CH_3)_3C^+ \xrightarrow{H\ddot{O}CH_3} (CH_3)_3C{-}OCH_3 + H^+$$

$$(CH_3)_3C{-}OH + H^+ \longrightarrow (CH_3)_3C^+ \xrightarrow{-H^+} (CH_3)_2C{=}CH_2 \xrightarrow{H^+} (CH_3)_3C^+ \xrightarrow{H\ddot{O}CH_3} (CH_3)_3C{-}OCH_3 + H^+$$

该反应既可用硫酸作催化剂，也可用磺酸或三氟化硼等作催化剂，反应温度一般在60～80℃。例如叔丁基乙基醚的合成。叔丁基乙基醚常用作有机溶剂，也可制高纯度的异丁烯。

叔丁基乙基醚（*tert*-Butyl ethyl ether），$C_6H_{14}O$，102.18。无色液体。bp 73.1℃，d_{20}^{20} 0.7364，n_D^{20} 1.3728。可与水生成共沸物，共沸点为64℃。溶于乙醇、氯仿、苯等有机溶剂，微溶于水。

制法　段行信.实用精细有机合成手册.北京：化学工业出版社，2000，195.

$$\underset{(2)}{(CH_3)_3C{-}OH} + CH_3CH_2OH \xrightarrow{H_2SO_4} \underset{(1)}{(CH_3)_3C{-}OCH_2CH_3} + H_2O$$

于安有搅拌器、温度计、滴液漏斗、分馏装置的反应瓶中，加入20%的硫酸1.2kg，二氧化硅0.5g，搅拌下加入乙醇450mL，加热至70℃，慢慢滴加叔丁醇350mL。同时有醚蒸出。控制馏出速度在0.5～0.75mL/min，柱顶温度在64℃左右。约10h加完，收集溜出液450mL左右。将溜出液水洗，无水碳酸钠干燥，再加入金属钠回流，以除去可能存在的醇。分馏，得乙基叔丁基醚（**1**）。

也可以用磷酸或硫酸氢钾作反应的催化剂。仲醇与叔醇反应可以生成混合醚，此时可以使用弱催化剂，如硫酸氢钠、硫酸氢钾等，它们可以使叔醇脱水生成烯，烯再与仲醇发生加成反应生成混合醚。

又如如下反应，三苯甲醇与异戊醇在硫酸催化下生成混合醚的收率达 88%。

$$Ph_3COH + (CH_3)_2CHCH_2CH_2OH \xrightarrow[(88\%)]{H_2SO_4} Ph_3COCH_2CH_2CH(CH_3)_2 + H_2O$$

烯丙基醇也可以与其他醇在酸催化下脱水生成混合醚。例如烯丙基丁基醚的合成：

$$CH_2{=}CHCH_2OH + n\text{-}C_4H_9OH \xrightarrow[(70\%)]{Cu_2Cl_2,\ H_2SO_4} CH_2{=}CHCH_2OC_4H_9\text{-}n$$

有报道称，使用弱酸或质子化的固相催化剂也可以催化醇或酚的分子间或分子内脱水生成醚类化合物。

$$2\,CH_3COO{-}C_6H_4{-}CH_2OH \xrightarrow[100℃,\ 33\ Pa]{KHSO_4} CH_3COO{-}C_6H_4{-}CH_2OCH_2{-}C_6H_4{-}OOCCH_3\ (84\%)$$

$$HO(CH_2)_5OH \xrightarrow[(94\%)]{阳离子交换树脂} \text{四氢吡喃} + H_2O$$

也可以直接使用异丁烯在催化剂存在下与醇反应来合成叔丁基醚，是醇羟基的保护方法之一。例如雄甾酮叔丁基醚的合成。

$$\text{雄甾酮(17-OH)} + CH_2{=}C(CH_3)_2 \xrightarrow[(86\%)]{H_3PO_4,\ BF_3} \text{17-}OC(CH_3)_3\text{ 雄甾酮}$$

第四章 醚键的断裂

醚可以看做是醇或酚分子中羟基的氢被烃基取代的产物。

醚有多种，可以是开链的，也可以是环状的（如环氧乙烷，THF 等）；可以是简单醚（如乙醚），也可以是混合醚（甲基叔丁基醚、苯甲醚等）。

醚属于化学性质比较稳定的化合物，对很多氧化剂、还原剂、碱都很稳定。但醚键在一定的条件下可以发生断裂，生成相应产物。酸和有些碱可以催化醚键的断裂，但最常用的还是酸催化断裂。因为醚键断裂后通常会失去其中的一部分结构，所以也可以看成是消除反应。

醚键的断裂反应在药物及其中间体的合成中应用广泛。生成醚键是羟基等官能团保护的一种方法，反应结束后往往需要除去保护基。例如抗心律失常药盐酸胺碘酮（Amiodaron）中间体（**1**）的合成。

$\xrightarrow[(80\%)]{Py·HCl,\ N_2}$ (**1**)

第一节 醚键的酸催化断裂

醚键在酸催化剂存在下可以发生醚键的断裂反应，常用的酸有 Brønsted 酸和 Lewis 酸两大类。

一、醚键的 Brønsted 酸催化断裂

按照酸碱的质子理论（Brønsted 理论），酸碱的定义是在反应中给出质子的物质叫做酸，在反应中接受质子的物质叫做碱。在醚键催化断裂反应中，常用的 Brønsted 酸主要包括氢碘酸、氢溴酸、盐酸、吡啶盐、三氟乙酸等。

氢碘酸：常用的是恒沸氢碘酸（57%），甲基醚用氢碘酸处理生成碘甲烷。有时使用恒沸氢碘酸与醋酸的混合液，回流数小时，生成的碘甲烷逸出收集。有时使用碘化钠与磷酸，个别情况下加入少量的红磷。使用无水碘化氢时需要在密闭容器中进行。

氢卤酸与醚反应，醚键断裂，生成卤代物。

$$R-\ddot{O}-R' + HX \longrightarrow R-\overset{H}{\underset{+}{O}}-R' \xrightarrow{X^-} RX + R'OH \xrightarrow{HX} R'X + H_2O$$

反应中首先是醚键氧原子接受一个质子生成鎓盐，而后发生取代反应。根据烃基的不同，可以发生 S_N1 或 S_N2 反应。第一步质子化生成鎓盐是必须的，因为 $R'O^-$ 不是好的离去基团，质子化后离去基团成为 $R'OH$，为好的离去基团，使得反应容易进行。

氢卤酸与二烷基醚反应时，首先生成一分子卤代烃和一分子醇，在过量氢卤酸存在下，醇羟基被卤素原子取代生成第二分子的卤代烃。例如：

$$(CH_3)_2CH-O-CH(CH_3)_2 + HBr \longrightarrow (CH_3)_2CHBr + (CH_3)_2CHOH \xrightarrow{HBr} (CH_3)_2CHBr + H_2O$$

至于反应按 S_N1 或 S_N2，取决于底物烃基的结构，当然反应试剂和反应条件也有影响。若生成的鎓盐断裂后容易生成碳正离子（如叔丁基醚），则容易按 S_N1 机理进行；若生成的鎓盐不容易生成碳正离子（如伯或仲烷基醚），则易于按 S_N2 机理进行。各种烷基醚的反应活性如下：

S_N1 反应活性增强 →

甲基醚　伯烷基醚　仲烷基醚　叔烷基醚

← S_N2 反应活性增强

对于苄基醚和烯丙基醚，生成的碳正离子稳定，可以按 S_N1 机理进行，同时，由于其空间位阻不大，也容易按 S_N2 机理进行。而乙烯基醚，由于乙烯基碳-碳双键的 π-电子向鎓盐氧原子偏移，而使得相应 C-O 键加强，更不容易断裂，因此乙烯基醚比较稳定。

对于简单的醚，如二甲醚、乙醚，分子中的两个 C-O 键是相同的，没有反应的取向问题。但对于混合醚，分子中的两个 C-O 键活性不同，反应的取向也不同。各种醚键的反应活性顺序为：

烯丙基（苄基）醚、叔丁基醚＞烷基醚＞乙烯基醚

活性大的醚键更容易断裂。

芳脂混醚与氢卤酸反应，生成酚和卤代烃。例如：

$$CH_3O-C_6H_4-CH(C_2H_5)CH(C_2H_5)-C_6H_4-OCH_3 \xrightarrow{HI} HO-C_6H_4-CH(C_2H_5)CH(C_2H_5)-C_6H_4-OH + 2CH_3I$$

测定生成的碘甲烷的量，可以推算出分子中的甲氧基的数目，此反应是Zeisel甲氧基测定法的基础。氢碘酸酸性强，容易使醚键断裂。氢碘酸价格较高，有时采用氢碘酸和氢溴酸或盐酸的混和酸来断裂醚键。

例如甲状腺疾病治疗药左甲状腺素钠（Levothyroxine sodium）等的中间体3-[3,5-二碘-4-(4-羟基苯氧基）苯基]-丙酸的合成。

3-[3,5-二碘-4-(4-羟基苯氧基）苯基]-丙酸（3-[3,5-Diiodo-4-(4-hydroxyphenoxy) phenyl]-propanoic acid），$C_{15}H_{12}I_2O_4$，510.07。mp 238～238.5℃。

制法 Bhatt M V，Kulkarni S U. Synthesis，1983：249.

$$CH_3O-C_6H_4-O-C_6H_2I_2-CH_2CH(COOC_2H_5)_2 \xrightarrow[130℃,2h]{HI} HO-C_6H_4-O-C_6H_2I_2-CH_2CH_2COOH$$

(2) (1)

于反应瓶中加入57%的氢碘酸100mL，3,5-二碘-4-(4-甲氧基苯氧基）苄基丙二酸二乙酯（**2**）11.2g（18mmol），醋酸20mL，回流反应2h。其间有碘甲烷和二氧化碳剧烈放出。将反应物浓缩至125mL，冷却。过滤析出的结晶，干燥，得化合物（**1**）6.9g，收率75%，mp 238～238.5℃（封管）。

氢溴酸：恒沸氢溴酸，特别是与醋酸的混合液可用于断裂醚键。茴香醚于130℃加热回流2h，几乎定量得到苯酚类化合物。反应中若加入相转移催化剂，则反应时间明显缩短。

$$R^1-O-R^2 \xrightarrow[C_{16}H_{33}\overset{+}{P}Bu_3Br^-]{HBr(H_2O)} R^1-Br + R^2-Br$$

$$Ar-O-R^2 \xrightarrow[C_{16}H_{33}\overset{+}{P}Bu_3Br^-]{HBr(H_2O)} Ar-OH + R^2-Br$$

例如抗真菌药特康唑（Terconazole）中间体4-(4-异丙基哌啶-1-基）苯酚的合成。

4-(4-异丙基哌啶-1-基）苯酚［4-(4-Isopropylpiperazin-1-yl) phenol］，$C_{13}H_{20}N_2O$，220.31。白色固体。mp 274.4℃。

制法 陈芬儿. 有机药物合成法. 北京：中国医药科技出版社，1999：568.

$$CH_3O-C_6H_4-N(C_4H_8)N-CH(CH_3)_2 \xrightarrow[2.NaHCO_3]{1.47\%HBr} HO-C_6H_4-N(C_4H_8)N-CH(CH_3)_2$$

(2) (1)

于反应瓶中加入47%氢溴酸溶液100mL，化合物（**2**）9.5g（0.031mol），加热搅拌回流7～8h。反应毕，减压浓缩。将剩余物溶于100mL水中，用饱和碳酸氢钠溶液调至pH7，析出结晶。过滤，干燥，得粗品（**1**）。用正丁醇重结晶，得白色固体（**1**）5.8g，收率85%，mp 274.4℃。

又如药物中间体6,7-二羟基-1-乙基-1,2,3,4-四氢异喹啉（**2**）的合成（Bhatt

M V，Kulkarni S U. Synthesis. 1983，249)：

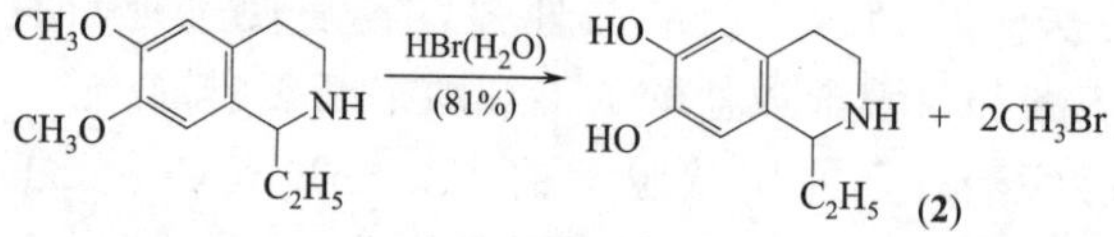

镇痛药氢溴酸依他佐辛（Eptazocine hydrobromide）原料药合成中，断裂甲基醚键也是采用了价格较低的氢溴酸，而且直接生成氢溴酸盐。

氢溴酸依他佐辛（Eptazocine hydrobromide），$C_{15}H_{21}NO$，HBr，312.27。白色结晶或结晶性粉末，无臭、味苦。易溶于水、甲醇、溶于乙醇，难溶于冰乙酸、丙酮，几乎不溶于苯。mp266～268℃，$[\alpha]_D^{20}-16.0°$（C=3.5，H_2O）。

制法　陈芬儿. 有机药物合成法. 北京：中国医药科技出版社，1999：491.

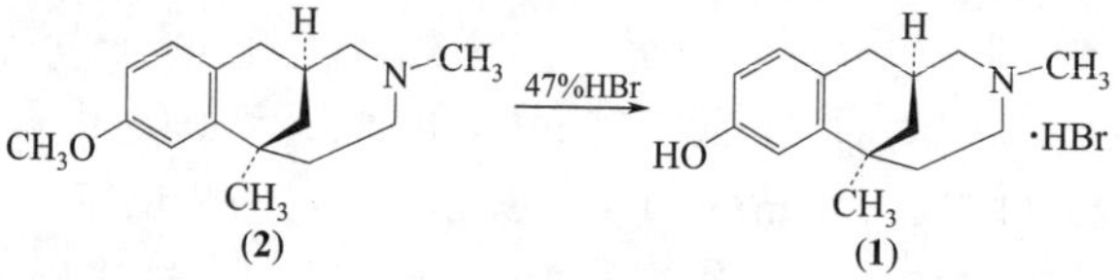

于反应瓶中加入化合物（**2**）28g（0.12mol），47%氢溴酸140mL，加热搅拌回流1h。减压浓缩至干，冷却，得结晶。加入甲醇65mL，加热溶解后，室温放置24h，析出结晶。过滤，乙醇洗涤，干燥，得白色固体（**1**）30.5g，收率81.6%，mp 266～268℃，$[\alpha]_D^{20}-16.0°$（C=3.5，H_2O）。

盐酸：盐酸也可以断裂某些类型的醚键，例如叔丁基醚、烯丙基醚、三苯甲基醚、二苯甲基醚、苄基醚等。萘甲基醚有时也可以使用氯化氢。

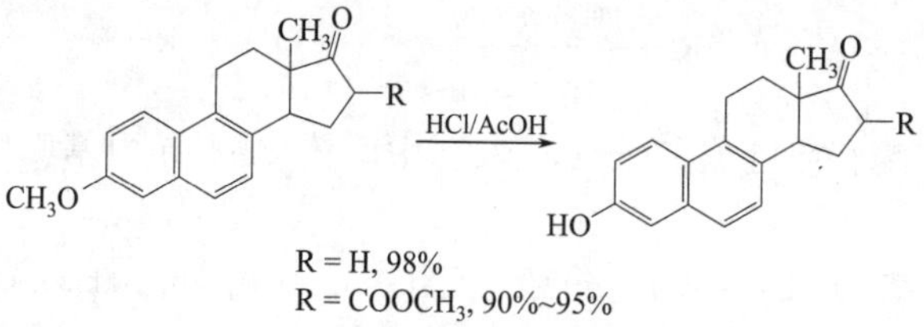

R = H, 98%
R = $COOCH_3$, 90%~95%

抗癌药5-氟尿嘧啶（**3**）的合成，其中一条合成路线如下：

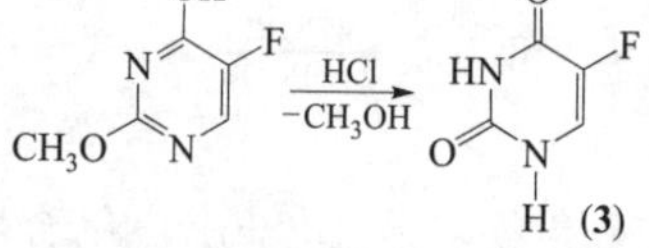

在如下抗恶性肿瘤抗生素盐酸伊达比星（Idarubicin hydrochloride）中间体5,8-二甲氧基-3,4-二氢-1*H*-2-萘酮 的合成中，使用稀盐酸乙醇溶液很容易的断裂了乙烯基醚键。

5,8-二甲氧基-3,4-二氢-1*H*-2-萘酮［5,8-Dimethoxy-3,4-dihydronaphthalen-

2 (1*H*)-one]，$C_{12}H_{14}O_3$，206.24。mp 98.5 ～100℃。

制法 陈芬儿.有机药物合成法.北京：中国医药科技出版社，1999：921.

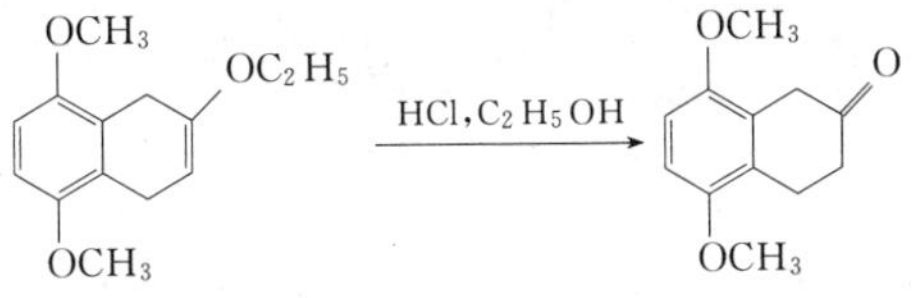

$$\text{(2)} \xrightarrow{HCl, C_2H_5OH} \text{(1)}$$

在反应瓶中，加入化合物（**2**）104g（0.44mol）、乙醇 700mL、浓盐酸 40 mL 和水 210mL 的溶液，静置反应 0.5h。加入冰水 460g，过滤，滤饼减压干燥。得化合物（**1**）83.5g，收率 91%，mp 98.5 ～100℃。

有报道，无水氯化氢甚至在 220℃也不能断裂某些类型的芳基甲基醚。在如下反应中，可以断裂苄基醚。

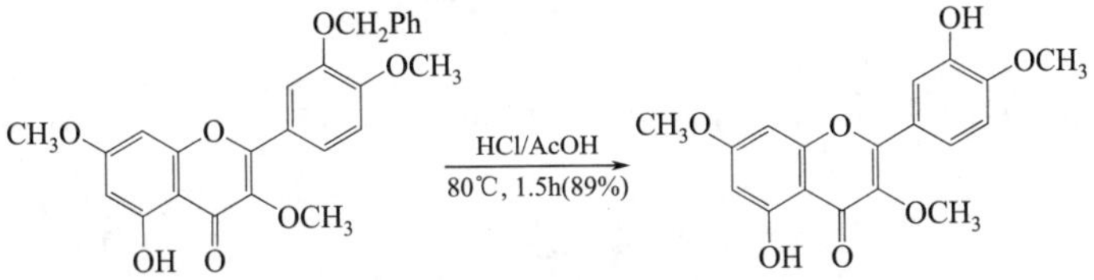

$$\xrightarrow[80℃, 1.5h(89\%)]{HCl/AcOH}$$

氢氟酸：氢氟酸很少用于断裂醚键。氢卤酸断裂醚键的能力与其酸性有关，酸性越强，越容易断裂醚键。

使用氢卤酸时应当注意的是，二芳基醚不能用氢卤酸；断裂芳基烷基醚时，总是烷氧键断裂；不对称的二烷基醚，容易生成碳正离子的烃基，容易发生烷氧键断裂生成卤代烷。例如：

$$R^1—O—R^2 + HX \longrightarrow R^1—X + R^2—OH$$

R^1 = 叔丁基、烯丙基、苄基、二苯甲基、三苯甲基等

当醚的分子中没有上述基团时，反应缺乏选择性。此时按照 S_N2 机理，位阻小的 R 基团容易发生烷氧键断裂，生成相应的卤化物

吡啶盐酸盐和吡啶氢溴酸盐与甲基芳基醚一起加热至 180～200℃，可以脱去甲基，但这种方法并不常用。

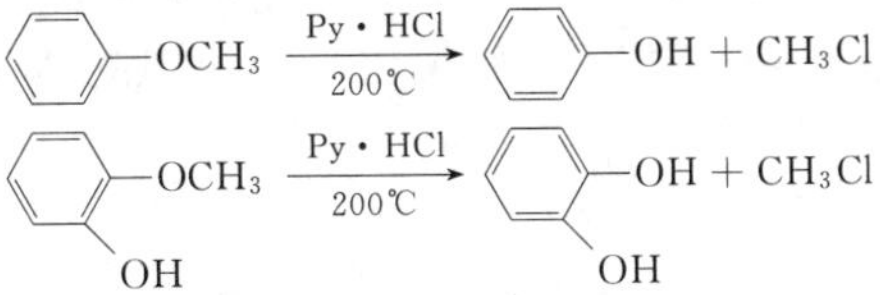

$$C_6H_5—OCH_3 \xrightarrow[200℃]{Py \cdot HCl} C_6H_5—OH + CH_3Cl$$

$$o\text{-}HOC_6H_4—OCH_3 \xrightarrow[200℃]{Py \cdot HCl} o\text{-}HOC_6H_4—OH + CH_3Cl$$

例如抗心律失常药盐酸胺碘酮（Amiodaron）中间体 2-丁基-3-(对羟基苯甲酰基）苯并呋喃的合成。

2-丁基-3-(对羟基苯甲酰基）苯并呋喃 [2-Butyl-3-(4-hydroxybenzoyl) benzofuran]，$C_{25}H_{29}I_2NO_3 \cdot HCl$，681.82。白色固体。mp118～120℃。

制法 ① 胡玉琴等.中国医药工业杂志，1980，(2)：1.② 陈芬儿.有机药物

合成法. 北京：中国医药科技出版社，1999：718.

$$\text{(2)} \xrightarrow{Py\cdot HCl,\ N_2} \text{(1)}$$

于反应瓶中加入化合物（**2**）77g（0.25mol），盐酸吡啶154g（1.33mol），氮气保护下，加热至210℃，搅拌回流1.5h。倒入0.5mol/L盐酸770mL中，充分搅拌后，用苯提取。以1%氢氧化钠溶液提取苯液，水层用浓盐酸调至pH呈酸性，析出固体。过滤，干燥，得粗品（**1**）76g，mp112～115℃。用乙酸重结晶，得精品58g，收率80%，mp118～120℃。

三氟醋酸可以选择性的断裂苄基醚或类似的醚，如二苯甲基醚、三苯甲基醚。但不能断裂甲基醚。例如防治早产药利托君（Ritodrine）等的中间体4-羟基苯丙酮的合成。

4-羟基苯丙酮（4-Hydroxypropiophenone），$C_9H_{10}O_2$，150.18。白色固体。mp 145～147℃。

制法　王立平，陈凯，刘浪等. 浙江化工，2010，41（1）：18.

$$C_6H_5CH_2O\text{-}C_6H_4\text{-}COEt \ \text{(2)} \xrightarrow{CF_3COOH} HO\text{-}C_6H_4\text{-}COEt \ \text{(1)}$$

于反应瓶中加入三氟醋酸25mL，对苄氧基苯丙酮（**2**）2g（8.3mmol），室温放置18h。减压浓缩（浴温40℃），剩余物中加入苯共沸蒸馏3次，每次加入25mL苯。剩余物中加入1mol/L的氢氧化钠水溶液20mL和乙酸乙酯20mL。分出水层，用盐酸调至pH1，乙酸乙酯提取，无水硫酸钠干燥，过滤，减压浓缩，水中重结晶，得化合物（**1**）0.76g，收率61%，mp 145～147℃。

环醚也可被氢卤酸断裂醚键，例如：

$$\text{2-甲基四氢吡喃} + HBr \xrightarrow{H_2SO_4} Br(CH_2)_4CHBrCH_3$$

环氧乙烷的衍生物在酸性条件下首先生成𬭩盐，卤负离子从环氧环背面进攻环氧环的碳原子，生成α-卤代醇。例如氢化可的松中间体（**4**）的合成：

$$\text{环氧甾体} + HBr\ (48\%) \longrightarrow \text{(4)}$$

又如抗溃疡药法莫替丁（Famotidine）等的中间体1,3-二氯丙酮的合成。

1,3-二氯-2-丙酮（1,3-Dichloropropan-2-one），$C_3H_4OCl_2$，126.97。白色针状结晶。mp41～42℃。

制法 陈芬儿.有机药物合成法.北京：中国医药科技出版社，1999：220.

$$\underset{(2)}{\text{环氧氯丙烷 (CH}_2\text{Cl)}} \xrightarrow{HCl} \underset{(3)}{ClCH_2CH(OH)CH_2Cl} \xrightarrow{Cr_2O_3,\ H_2SO_4} \underset{(1)}{ClCH_2COCH_2Cl}$$

1,3-二氯-2-丙醇（**3**）：于反应瓶中加入浓盐酸 55 g（0.55 mol），充分搅拌下，升温至 30℃，滴加环氧氯丙烷（**2**）47.2 g（0.48 mol）（含量 93.6%，bp 115～118℃），约 0.5 h 加完。加完后继续保温搅拌 1.5 h。静置分层，分出有机相，得（**3**）66.8 g（含量 92.39%，GLC），无需进一步精制，直接用于下步反应。

1,3-二氯丙酮（**1**）：在于应瓶中加入三氧化铬 38.7 g（0.39 mol）、水 58 mL，搅拌溶解后，加入（**3**）68.5 g（0.53 mol），冰水浴冷却至 20℃，充分搅拌下，缓慢滴加浓硫酸 77.4 g（0.79 mol）和水 25.8 mL 的溶液（约 4 mL），滴毕，继续搅拌 2 h。反应毕，用乙醚提取，回收溶剂，固化，得粗品（**1**）。用正己烷重结晶，得白色针状结晶（**1**）53 g，收率 83.6%（含量 99.6%，GLC），mp 41～42℃。

环氧乙烷衍生物用 $ClBH_2$-Me_2S 处理，很容易开环生成 α-氯代醇，例如：

$$\text{Ph-环氧乙烷} \xrightarrow[-60℃\ (72\%)]{ClBH_2,\ Me_2S} PhCH(Cl)CH_2OH + PhCH(OH)CH_2Cl \quad (94:6)$$

环氧乙烷衍生物用 X_2-Me_2S 处理，可以生成 α-氯代酮。

$$\text{RCH-CHR (环氧)} \xrightarrow[2.Et_3N]{1.X-\overset{+}{S}Me_2\cdot X^-} RCOCH(X)R$$

X = Cl、Br

反应的大致过程如下：

$$\text{环氧化物} + X-\overset{+}{S}Me_2\cdot X^- \longrightarrow \left[\text{环氧}\overset{+}{O}-S(Me)_2X\ \ X^-\right] \longrightarrow RCH(O-S(Me)_2X)-CH(X)R \xrightarrow{碱} RCOCH(X)R + SMe_2 + HX$$

具体例子如下：

$$\text{环戊烯氧化物} \xrightarrow[2.Et_3N]{1.X-\overset{+}{S}Me_2\cdot X^-} \text{2-X-环戊酮}$$

X = Cl, 80%
X = Br, 80%

缩醛、缩酮也可以用这种方法开环。例如：

$$\text{环己酮缩酮(CH}_2\text{OBn)} \xrightarrow[-60℃\ (78\%)]{ClBH_2,\ Me_2S} \text{产物 A} + \text{产物 B} \quad (69:31)$$

在相转移催化剂存在下，醚键断裂更容易。例如：

$$C_6H_5O\text{—}C_8H_{17}\text{-}n \xrightarrow[48\%HBr]{C_{16}H_{33}P^+(C_4H_9\text{-}n)_3Br^-} C_6H_5OH\ (89\%) + n\text{-}C_8H_{17}Br$$

也可用其他方法来断裂醚键。例如：

$$C_6H_5CH_2O\text{-}(2\text{-四氢吡喃基}) \xrightarrow[CH_3CN]{NaI,\ BF_3.Et_2O} C_6H_5CH_2I\ (95\%)$$

$$2\text{-}OCH_3\text{-喹啉} \xrightarrow[60\sim80℃]{PBr_3/DMF} 2\text{-}Br\text{-喹啉}\ (78\%)$$

二、醚键的 Lewis 酸催化断裂

可用于断裂醚键的 Lewis 酸有多种。

三氯化铝是可以使用的断裂醚键的试剂。和大多数 Lewis 酸一样，三氯化铝与醚形成配合物，当后者加热到适当温度后，醚键断裂生成相应产物。例如：

$$C_6H_5\text{—}OCH_3 \xrightarrow[100℃,2h]{AlCl_3} C_6H_5\text{—}OH\ (92\%)$$

三氯化铝可以选择性的断裂芳环上邻近醛基或酮基的甲氧键，而不影响分子中的其他甲氧基，对于这些反应而言，苯是很好的溶剂。

$$2,3,4,6\text{-}(CH_3O)_4C_6H\text{—}CHO \xrightarrow[回流]{AlCl_3,C_6H_6} 2\text{-}OH\text{-}3,4,6\text{-}(OCH_3)_3C_6H\text{—}CHO + 6\text{-}OH\text{-}2,3,4\text{-}(OCH_3)_3C_6H\text{—}CHO$$

用三溴化铝进行醚键的断裂，与三氯化铝有很多相似之处。由于三溴化铝是更强的 Lewis 酸，可以更有效地断裂醚键。在沸腾的苯溶液中可以断裂芳基甲基醚。

三碘化铝的酸性最强，是断裂醚键的有效试剂。但三碘化铝价格高，不利于大量使用。

$$C_6H_5\text{—}OC(CH_3)_2 \xrightarrow[46℃,1.5h]{AlI_3} C_6H_5\text{—}OH\ (89\%) + ICH(CH_3)_2$$

$FeCl_3$-Ac_2O、$MgBr_2$-Ac_2O 作为醚键断裂试剂也有报道，但为数不多。

三氯化硼（BCl_3）是断裂醚键的广泛使用的试剂，如烷基芳基醚、混合脂肪醚、环醚、糖类化合物的甲氧基衍生物等。也可以断裂缩醛、酯等。与乙醚的反应过程如下：

$$(C_2H_5)_2O + BCl_3 \xrightarrow{-80℃} (C_2H_5)_2O \cdot BCl_3 \xrightarrow{56℃} C_2H_5O{-}BCl_2 + C_2H_5Cl$$

$$C_2H_5O{-}BCl_2 \xrightarrow[-80℃]{(C_2H_5)_2O} C_2H_5O{-}BCl_2 \cdot O(C_2H_5)_2 \xrightarrow{0℃} (C_2H_5O)_2B{-}Cl + C_2H_5Cl$$

$$(C_2H_5O)_2B{-}Cl \xrightarrow{(C_2H_5)_2O} \text{不反应}$$

混合的二烷基醚和烷基烯丙基醚与 BCl_3 反应，生成具有更稳定碳正离子的烃基的氯化物。

$$n\text{-}C_4H_9{-}O{-}C_4H_9\text{-}i \xrightarrow{BCl_3} (n\text{-}C_4H_9O)_2B{-}Cl + i\text{-}C_4H_9{-}Cl + t\text{-}C_4H_9{-}Cl$$

$$(CH_3)(n\text{-}C_6H_{13})CH{-}OC_2H_5 \xrightarrow{BCl_3} (CH_3)(n\text{-}C_6H_{13})CH{-}Cl + C_2H_5OBCl_2$$

已经发现，容易生成碳正离子的烃基反应容易进行，并且可能有重排反应发生。例如：

$$CH_3CH{=}CHCH_2OCH_2CH{=}CHCH_3 \xrightarrow{BCl_3} (CH_3CH{=}CHCH_2O)_2B{-}Cl + CH_3CH{=}CHCH_2{-}Cl + CH_2{=}CHCH(Cl)CH_3$$

将三氯化硼与氢碘酸相比较，C-O 键的断裂，使用三氯化硼容易发生 S_N1 反应，而使用氢碘酸则容易发生 S_N2 反应。

茴香醚与三氯化硼反应，生成氯甲烷和三苯氧基硼。

$$C_6H_5{-}OCH_3 \xrightarrow[(78\%)]{BCl_3} CH_3Cl + (PhO)_3B$$

芳环上连有多个甲氧基时，可以选择性地断裂其中的一个。例如：

$$\text{苯环}(OCH_3)(CH_3)(CHO)(OCH_3)(CO_2CH_3)(OCH_3) \xrightarrow[CH_2Cl_2]{BCl_3} \text{苯环}(OCH_3)(CH_3)(CHO)(OH)(CO_2CH_3)(OCH_3)$$

苯基二氯化硼用于醚键断裂也有报道。

$$R^1{-}O{-}R^2 \xrightarrow{C_6H_5BCl_2} C_6H_5{-}B(Cl)(OR^1) + R^2{-}Cl$$

三溴化硼性质活泼，容易断裂醚键，在有机合成中应用广泛，特别是在天然产物的合成中。例如玉米赤酶烯酮（Macrolide zearalenone）的大环内酯衍生物（**5**）的合成。

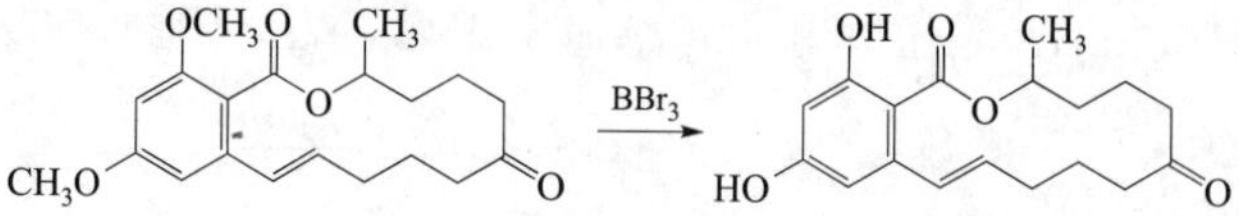

OCH_3 O CH_3 ... CH_3O ... O $\xrightarrow{BBr_3}$ OH O CH_3 ... HO ... O (5)

反应过程如下：

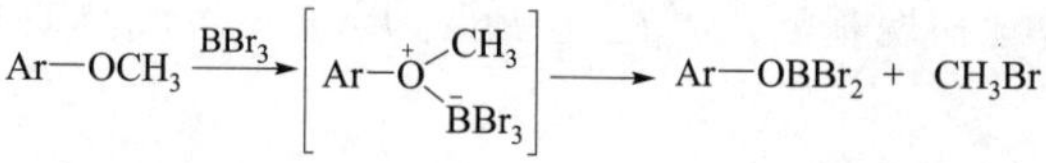

$$Ar{-}OCH_3 \xrightarrow{BBr_3} \left[Ar{-}\overset{+}{O}(CH_3){-}\overset{-}{B}Br_3 \right] \longrightarrow Ar{-}OBBr_2 + CH_3Br$$

$$Ar{-}OBBr_2 + 3H_2O \longrightarrow ArOH + H_3BO_3 + 2HBr$$

又如平喘药奈多罗米钠（Nedocromil sodium）中间体 *N*-乙基-*N*-(3-羟基苯基）乙酰胺（**6**）的合成（陈芬儿. 有机药物合成法. 北京：中国医药科技出版社，1999：439)：

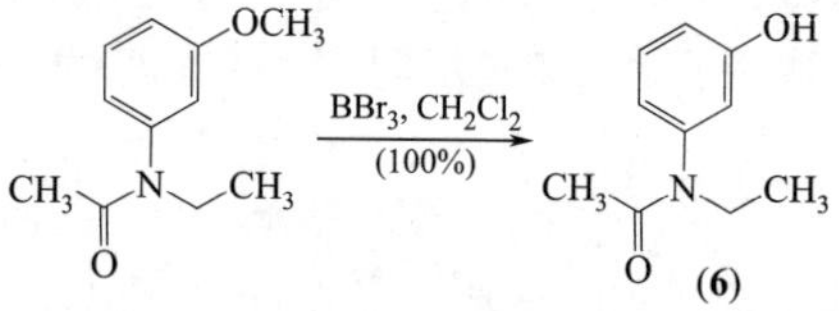

OCH_3 ... CH_3 N CH_3 O $\xrightarrow[(100\%)]{BBr_3,\ CH_2Cl_2}$ OH ... CH_3 N CH_3 O (6)

BBr_3 断裂醚键不影响分子中的酯基和烯键。当分子中含有两个或两个以上的醚基时，可以只断裂其中的一个而其他醚基不受影响。例如苯环上的甲氧基和亚甲二氧基，它们的反应活性差异大，甲氧基断裂而亚甲二氧基保留。

三溴化硼不仅适用于芳基烷基醚，也适用于脂肪醚。例如如下反应：

$$n\text{-}C_4H_9OC_4H_9\text{-}n \xrightarrow{BBr_3} \underset{(62\%)}{n\text{-}C_4H_9OH} + \underset{(77\%)}{n\text{-}C_4H_9Br}$$

BBr_3 可以使缩醛分解。例如：

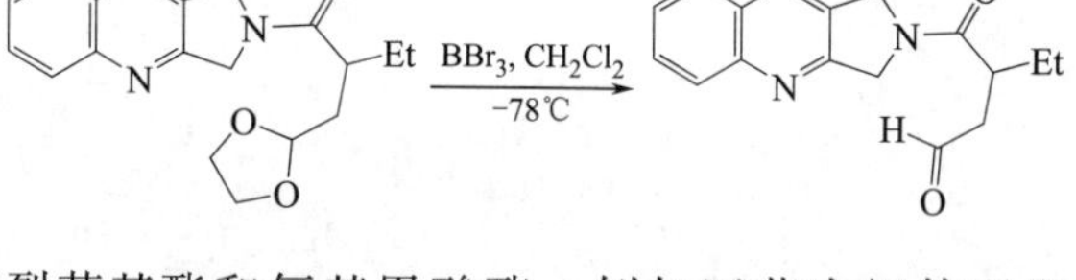

N ... N ... O ... Et ... O ... O $\xrightarrow[-78℃]{BBr_3,\ CH_2Cl_2}$ N ... N ... O ... Et ... H ... O

BBr_3 可以断裂苄基酯和氨基甲酸酯，例如医药中间体对羟基苯丙氨酸（**7**）的合成。

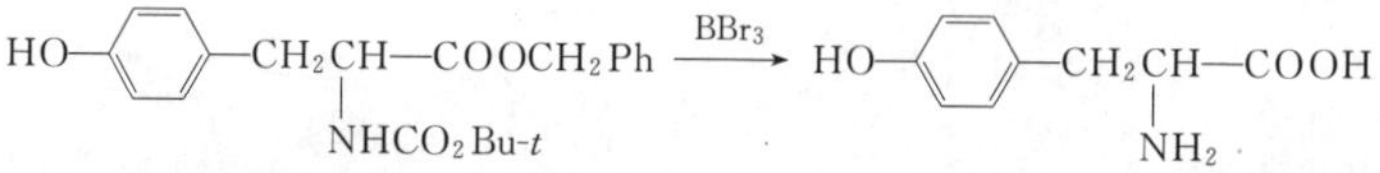

$$HO{-}C_6H_4{-}CH_2CH(NHCO_2Bu\text{-}t){-}COOCH_2Ph \xrightarrow{BBr_3} HO{-}C_6H_4{-}CH_2CH(NH_2){-}COOH$$

(6)

三氯化硼和三溴化硼与二甲基硫醚生成的配合物是固体，在空气中稳定，使用方便，可以使芳环上的甲氧基和亚甲基二氧基断裂。在溶液中可以分解为三卤化硼和二甲硫醚。

$$BX_3 \cdot S(CH_3)_2 \rightleftharpoons BX_3 + CH_3SCH_3$$

$$\text{(3,4-亚甲二氧基苯甲醛)} \xrightarrow[ClCH_2CH_2Cl,\ 83℃]{BCl_3.SMe_2} \text{3,4-二羟基苯甲醛}\ (98\%)$$

BBr_3-NaI-15-冠-5 体系可以断裂醚键，而且与单独使用 BBr_3 相比，断裂位置明显不同。

$$R—O—CH_3 \xrightarrow{BBr_3} R—Br + CH_3—OH$$

$$R—O—CH_3 \xrightarrow{BBr_3\text{-NaI-15-冠-5}'} R—OH + CH_3—Br$$

R＝伯、仲烷基

例如中枢骨骼肌松弛剂强筋松（Spantol，Phenprobamate）的中间 3-苯基丙醇的合成。3-苯基丙醇也可以作为化妆品中防腐剂。

3-苯基丙醇（3-Phenylpropanol），$C_9H_{12}O$，136.19。无色液体。

制法　Niwa H，Hida T，Yamada K. Tetrahedron Lett，1981，22：4239.

$$C_6H_5—CH_2CH_2CH_2OCH_3\ \textbf{(2)} \xrightarrow[CH_2Cl_2]{BBr_3,NaI,15\text{-冠-}5} C_6H_5—CH_2CH_2CH_2OH\ \textbf{(1)}$$

于反应瓶中加入 3-苯基丙基甲基醚（**2**）103 mg（0.687 mmol），二氯甲烷 0.5 mL，加入 0.3 mol/L 的 15-冠-5 并用碘化钠饱和的二氯甲烷溶液 13.7 mL，氩气保护，冷至－30℃，加入 1 mol/L 的三溴化硼二氯甲烷溶液 2.1 mL，保温反应 3 h。加入饱和碳酸氢钠水溶液 2 mL 淬灭反应。按照常规方法处理，色谱法纯化，得化合物（**1**）93 mg，收率 100%，bp 235℃。

三碘化硼活性比三溴化硼高，在如下反应中数秒钟即可完成反应。

$$\text{2-甲氧基苯甲醛 (CHO, OCH}_3) \xrightarrow{BBr_3,\ rt,\ 5\ min\ \text{或}\ BI_3,\ 0℃,\ 30\ s} \text{2-羟基苯甲醛 (CHO, OH)}$$

二溴三苯基膦是由三苯基膦与溴在苯甲腈中反应得到的，可以断裂脂肪醚生成溴代烃，其断裂脂肪醚而不影响双键。

$$PPh_3 + Br_2 \xrightarrow{PhCN} Ph_3PBr_2$$

$$(n\text{-}C_5H_{11})_2O \xrightarrow[125℃,\ 4h]{Ph_3PBr_2} 2n\text{-}C_5H_{11}Br + Ph_3P{=}O\quad(78\%)$$

$$\text{四氢呋喃} \xrightarrow[125℃]{Ph_3PBr_2} Br(CH_2)_4Br + Ph_3P{=}O\quad(75\%)$$

PCl_5 可以用于断裂亚甲基二氧醚，反应不是经历 S_N1、S_N2 或环状过渡态，而是发生氯化反应，而后水解。

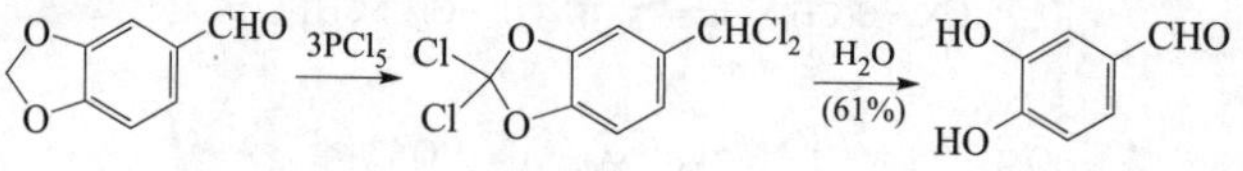

三碘化铝可以使芳基甲基醚的醚键断裂，但加入催化量的碘化季铵盐如四丁基碘化铵，可以明显提高反应速率，缩短反应时间，并提高反应收率（Andersson S. Synthesis，1985：437）。

$$Ar—O—R \xrightarrow[2.\ H_2O]{1.\ AlI_3,Bu_4NI} Ar—OH + R—I$$

例如医药、食品、高分子材料等的中间体连苯三酚的合成。

连苯三酚（Pyrogallol），$C_6H_6O_3$，126.11。白色无臭晶体。mp 131～133℃。有苦味。暴露于空气和光变成灰色。慢慢加热开始升华。

制法　Andersson S. Synthesis，1985：437.

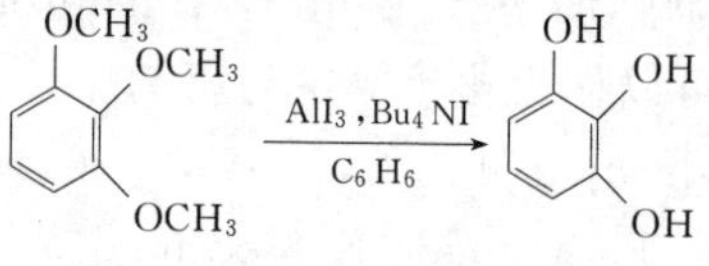

（**2**）　　（**1**）

于反应瓶中加入苯 120mL，三碘化铝 150mmol，冷却，滴加由 1,3,5-三甲氧基苯（**2**）8.4g（50mmol）、四正丁基碘化铵 0.1g（0.28mmol）溶于 25mL 苯的溶液。加完后回流反应 30min。加入 150mL 水，分出有机层，水洗 2 次。收集水层，乙酸乙酯提取（25mL×6）。乙酸乙酯层合并后，无水硫酸钠干燥。过滤，浓缩，得化合物（**1**），收率 95%，mp131～133℃。

关于醚键酸性条件下断裂的方法总结如下。

① 常用方法是使用过量的浓氢碘酸回流，或浓的氢溴酸或浓盐酸中回流，有时加入醋酸或醋酐一起回流反应。

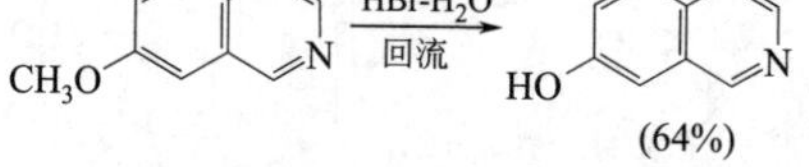

(64%)

② 分子中含有酯基和双键时，常使用三溴化硼、三碘化硼、三氯化硼，也可使用 2～4 倍量的三卤化硼的二甲硫醚配合物，溶剂常用二氯甲烷、苯、戊烷、己烷等。

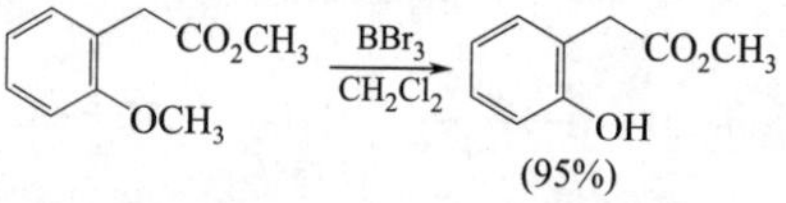

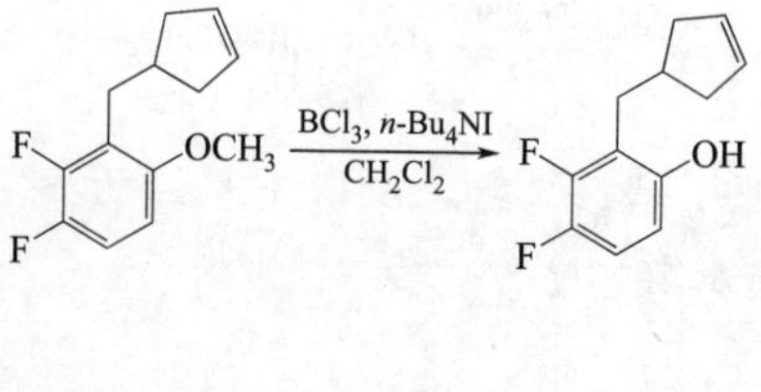

(95%)

③ 对于烷基的脂肪烃醚，可用较强的三溴化硼-碘化钠-冠醚，例如：

CH_3O … $\xrightarrow[CH_2Cl_2,\ -30℃,\ 3h]{BBr_3,\ 15\text{-冠-5},\ NaI}$ HO … (100%)

④ 三卤化铝-乙硫醇或乙二硫醇　三氯化铝-乙硫醇，是活性非常高的断裂醚键的体系。分子中有醛基、酮基、双键时在此体系中不稳定，但酯基相对稳定。

⑤ 对于苯环上有强供电子基的底物，可以用 *N*-甲基苯氨基钠-HMPT 体系选择性的去除甲基，例如：

CH_3O, CH_3O, OCH_3 $\xrightarrow[HMPT]{PhN(CH_3)Na}$ CH_3O, HO, OCH_3 (90%)

⑥ 底物分子有双键或溴的芳香甲基醚，可以用乙硫醇钠-DMF 体系，能选择性去甲基，例如：

CH_3, CH_3O, OCH_3, Br $\xrightarrow[DMF]{EtSNa}$ CH_3, CH_3O, OH, Br (93%)

⑦ 底物分子有双键、炔键、酮羰基、胺基或卤素原子时，可以使用三甲基碘硅烷，此体系会对酯基有影响，但比醚反应慢。

⑧ 分子中的邻、对位有强的吸电子基时，可以用 LiCl-DMF 体系，如果有甲酯基存在，也会去酯基上的甲基形成酸。

CHO, F, OCH_3 $\xrightarrow[DMF,150℃]{LiCl}$ CHO, F, OH (73%)

⑨ 对于缩醛分子的去甲基化，可以用甲酸-水体系或雷尼镍 Raney Ni 消除，例如：

OCH_3, O, OH, H, OH $\xrightarrow[rt,\ 2h]{HCO_2H/H_2O(7:3)}$ OH, O, OH, H, OH (90%)

其他的反应试剂还有三卤化铝加四丁基碘化铵或加硫脲、吡啶盐酸盐、三仲丁基硼氢化锂、三碘化硼-N,N-二乙基苯胺配合物、碘化钠＋四氯化硅、甲硒醇钠-六甲基磷酰胺、二甲基溴化硼、碘化钠-甲基三氯硅烷、氯硼烷的二甲硫醚溶液等。

$$\xrightarrow[C_6H_6,\ \text{回流}]{AlCl_3}\quad (94\%)$$

第二节 碱性试剂断裂醚键

氢氧化钠（钾）、醇钠（钾）、氨基钠等虽然也有文献报道断裂醚键，但很少用于合成。

哌啶钠是断裂醚键的有用试剂，可以由氨基钠与哌啶反应来制备。将醚在哌啶中于哌啶钠存在下回流，可以断裂醚键，芳基烷基醚的收率较高。与酸性催化剂相比，哌啶钠可以断裂二芳基醚，而酸性催化剂则不能。但二烷基醚的报道少见。

$$PhOC_2H_5 \xrightarrow[\text{回流12h}\ (97\%)]{\text{哌啶钠},\ \text{哌啶}} PhOH + \text{N-}C_2H_5\text{哌啶}$$

上述烷基芳基醚与哌啶钠的反应，属于烷基上的亲核取代反应。

$$PhOPh \xrightarrow[\text{回流12h}]{\text{哌啶钠},\ \text{哌啶}} PhOH\ (92\%) + \text{N-苯基哌啶}\ (86\%)$$

对于二芳基醚，上述反应应当属于芳环上的亲核取代反应。醚键邻、对位上连有强吸电子基团时，反应容易进行。

N-甲基苯氨基钠在六甲基磷酰三胺介质中于60～120℃加热一定时间，可以断裂芳基烷基醚。

$$R\text{-}C_6H_4\text{-}O\text{-}CH_3 \xrightarrow[2.H_2O]{1.Ph\bar{N}CH_3\overset{+}{N}a,\ HMPT} R\text{-}C_6H_4\text{-}OH$$

上述反应是混合醚中烷基上的亲核取代反应。

例如2,5-二甲氧基苯酚的合成：

$$\text{2,4,5-三甲氧基苯}\ (OCH_3,\ CH_3O,\ OCH_3) \xrightarrow[2.\ H_2O(90\%)]{1.\ Ph\bar{N}CH_3\overset{+}{N}a,\ HMPT} \text{产物}\ (OCH_3,\ CH_3O,\ OH)$$

邻甲氧基苯酚是重要的有机合成、药物合成中间体，工业上用于香兰素等的合成，医药工业用于愈创木酚甘油醚、愈创木酚磺酸钾等的合成，也用于香料、农药的合成。可以由邻二甲氧基苯来合成。

邻甲氧基苯酚（Guaiacol），$C_7H_8O_2$，124.14。白色固体或浅黄色液体。

制法　Loubinoux B，Coudert G，Guillaumet G. Synthesis，1980：638.

$$\text{(2) 1,2-}(OCH_3)_2C_6H_4 \xrightarrow[\text{2. } H_2O]{\text{1. } Ph\overset{-}{N}CH_3\overset{+}{Na}\text{, HMPT}} \text{(1) 2-}CH_3OC_6H_4OH$$

于反应瓶中加入用金属钠干燥的二甲苯 5 mL，用氢化钙干燥并蒸馏的 HMPT 4.26 g（25 mmol），搅拌下于 65℃滴加 *N*-甲基苯胺 2.68 g（25 mmol）。15 min 后，加入化合物（**2**）112.5 mmol 溶于少量二甲苯的溶液，于 95℃反应 30 min，TLC 跟踪反应。反应结束后，将反应物倒入水中，用稀盐酸酸化，乙醚提取。乙醚层用稀盐酸洗涤 2 次以除去 HMPT 和胺。有机层用 10%氢氧化钠溶液提取，水层用盐酸酸化后，再以乙醚提取，有机层用无水氯化钙干燥。过滤，浓缩，得化合物（**1**），收率 95%。mp 27～28℃（文献值 32℃）。

碱金属钠、钾、锂有时可用于断裂醚键，反应在无溶剂条件下进行，主要用于二芳基醚和芳基烷基醚，二烷基醚是稳定的。

$$C_6H_5\text{—}O\text{—}CH_2Ph \xrightarrow{Na} C_6H_5\text{—}ONa + PhCH_2Na$$

$$C_6H_5\text{—}O\text{—}CH_2CH{=}CH_2 \xrightarrow{Li} C_6H_5\text{—}OLi + CH_2{=}CHCH_2Li$$

金属锂与联苯在 THF 中生成联苯基锂，使用该溶液可以断裂二芳基醚和芳基烷基醚。

$$C_6H_5\text{—}C_6H_5 + 2Li \overset{THF}{\rightleftharpoons} 2Li^+ [C_6H_5^{\cdot -}\text{—}C_6H_5^{\cdot -}] \ (\text{A})$$

$$C_6H_5\text{—}O\text{—}C_6H_5 \xrightarrow[0℃,\ 2h]{A,\ THF} C_6H_5\text{—}OLi\ (96\%) + C_6H_5\text{—}Li$$

$$C_6H_5\text{—}O\text{—}CH_3 \xrightarrow[66℃,\ 4.5h]{A,\ THF} C_6H_5\text{—}OLi + CH_3Li$$

金属锂于二氧六环中可以使如下不对称环醚断裂。

$$\text{取代二苯并呋喃} \xrightarrow[\text{2.HCl}]{\text{1.Li. 二氧六环, 回流3h}} \text{2-羟基联苯衍生物 } (70\%\sim99\%)$$

$R^1, R^2, R^3, R^4 = H, CH_3$

金属钠-液氨在适当的溶剂如乙醚、THF、苯、甲苯中可以使芳基烷基醚、二芳基醚断裂。反应中发生氢解，该反应在天然产物的研究中有时会用到。

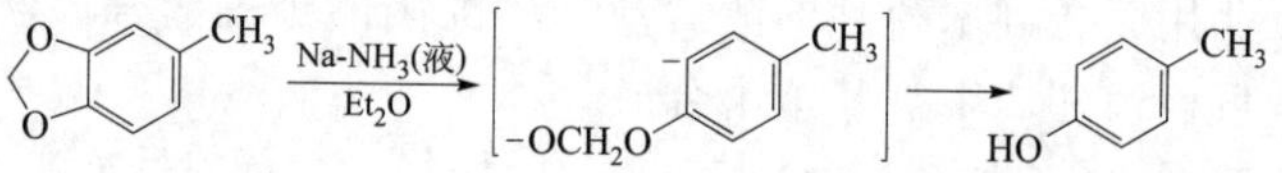

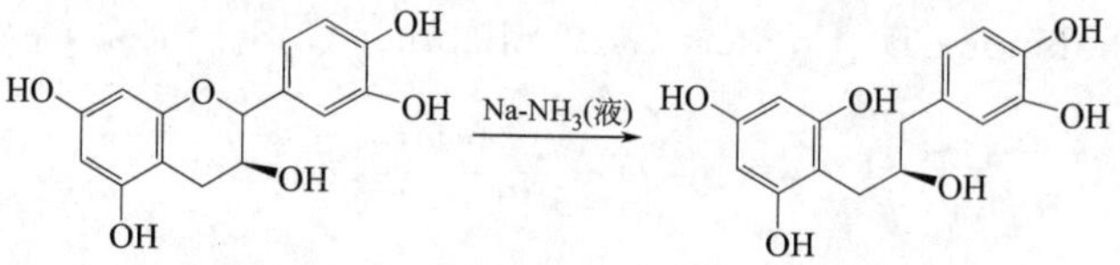

CH_3　$\xrightarrow[Et_2O]{Na\text{-}NH_3(液)}$　$-OCH_2O$　CH_3　$\longrightarrow$　HO　CH_3

HO　OH　OH　OH　OH　$\xrightarrow{Na\text{-}NH_3(液)}$　HO　OH　OH　OH　OH　OH

对于二芳基醚，使用该试剂时，醚键断裂方向取决于芳环上取代基的性质。

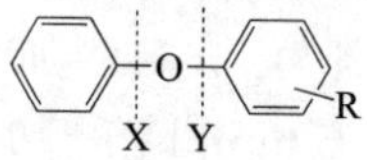

O　R　X　Y

当取代基R为给电子基团如氨基时，发生X处断裂，当取代基为吸电子基团如羰基时，发生Y处断裂，生成芳基碳负离子的稳定性是主要影响因素。

将金属钠与干燥的吡啶反应生成含有吡啶负离子自由基的溶液，可以断裂二芳基醚和芳基烷基醚。

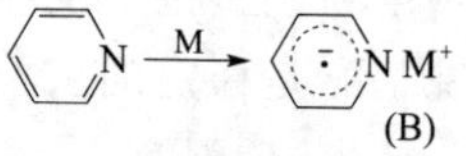

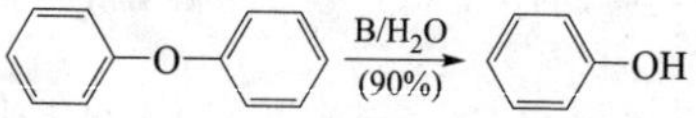

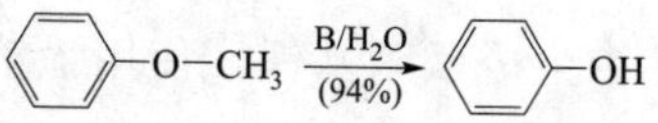

N　$\xrightarrow{M}$　$N\ M^+$　(B)

$$Ph-O-Ph \xrightarrow[(90\%)]{B/H_2O} Ph-OH$$

$$Ph-O-CH_3 \xrightarrow[(94\%)]{B/H_2O} Ph-OH$$

有机碱金属化合物如乙基钠可以与乙醚室温反应生成乙烯和乙醇钠。芳基烷基醚也可以在温和的条件下发生反应。

$$C_2H_5-O-C_2H_5 \xrightarrow{C_2H_5Na} CH_2=CH_2 + C_2H_5ONa$$

$$Ph-O-C_2H_5 \xrightarrow{C_2H_5Na} Ph-ONa + CH_2=CH_2 + C_2H_5ONa$$

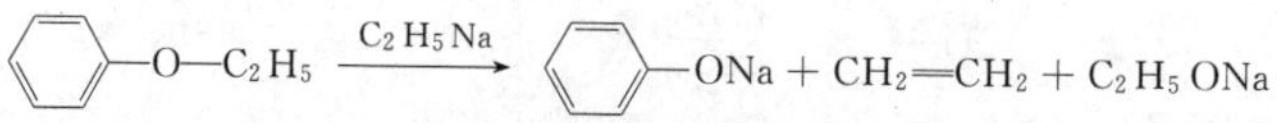

烷基锂虽然也可以发生该反应，但反应速率慢得多。

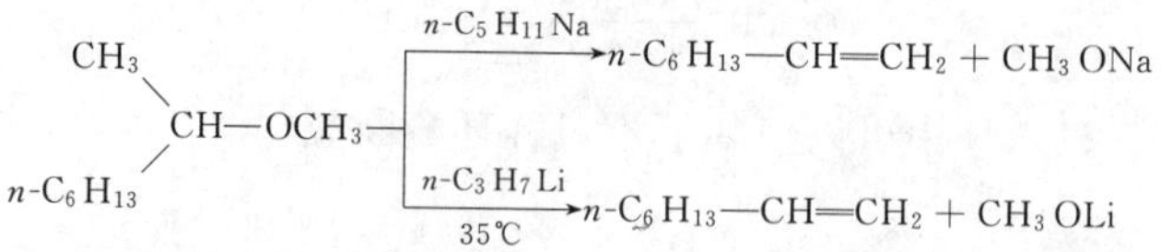

$$CH_3(n\text{-}C_6H_{13})CH-OCH_3 \xrightarrow{n\text{-}C_5H_{11}Na} n\text{-}C_6H_{13}-CH=CH_2 + CH_3ONa$$

$$CH_3(n\text{-}C_6H_{13})CH-OCH_3 \xrightarrow[35℃]{n\text{-}C_3H_7Li} n\text{-}C_6H_{13}-CH=CH_2 + CH_3OLi$$

二苯基膦锂可以断裂甲基芳基醚和苄基醚，其他的烷基芳基醚不受影响。

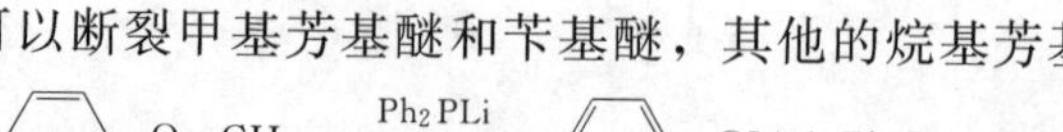

$$Ph-O-CH_3 \xrightarrow[YHF(87\%)]{Ph_2PLi} Ph-OLi + Ph_2P-CH_3$$

乙烯基醚可以由醛与α-烷氧基苯磷叶立德反应来制备，其与烷基锂反应可以生成炔烃。这是由醛合成增加一个碳原子的炔烃的方法。

$$RCHO \xrightarrow{Ph_3P=CHOR'} RCH=CHOR' \xrightarrow{R''Li} RC\equiv CH$$

例如由苯甲醛可以合成苯乙炔。

$$C_6H_5CHO + Ph_3P=CHO-C_6H_4-CH_3 \longrightarrow C_6H_5CH=CHO-C_6H_4-CH_3 \xrightarrow[(39\%)]{C_6H_5Li} C_6H_5C\equiv CH$$

氰化钠-二甲亚砜可以将芳基甲基醚断裂，分子中可以含有酰氨基、羰基、羧基等。医药、染料、农药杀螟腈、溴苯腈等的中间体对羟基苯甲酰胺（**7**）的合成如下：

$$H_2NC(=O)-C_6H_4-O-CH_3 \xrightarrow[165℃,24h]{NaCN,DMSO} H_2NC(=O)-C_6H_4-OH$$

（91%）　（**7**）

又如利胆药、解热镇痛药中间体对羟基苯乙酮的合成。

对羟基苯乙酮（4-Hydroxyacetophenone），$C_8H_8O_2$，136.15。白色粉末。mp 109～111℃。

制法　McCarthy J R，Moore J L，Gregge R J. Tetrahedron Lett，1978：5183.

$$CH_3C(=O)-C_6H_4-O-CH_3 \xrightarrow[165℃,24h]{NaCN,DMSO} CH_3C(=O)-C_6H_4-OH$$

（**2**）　（**1**）

于反应瓶中加入对甲氧基苯乙酮（**2**）30 mmol，氰化钠 7.5 g（150 mmol），二甲亚砜 40 mL，氮气保护，于 165℃搅拌反应 24 h。TLC 跟踪反应。反应结束后，冷却，倒入冰水中，用盐酸调至酸性（注意在通风橱中进行，有氰化氢放出）。乙酸乙酯提取，饱和盐水洗涤，无水硫酸钠干燥。减压浓缩，得化合物（**1**），收率 81%。

不过，上述方法很少使用，因为氰化钠是剧毒化合物。

乙硫醇钠于 DMF 中可以断裂芳基甲基醚，芳环上的溴、烯基等不受影响。分子中含有多个醚键时，可以选择性地断裂其中的一个。

$$3\text{-}CH_3C_6H_4-O-C_2H_5 \xrightarrow[DMF]{C_2H_5SNa} 3\text{-}CH_3C_6H_4-OH \quad (78\%)$$

$$3\text{-}CH_3O\text{-}5\text{-}CH_3C_6H_3-O-C_2H_5 \xrightarrow[DMF]{C_2H_5SNa} 3\text{-}CH_3O\text{-}5\text{-}CH_3C_6H_3-OH$$

硫代甲酚钠在含有六甲基磷酰三胺的甲苯中，可以断裂芳基甲基醚，特别适用于芳环邻、对位含有吸电子基团的甲基醚。该试剂可以与芳环、杂环上含有的卤素原子反应，因而不适用于环上含卤素的芳香甲基醚。

例如抗菌磺胺增效剂三甲氧基苄胺嘧啶（Rimethoprimum）中间体丁香醛

的合成。

丁香醛（Syringaldehyde，3，5-Dimethoxy-4-hydroxybenzaldehyde），$C_9H_{10}O_4$，182.18。mp 110～113℃。

制法　Hansson C，Wickberg B，Synthesis，1976：191.

$$\text{3,4,5-}(CH_3O)_3C_6H_2CHO\ (2) \xrightarrow[\text{HMPT}]{NaSC_6H_4CH_3\text{-}p} \text{4-HO-3,5-}(CH_3O)_2C_6H_2CHO\ (1)$$

于反应瓶中加入3,4,5-三甲氧基苯甲醛（**2**）9.8g（5.0mmol），对甲苯硫酚钠6.5mmol，金属钠干燥的甲苯15mL，氮气保护、加入六甲基磷酰三胺6.5mmol，室温搅拌反应，TLC跟踪反应。2h后加入二氯甲烷35mL，用10%的氢氧化钠水溶液提取（10mL×3）。合并水层，用二氯甲烷提取5次以除去六甲基磷酰三胺。用浓盐酸调至pH1，二氯甲烷提取。有机层水洗，无水硫酸钠干燥。过滤，浓缩，得结晶状（**1**）6.9g，收率90%。

β-卤代醚在碱的作用下发生消除，可以生成炔。

$$RCH(Cl)CH_2OR \xrightarrow{\text{碱}} RC{\equiv}CH$$

β-卤代环醚如2-氯甲基四氢呋喃或2-氯甲基四氢吡喃，在强碱如氨基钠作用下，可以得到用其他方法难以得到的炔醇类化合物，收率良好。例如4-戊炔醇的合成。

4-戊炔-1-醇（4-Pentyn-1-ol），C_5H_8O，84.12。无色液体。bp 70～71℃/3.86kPa。

制法　Jones E R H，Eglinton G，Whiting M C. Org Synth，1963，Coll Vol 4：755.

$$\text{2-(chloromethyl)tetrahydrofuran}\ (2) \xrightarrow[NH_4Cl]{NaNH_2,\ NH_3} HOCH_2CH_2CH_2C{\equiv}CH\ (1)$$

于安有搅拌器、温度计、回流冷凝器（安干燥管）的3L反应瓶中，加入液氨1L，1g水合硝酸铁，分批进入新鲜的金属钠80.5g（3.5mol），直至所有的钠转化为氨基钠。而后滴加2-氯甲基四氢呋喃（**2**）120.5g（1mol），25～30min加完。加完后继续搅拌反应1h。分批加入固体氯化铵177g（3.3mol），反应放热，注意加入速度，不要使反应过于剧烈。于通风橱中放置过夜使氨挥发。剩余物用乙醚提取10次。蒸出乙醚后分馏，控制回流比约5：1，收集70～71℃/3.86kPa的馏分，得化合物（**1**）63～71g，收率75%～85%。

又如如下反应：

环氧氯丙烷衍生物在氨基钾存在下可以发生消除反应生成炔丙基醇类化合物。

该反应中若使用光学活性的环氧氯丙烷，则反应后可以得到光学活性的炔丙醇衍生物［J S Yadav，Prawd K Deshpandc and V M Sharma. Tetrahedron，1990，46（20）：7033］。

$R^2 = n\text{-}C_8H_{17}$，收率71%

例如（3*R*）-1-十一炔-3-醇的合成。

(3*R*)-1-十一炔-3-醇［（3*R*）-1-Undecyn-3-ol］，$C_{11}H_{20}O$，168.28。无色液体。

制法 ① J S Yadav，Prawd K Deshpandc and V M Sharma. Tetrahedron，1990，46（20）：7033.

② D Cutllerm and G Ltnstrurnelle，Tetrahedron Lett，1986，27：5857.

向新制备的氨基锂（由0.154g金属锂和15mL液氨在－35℃制备）中，加入化合物（**2**）1.5g（7.35mmol）溶于3mL THF的溶液，搅拌反应1h。让氨慢慢挥发，加入固体氯化铵淬灭反应。加入适量水，乙醚提取。乙醚层水洗，无水硫酸钠干燥。过滤，浓缩，剩余物过硅胶柱纯化，2%的乙酸乙酯-石油醚洗脱，得化合物（**1**）0.99g，收率76%。$[\alpha]_D = -15.5°$（$C=2.3$，$CHCl_3$）。

β-苯硫基取代的醚类化合物类似于*β*-氯代醚，在碱的作用下可以生成*ω*-炔基-1-醇（Barajas L，Hernandez J E，Torres S. Synth Commun，1990，20：2733）。

式中：$n=0$，1；
$G=PhS, PhSO$；
$m=5\sim10$；
$R=C_2\sim C_7$直链烷基；
KAPA $KNHCH_2CH_2CH_2NH_2$；
APA $H_2NCH_2CH_2CH_2NH_2$

第三节 断裂醚键的其他试剂

还有很多试剂可以断裂醚键。

三甲基碘硅烷和一碘三氯硅烷，可以使醚键断裂（Bhatt M V，El-Morey S S. Synthesis，1982：1048）。

$$CH_3(CH_2)_5-CH(OCH_3)-CH_3 \xrightarrow{(CH_3)_3SiI} \underset{(90\%)}{CH_3(CH_2)_5-CH(OH)-CH_3} + \underset{(10\%)}{CH_3(CH_2)_5-CH(I)-CH_3}$$

$$C_6H_{11}-O-CH_3 \xrightarrow{Me_3SiI} \underset{(90\%)}{C_6H_{11}-OH} + \underset{(10\%)}{C_6H_{11}-I} \quad (CH_3I + CH_3OH)$$

$$C_6H_{11}-O-CH_3 \xrightarrow{Cl_3SiI} \underset{(100\%)}{C_6H_{11}-OH} + CH_3I$$

三甲基碘硅烷是断裂醚键的常用试剂。

$$R^1-O-R^2 \xrightarrow{Me_3SiI} R^1-OSiMe_3 + R^2I \longrightarrow R^1OH + Me_3Si-O-SiMe_3$$

三甲基碘硅烷已有商品化试剂。可以通过如下反应来制备。

$$Me_3SiCl + NaI \longrightarrow Me_3SiI + NaCl$$

$$3Me_3Si-O-SiMe_3 + 2Al + 3I_2 \longrightarrow 6Me_3SiI + Al_2O_3$$

$$Ph-SiMe_3 + I_2 \longrightarrow Me_3SiI + PhI$$

三甲基碘硅烷也可以断裂酯，但比断裂醚慢得多，因此，当分子中同时含有醚基和酯基时可选择性断裂醚键。在醚类化合物中，三苯甲基、苄基、叔丁基醚的断裂速度比其他烷基如甲基、乙基、异丙基、环己基等快得多，因此也可以进行选择性断裂醚键。分子中的三键、双键、酮基、氨基、芳环上的卤素原子等不受影响。该试剂最大的优点是可以断裂二烷基醚。

$$C_6H_{11}-O-Bu\text{-}t \xrightarrow[25℃,0.1h(100\%)]{Me_3SiI} C_6H_{11}-OSIMe_3$$

该试剂与三卤化硼相比，二者的断裂位置不同，得到的产物也不相同。例如：

$$(CH_3)(n\text{-}C_6H_{13})CH-OCH_3 \xrightarrow{Me_3SiI} (CH_3)(n\text{-}C_6H_{13})CH-O-SiMe_3 + CH_3I$$

$$(CH_3)(n\text{-}C_6H_{13})CH-OCH_3 \xrightarrow{BBr_3} (CH_3)(n\text{-}C_6H_{13})CH-Br + (CH_3O)_3B$$

在如下反应中，三甲基碘硅烷只断裂甲氧基，而不断裂亚甲基二氧基。

$$\text{3,4-亚甲二氧基苯甲醚}(-OCH_3) \xrightarrow[180℃\ (72\%)]{Me_3SiI,\ 喹啉} \text{3,4-亚甲二氧基苯酚}(-OH)$$

一碘三氯硅烷在中等条件下可以断裂各种结构的醚键，其反应活性与三甲基碘硅烷相当，但具有更强的区域选择性。

一碘三氯硅烷可以由四氯化硅与碘化钠原位产生，而且其效果优于三甲基碘硅烷。

四氯化硅与碘化钠在二氯甲烷-乙腈中反应可以生成一碘三氯硅烷。

$$SiCl_4 + NaI \xrightarrow{CH_2Cl_2\text{-}CH_3CN} Cl_3SiI + NaCl$$

例如苯基烯丙基醚用 $SiCl_4$-NaI 处理，可以生成苯酚和烯丙基碘。

苯酚（Phenol），C_6H_6O，94.11。mp 40.6℃。白色结晶，有特殊气味。

制法　Bhatt M V，El-Morey S S. Synthesis，1982：1048.

$$\underset{(\mathbf{2})}{C_6H_5OCH_2CH{=}CH_2} \xrightarrow[CH_2Cl_2,CH_3CN]{SiCl_4,NaI} \underset{(\mathbf{1})}{C_6H_5OH} + ICH_2CH{=}CH_2$$

于反应瓶中加入烯丙基苯基醚（**2**）2.68 g（20 mmol），碘化钠 3.3 g（22 mmol），二氯甲烷-乙腈 20 mL（1∶1），用注射器加入四氯化硅 2.5 mL（22 mmol），搅拌下回流反应 8 h。将反应物倒入 50 mL 水中，乙醚提取（50 mL×2）。合并乙醚层，用 10%的氢氧化钠水溶液提取，盐酸酸化。乙醚提取后，蒸出乙醚，蒸馏，得苯酚（**1**）1.56 g，收率 84%。

该方法可以用于芳基烯丙基醚的去烯丙基保护基。

与之类似的硅烷类试剂还有甲基一碘二氯硅烷、三甲基溴硅烷、烷硫基三甲基硅烷等，在断裂醚键方面也各具有不同的特点。

$$\text{(甲基醚，}OCH_3\text{)} + Me_3Si—SCH_3 \xrightarrow[40℃,\ 9h\ (97\%)]{ZnI_2,\ Bu_4NI} \text{(醇，}OH\text{)} + CH_3—S—CH_3$$

当然还有很多断裂醚键的方法，包括还原断裂、氧化断裂、光化学断裂等，不再赘述。表 4-1、表 4-2 列出了断裂醚键的各种试剂的适用范围和特点（Bhatt M V，Kulkarni S U. Synthesis. 1983：249），仅供参考。

表 4-1　醚键断裂试剂的适用范围和限制

试剂	断裂模式	断裂的醚类型	兼容基团	不兼容基团
HI	A、B	二烷基醚，烷基芳基醚	芳香卤化物、羰基	酯、缩醛、C═C、环丙基、醇、二醇、酮、对酸不稳定基团
HBr	同上	同上	同上	同上
HCl	同上	萘基、苄基、二苯甲基、三苯甲基	同上	酯基，缩醛，环丙基，二醇

续表

试剂	断裂模式	断裂的醚类型	兼容基团	不兼容基团
CF_3COOH	—	苄基	醚、酯、C═C、芳基烷基醚	缩醛、二醇
Py,HCl	A、B	二烷基醚,烷基芳基醚	C═C、酮	缩醛、二醇
$AlCl_3$	B	二烷基醚,烷基芳基醚	羧基、酮、醛、酯	
$AlBr_3$	B	同上	同上	同上
AlI_3	B	同上	芳基,羧基	酸醛、二醇、醇
$FeCl_3/Ac_2O$	C	二烷基醚	C═C、C≡C、酮、醛	同上
$MgCl_2/Ac_2O$	C	二烷基醚	同上	同上
BCl_3	R、B	二烷基醚,烷基芳基醚	同上	缩醛、二醇、C═C、醇
$C_6H_5BCl_2$	R、B	同上	同上	同上
BBr_3	B	同上	C═C、羰基、羧基、氰基、硝基、亚甲基二氧	缩醛、二醇
$BX_3.Me_2S$	B	同上	同上	同上
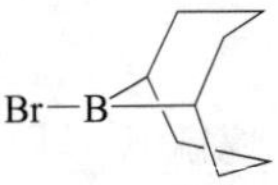 Br—B	B	同上	同上	同上
BBr_3/NaI/15-冠-5	A	同上	同上	同上
BI_3	B	同上	同上	同上
BF_3/Ac_2O	C	二烷基醚	芳香族卤化物、羧基	缩醛、醇等
MgI_2	B	邻接羰基的芳基烷基醚	芳基烷基醚、C═C、羰基、羧基	—
RMgX	—	二烷基醚、芳基烷基醚	—	羧基、羰基、醇
PCl_5	S	亚甲基二氧	芳基甲基醚	酸敏感基团、C═C、羟基、酮
Ph_3PBr_2	—	二烷基醚	—	羟基
PBr_3	—	二烷基醚、芳基烷基醚	—	醇、羧基
$(i\text{-}C_4H_9)_2AlH$	H	芳基烷基醚	羟基、C═C、C≡C	缩醛、酮
$(i\text{-}C_4H_9)_3Al$	H	同上	同上	同上
KOH(NaOH)	D	芳基烷基醚	羧基	—
ROK(RONa)	D	芳基烷基醚	—	—

续表

试剂	断裂模式	断裂的醚类型	兼容基团	不兼容基团
$NaNH_2$	D	芳基烷基醚	—	—
Na—N(哌啶基)	D	二烷基醚，芳基烷基醚	—	—
$Na—N(CH_3)(C_6H_5)$	D	同上	—	芳环上卤素、醛、氰基
$Na/NH_3(Li/NH_3)$	D	同上	孤立 C═C	—
RNa	E	同上	—	—
ArNa	E	同上	—	—
Ph_3SiLi	D	芳基甲基醚	—	—
Ph_3PLi	D	同上	C═C	—
Ph_2AsLi	D	同上	同上	—
NaCN/DMSO	D	同上	氰基、羧基、硫醚	—
NaSEt	D	芳基烷基	C═C、内酯、羧基	芳环卤素
NaS-$C_6H_4CH_3$-p	D	芳基甲基	C═C,酮,醛,羧基。内酯	芳环卤素
LiI	D	芳基甲基	同上	—
$NaSeCH_2Ph$	D	芳基甲基	亚甲基二氧	—
Me_3SiI	A,B	二烷基醚、芳基烷基醚	C═C，C≡C，酮	酯、缩醛、氨基甲酸酯、醇
Cl_3SiI	A,B	同上	同上	—
$MeCl_2SiI$	A,B	同上	同上	—
Me_3SiBr	A,B	同上	C═C，C≡C，酯	环氧化合物
Me_3SiSMe	A,B	同上	同上	—
$HSCH_2CH_2SH/BF_3$	—	苄基醚	芳基甲基醚、硫缩醛、C═C	—
$EtSH/BF_3$	—	—	—	—
$EtSH/AlX_3$		苄基醚、甲基醚	硫缩醛、C═C	—
CH_3COI	C	二烷基醚	—	—
CH_3OCHI_2/HI	C	二烷基醚	芳基烷基醚	—
$Li(t\text{-}BuO)_3AlH/Et_3B$	H	二烷基醚	芳基烷基醚	—
氢解	H	苄基、二苯甲基、三苯甲基醚	—	C═C，C—醇、羰基、醛、硝基、氰基

续表

试剂	断裂模式	断裂的醚类型	兼容基团	不兼容基团
$Ce(NH_4)_2(NO_3)_6$	O	苄基、邻和对二羟基苯的醚	—	—
Ag_2O	O	邻和对二羟基苯的醚	C=C	—
DDQ	O	苄基醚	环氧化合物、C=C、酮	—
$(p\text{-}BrC_6H_4)_3\overset{+}{N}HSbCl_6^-$	O	苄基醚、对甲氧基苄基醚	—	—

表 4-2 醚键断裂模式

醚键断裂模式	断裂特性	适用试剂
A	在含较少取代基的烃基取代，构型翻转	HI，HBr，碘化硅
B	在含较多取代基的烃基取代，构型翻转	BBr_3
C	手性中心完全消旋化	$FeCl_3/Ac_2O$，BCl_3
D	在碱性介质中涉及 C-O 键的亲核取代断裂	—
E	消除断裂	—
H	一个 C-O 键氢解的亲核取代	—
O	氧化断裂	—
R	C-O 键断裂导致碳正离子重排	—
S	在 α-碳原子的取代断裂	—

第五章 酚的消除

酚类化合物由于酚羟基氧原子上的未共电子对与芳环形成 p-π 共轭体系，所以酚羟基不容易失去。但在一定的条件下还是能够发生反应的。

和醇的双分子脱水成醚不同，两分子酚之间很难脱水成醚。但酚和醇在酸性条件下直接脱水，可以生成芳基脂肪基混合醚。酚分子中的羟基在一定的条件下也可以脱去。

第一节 脱水成醚

酚和醇在酸催化剂存在下加热，可以生成芳基脂肪基混合醚。例如急、慢性关节炎治疗药萘丁美酮（Nabumetone）中间体 6-溴-2-萘甲醚的合成（林原斌，刘展鹏，陈红飚.有机中间体的制备于合成.北京：科学出版社，2006：220）：

6-溴-2-萘酚（HO, Br） + CH_3OH $\xrightarrow[(70\%)]{H_2SO_4}$ 6-溴-2-萘甲醚（CH_3O, Br）

这类芳香脂肪混合醚，最常用的方法是 Willamson 合成法，即酚钠与卤代烃反应生成醚，有时也用酚与醇的反应来合成芳基脂肪基混合醚，但只适用于简单的甲醇、乙醇等。

又如 2-乙氧基萘的合成。2-乙氧基萘为抗生素乙氧萘青霉素钠（Sodium nafcillin）等的中间体，也用于香皂和化妆品香料，起增甜和增香剂的作用；也用作具有草莓、浆果、樱桃、咖啡、石榴、李子、草莓水果香味，以及红茶香味的香料。

2-乙氧基萘（2-Ethoxynaphthalene，Ethyl β-naphthyl ether），$C_{12}H_{12}O$，172.23。白色片状结晶。mp 37.5℃，bp 282℃。溶于乙醇、乙醚、氯仿、石油醚、苯，不溶于水。

制法 孙昌俊，曹晓冉，王秀菊.药物合成反应——理论与实践.北京：化学工业出版社，2007：220.

$$(2)\ \text{2-naphthol (OH)} + C_2H_5OH \xrightarrow{H_2SO_4} (1)\ \text{2-}OC_2H_5\text{-naphthalene} + H_2O$$

于安有搅拌器、回流冷凝器的反应瓶中，加入β-萘酚（**2**）144 g（1.0 mol），无水乙醇180 mL，搅拌下慢慢加入硫酸31 mL，加热回流10 h。冷后慢慢倒入5%的氢氧化钠水溶液1 L中，充分搅拌，析出灰白色结晶。抽滤，冷水洗至pH7.5，干燥后得2-乙氧基萘（**1**）163 g，收率95%，mp 35～37℃。粗品减压蒸馏，收集bp 138～140℃/1.66 kPa的馏分，可得精品2-乙氧基萘（**1**）。

当然，2-乙氧基萘也可由硫酸二乙酯或氯乙烷、溴乙烷与β-萘酚钠盐反应来制备。

微波技术在此类反应中也有应用。例如消炎镇痛药萘普生（Naproxen）、避孕药炔诺孕酮（Levonorgestrel）、避孕药米非可酮（Mifepristone）等的中间体2-萘甲醚的合成。反应中使用三氯化铁作催化剂，微波照射10 min，收率62%～72%。改变反应条件，收率还会进一步提高。

2-萘甲醚（Methyl 2-naphthyl ether），$C_{11}H_{10}O$，158.20。白色鳞片状结晶。mp 72℃，bp 274℃。微溶于醇，可溶于氯仿，几乎不溶于水。

制法 李吉海，刘金庭.基础化学实验（Ⅱ）——有机化学实验.北京：化学工业出版社，2007：178.

$$(2)\ \text{2-naphthol (OH)} + CH_3OH \xrightarrow[\text{微波}]{FeCl_3} (1)\ \text{2-}OCH_3\text{-naphthalene} + H_2O$$

将2-萘酚（**2**）0.70 g（5 mmol）与1.10 g无水甲醇加入聚四氟乙烯反应容器中，再加入三氯化铁0.15 g（0.55 mmol），密闭，充分摇动使反应物溶解，而后放入微波炉中，用280 W的微波辐射10 min。将反应器取出，冷至室温，打开反应器，加入水5 mL。用乙醚10 mL提取两次，乙醚层用10%的氢氧化钠溶液、水依次洗涤后，无水硫酸钠干燥，水浴蒸出乙醚，冷后析出黄色结晶。用5 mL无水乙醇重结晶，得白色鳞片状结晶2-萘甲醚（**1**）0.47～0.55 g，收率62%～72%。

不像醇类化合物脱水合成醚类化合物那样，酚类化合物不能脱水合成二芳基醚。二芳基醚通常是采用Ullmann反应来合成的（芳卤与酚钠反应）。但如下2，2′-联苯二酚在Nafion-H（一种强酸性固相催化剂）催化剂存在下于二甲苯中回流，可以生成二苯并呋喃，二苯并呋喃为医药、兽药中间体，也用作消毒剂、防腐剂等的原料。

二苯并呋喃（Dibenzofuran），$C_{12}H_8O$，168.19。无色棱状结晶。mp 83～

85℃，bp 285℃。溶于醇、醚、热苯，微溶于水。

制法　Yamato T，Heidshima C，Prakashi G K S，Olah G A. J Org Chem，1991，56：3192.

Nafion-H

OH HO

(2)　　(1)

于安有磁力搅拌器、回流冷凝器的反应瓶中，加入 2,2′-二羟基联苯（**2**）500 mg，250 mg（50%）的 Nafion-H 树脂，5 mL 二甲苯，搅拌下回流反应 12 h。滤出催化剂，滤液减压浓缩，剩余物用甲醇重结晶，得棱状结晶（**1**），mp 83～85℃。

反应中使用的 Nafion-H 树脂为一种全氟磺酸树脂。商品常为钾型。使用时用无离子水煮沸 2 h 后，以 20%～25%的硝酸处理（连续处理 4～5 次，每次 4～5 h），水洗至中性，于 105℃真空干燥至少 24 h。

虽然上述反应可以生成二苯并呋喃类化合物，但起始原料来源有限，二苯并呋喃衍生物大都采用其他方法来合成。例如 2-氨基二苯醚的重氮化关环等。

1.$NaNO_2$, H_2SO_4
2.H_2SO_4, Na_2SO_4

NH_2　Y　O　Y

Y = Cl, Br, Me, MeO等

第二节　酚类化合物的还原脱羟基反应

羟基是酚类化合物的官能团。酚的羟基在一定的条件下可以除去，实际上也可以看做是消除反应。

酚羟基的消除可以分为直接还原法和间接还原法。

一、酚羟基的直接还原

酚类化合物的催化氢化不能脱去羟基，而是芳环被还原的产物，例如苯酚在镍催化剂存在下氢化还原生成环己醇。

酚类化合物与锌粉或四氢铝锂一起蒸馏，可以将羟基氢解生成相应烃类的化合物和水，但由于需要较高的反应温度，而且芳环上的其他取代基会受到影响，因而该方法的应用受到限制，而且该方法的收率并不高。

$LiAlH_4$, THF

(25%)

HO

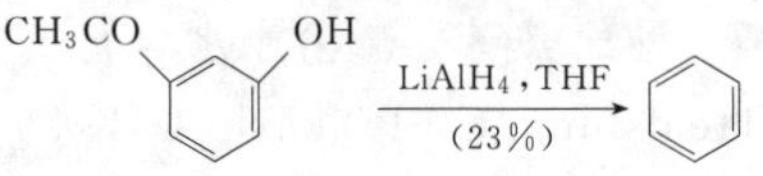

CH_3CO OH $\xrightarrow[(23\%)]{LiAlH_4, THF}$

α-萘酚或9-羟基菲，与57%的氢碘酸一起回流，可以将羟基脱去生成萘和菲，收率分别为52%和96%。不过这种方法在有机合成中的应用并不多见。

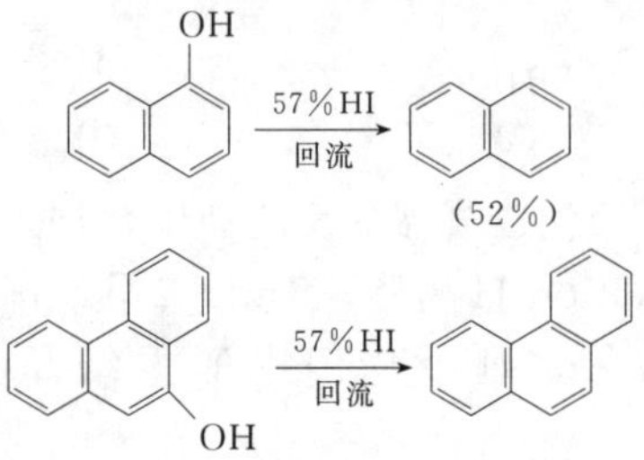

OH $\xrightarrow[回流]{57\% HI}$ (52%)

$\xrightarrow[回流]{57\% HI}$ OH (96%)

二、酚羟基的间接还原

酚羟基的间接还原主要是将酚转化为相应的衍生物，而后进行还原。

(1) 酚类转化为酚醚而后还原　将酚转化为四氮唑基酚醚，而后在Pd-C催化剂存在下氢解脱羟基，可以生成芳烃。

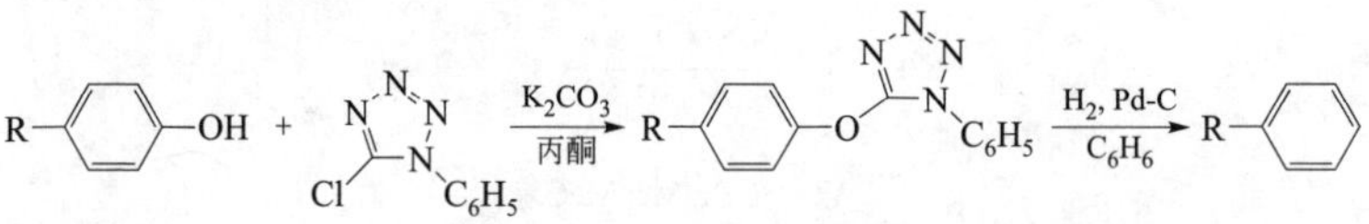

R—OH + Cl, N, N, N, N, C_6H_5 $\xrightarrow[丙酮]{K_2CO_3}$ R—O—(N, N, N, N, C_6H_5) $\xrightarrow[C_6H_6]{H_2, Pd\text{-}C}$ R—

这是一种温和、有效、方便而且适用范围较广的方法，可以用于芳环上含有取代基的酚类化合物的还原。当芳环上含有烷基、烷氧基、芳基、氨基、羧基时，都能以高收率得到所希望的产物。但当芳环上含有卤素原子时，可能造成C-卤键的氢解。例如对氯苯酚采用此方法还原时，在氢解一步反应中，氯被氢取代生成了苯。

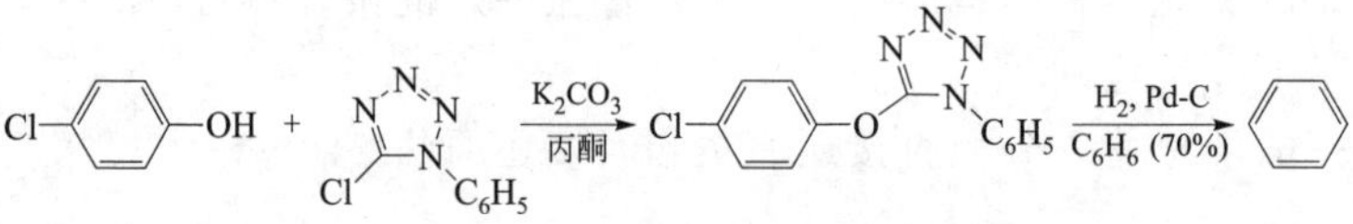

Cl—OH + Cl, N, N, N, N, C_6H_5 $\xrightarrow[丙酮]{K_2CO_3}$ Cl—O—(N, N, N, N, C_6H_5) $\xrightarrow[C_6H_6 (70\%)]{H_2, Pd\text{-}C}$

氢解反应可以在苯、乙醇等溶剂中，于略高于室温的条件下进行。

例如抗真菌药联苯苄唑（Bifonazole）中间体联苯的合成。

联苯（Biphenyl），$C_{12}H_{10}$，154.21。白色固体。mp 68～70℃。

制法　Musliner W J, Gates J W. Org Synth, 1988, Coll Vol 6: 150.

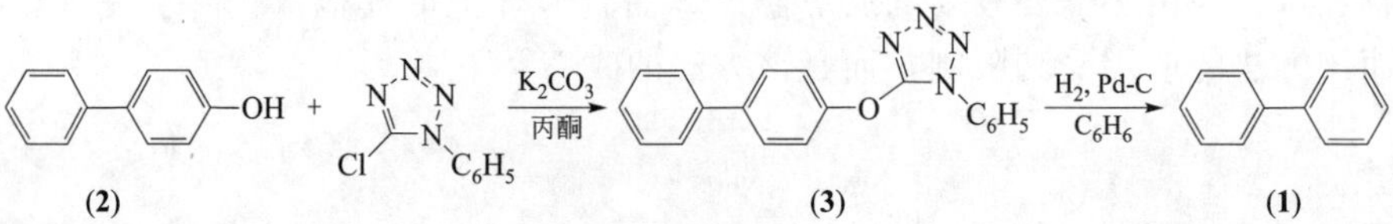

—OH (2) + Cl, N, N, N, N, C_6H_5 $\xrightarrow[丙酮]{K_2CO_3}$ —O—(N, N, N, N, C_6H_5) (3) $\xrightarrow[C_6H_6]{H_2, Pd\text{-}C}$ (1)

4-(1-苯基-5-四唑氧基) 联苯 (**3**)：于安有磁力搅拌器、回流冷凝器的反应瓶中，加入 4-苯基苯酚 (**2**) 17 g (0.1 mol)，1-苯基-5-氯四唑 18.1 g (0.1 mol)，无水碳酸钾 27.6 g (0.2 mol)，丙酮 250 mL。搅拌加热回流反应 18 h，加入 250 mL 水，生成清亮的溶液。冰浴中冷却，1 h 后过滤析出固体。空气中干燥，得粗品化合物 (**3**) 32～33 g，mp 151～153℃。将其溶于 250 mL 热的乙酸乙酯中，过滤，冰浴中冷却，得白色结晶 (**3**) 25 g，mp 150～153℃。母液浓缩，可以得到 2～3 g 产品，总收率 86%～89%。

联苯 (**1**)：于氢化反应釜中加入化合物 (**3**) 10.0 g (0.032 mol)，200 mL 苯，2 g 5%的 Pd-C 催化剂，于 35～40℃、氢气压力 0.3 MPa 氢化反应 8 h。过滤，滤饼用热乙醇洗涤 3 次。合并滤液和洗涤液，旋转浓缩 (60℃)。将得到的固体溶于 100 mL 苯中，用 100 mL 10%的氢氧化钠溶液洗涤。分出有机层，水层用苯提取。合并有机层，水洗，无水硫酸镁干燥。过滤，减压蒸出溶剂，得白色固体 (**1**) 4.0～4.7 g，收率 82%～96%，mp 68～70℃。

酚类脱羟基的其他方法，还有与锌粉一起蒸馏以及用金属钠和液氨使酚醚断裂等，但前者一般不大使用，后者也缺乏普遍性，而且反应结果也往往难以预料。在合成中应用很少。

酚与 2,4-二硝基氟苯反应生成相应的芳基醚，硝基还原为氨基后，在液氨中用金属钠还原，可以使醚键断裂生成芳烃。

$$ArOH + F\text{-}C_6H_3(NO_2)_2\text{-}2,4 \longrightarrow ArO\text{-}C_6H_3(NO_2)_2\text{-}2,4 \longrightarrow ArO\text{-}C_6H_3(NH_2)(H_2N) \xrightarrow[NH_3]{Na} Ar\text{—}H$$

(2) 将酚转化为 *O*-芳基异脲而后还原　将酚与 DCC 反应生成 *O*-芳基异脲，而后催化氢解，可以使醚键断裂生成芳烃。

$$Ar\text{—}OH \xrightarrow{C_6H_{11}N{=}C{=}NC_6H_{11}} ArO\text{—}C(NHC_6H_{11}){=}NC_6H_{11} \xrightarrow{H_2,5\%Pd\text{-}C} Ar\text{—}H$$

除了 DCC 外，也可以使用其他碳二亚胺类化合物。

$$2\text{-}CH_3OC_6H_4OH \xrightarrow[(72\%)]{C_6H_{11}N{=}C{=}NC_6H_{11}} 2\text{-}CH_3OC_6H_4O\text{—}C(NHC_6H_{11}){=}NC_6H_{11} \xrightarrow[(91\%)]{H_2,5\%Pd\text{-}C} C_6H_5OCH_3$$

(3) 转化为酯而后还原　将酚类化合物与二烷氧基磷酰氯反应制成磷酸酯，而后用 $TiCl_3$ 和金属钾处理，可以将酚的羟基脱去，生成相应的烃类化合物。

$$\left.\begin{array}{r}3Ar\text{—}OH + 3(C_2H_5O)_2POCl \xrightarrow{NaH} 3(C_2H_5O)_2POOAr \\ 6K + 2TiCl_3 \longrightarrow 2Ti\end{array}\right\} \longrightarrow 3Ar\text{—}H$$

例如药物、除草剂、杀菌剂、香料等的中间体对甲基异丙苯的合成。

对甲基异丙苯 (4-Methylisopropylbenzene，*p*-Cymene)，$C_{10}H_{14}$，134.22。

无色液体。bp 175～177℃。

制法　Welch S C，Walters M E. J Org Chem，1978，43（25）：4797.

$(CH_3)_2CH$　OH　CH_3　(2)　$+ (C_2H_5O)_2POCl \xrightarrow[THF]{NaH}$　$(CH_3)_2CH$　$OP(=O)(OC_2H_5)_2$　CH_3　(3)

$\xrightarrow[THF]{TiCl_3, K}$　$(CH_3)_2CH$　CH_3　(1)

磷酸2-甲基-5-异丙基苯基二乙基酯（**3**）：于安有搅拌器、回流冷凝器的反应瓶中，加入50%的NaH 0.525g（11.0mmol，用THF洗涤三次），THF 5mL，氮气保护，加入2-甲基-5-异丙基苯酚（**2**）1.50 g（10.0 mmol），搅拌反应30min。加入二乙氧基磷酰氯1.74g（10.0mmol），继续搅拌反应22h。用100 mL乙醚稀释，用10%的氢氧化钠溶液洗涤（30mL×3），乙醚层用无水硫酸镁干燥。过滤，蒸出溶剂，得油状化合物（**3**）2.981g。过硅胶柱纯化，得无色液体2.802g，收率98%。

对甲基异丙苯（**1**）：于安有磁力搅拌器、回流冷凝器的反应瓶中，通入氩气，加入无水 $TiCl_3$ 0.467g（3.03mmol），THF 20mL，再加入切成小片的金属钾0.359g（9.21mmol），搅拌回流1h，直至金属钾反应完全。加入上述化合物（**3**）1.264g（4.42mmol），继续搅拌回流8h。冷至5℃，慢慢加入2mL甲醇淬灭反应。用硅藻土-硅胶（4∶1）过滤，浓缩，蒸馏，得化合物（**1**）0.55g，收率93%，bp 175～177℃。

第六章　羧酸的消除反应

羧酸的消除反应包括羧酸分子内脱水生成烯酮、分子间脱水生成酸酐和羧酸的脱羧反应。另外，一些取代的羧酸也可以发生消除反应生成相应的化合物。这些反应在药物及其中间体的合成中应用非常广泛。例如降血脂药依替米贝（Ezetimibe）中间体环戊二酸酐（**1**）的合成。

$$HOOC(CH_2)_3COOH + (CH_3CO)_2O \xrightarrow[(80\%)]{} \text{(1)} + CH_3COOH$$

又如消炎镇痛药佐美酸钠（Zomepirac Sodium）中间体（**2**）的合成：

$$\text{Cl}-C_6H_4-\text{CO-(1-}CH_3\text{-3-}CH_3\text{-4-COOH-pyrrol-2-yl)}-CH_2COOC_2H_5 \xrightarrow{210℃, N_2} \text{Cl}-C_6H_4-\text{CO-(1-}CH_3\text{-3-}CH_3\text{-pyrrol-2-yl)}-CH_2COOC_2H_5 \ \text{(2)}$$

第一节　羧酸分子内脱水生成烯酮

具有 α-H 的羧酸加热分子内脱水生成烯酮：

$$-\underset{H}{\overset{|}{C}}-\underset{OH}{C}=O \xrightarrow{\triangle} -\overset{|}{C}=C=O + H_2O$$

烯酮可以看做是羧酸分子内脱水的产物，因此也可以看做是分子内的酸酐。最简单的烯酮是醋酸加热脱水生成的乙烯酮（$CH_2=C=O$），其为有毒的气体，bp −48℃。

乙酸在 700℃高温分解生成乙烯酮，也可以由丙酮于 700℃加热分解来制备。

$$CH_3COOH \xrightarrow{Et_3PO, 700℃} CH_2=C=O$$

$$CH_3COCH_3 \xrightarrow{700℃} CH_2=C=O + CH_4$$

α-溴代乙酰溴在锌粉存在下脱溴，也可以生成乙烯酮类化合物。

$$RCH(Br)-COBr \xrightarrow[Et_2O]{Zn} (R)(H)C=C=O$$

羧酸用某些试剂处理，如 TsCl、DCC、1-甲基-2-氯吡啶鎓碘化物（Mukaiyama 试剂）等，也可以生成烯酮。例如（Brady W T，Marchand A P，Giang Y F，Wu A H. Synthesis，1987：395）：

TsCl, Et_3N / C_6H_6；Et_3N；(78%)

上述反应原位产生乙烯酮衍生物，接着发生［2+2］环加成，最终生成产物2-苯基苯并呋喃。

又如如下反应：

TsCl, Et_3N / C_6H_6；Et_3N；(83%)

具有α-H 的羧酸用脱水剂 DCC，在三乙胺存在下于乙醚中脱水，可以生成烯酮类化合物，收率中等偏上，操作很方便（Olah G A，WU A H，Faroog O. Synthesis，1989：568）。

$$(R^1)(R^2)CH-COOH \xrightarrow[Et_2O, 0℃]{DCC, Et_3N} (R^1)(R^2)C=C=O$$

反应过程如下：

$$R^1CH_2C(=O)-OH \xrightarrow{DCC} R^1CH_2C(=O)-O-C(NHC_6H_{11})=N-C_6H_{11} \xrightarrow[-HB]{B^-} R^1-\bar{C}H-C(=O)-O-C(NHC_6H_{11})=N-C_6H_{11}$$

$$\longrightarrow (R^1)(H)C=C=O + C_6H_{11}NHC(=O)NHC_6H_{11}$$

有机合成中间体二叔丁基乙烯酮的合成如下。

二叔丁基乙烯酮（Di-*ter*-Butylketene），$C_{10}H_{18}O$，154.25。浅黄色液体。

制法　Olah G A，WU A H，Faroog O. Synthesis，1989：568.

$$\underset{(2)}{(t\text{-}Bu)_2CH-COOH} \xrightarrow[Et_2O, 0℃]{DCC, Et_3N} \underset{(1)}{(t\text{-}Bu)_2C=C=O}$$

于反应瓶中加入干燥的乙醚200mL，DCC 20.6g（0.1mol），氮气保护，加入催化量的三乙胺0.1g，冷至0℃。慢慢滴加二叔丁基乙酸（**2**）17.2g（0.1mol）溶于100mL无水乙醚的溶液，约4h加完。而后室温搅拌反应2h。减压浓缩，剩余物减压蒸馏，得浅黄色液体（**1**）10.8g，收率70%。

在烯酮分子中，一般规定，与氧相连的碳原子为C_α，与C_α相连的碳原子为C_β。分子轨道理论计算表明，烯酮结构中电荷密度分布为：正电荷中心位于C_α，而负电荷则分布在C_β和氧原子上。因此，烯酮的亲核加成发生在C_α上，可用于氮和氧原子上的酰基化。

$$CH_2{=}C{=}O \xrightarrow{H-OH} \left[CH_2{=}C(OH){-}OH\right] \underset{}{\overset{互变异构}{\rightleftharpoons}} CH_3COOH$$

$$CH_2{=}C{=}O \xrightarrow{H-OR} \left[CH_2{=}C(OH){-}OR\right] \overset{互变异构}{\rightleftharpoons} CH_3COOR$$

$$CH_2{=}C{=}O \xrightarrow{H-NHR} \left[CH_2{=}C(OH){-}NHR\right] \overset{互变异构}{\rightleftharpoons} CH_3CONHR$$

$$CH_2{=}C{=}O \xrightarrow{H-OCOR} \left[CH_2{=}C(OH){-}OCOR\right] \overset{互变异构}{\rightleftharpoons} CH_3COOCOR$$

某些醛、酮的互变异构体烯醇，与乙烯酮反应生成烯醇酯。例如：

$$CH_3COCH_3 \rightleftharpoons CH_3C(OH){=}CH_2 \xrightarrow[(93\%)]{CH_2{=}C{=}O} CH_3COOC(CH_3){=}CH_2$$

上述反应生成的乙酸异丙烯酯（IPA）是一种很好的乙酰化试剂。例如：

$$\text{(Ph, HO-取代吲哚里西啶)} + CH_3COOC(CH_3){=}CH_2 \xrightarrow{TsOH} \text{(Ph, }CH_3COO\text{-取代吲哚里西啶)}$$

分子中同时含有羟基和氨基时，由于氨基比羟基活泼，用乙烯酮有时可以进行选择性酰基化反应，反应发生在氨基上。例如：

$$CH_3\text{-呋喃-}CH_2NHCH_2CH_2OH \xrightarrow[0\sim4℃]{CH_2{=}C{=}O} CH_3\text{-呋喃-}CH_2N(COCH_3)CH_2CH_2OH$$

乙烯酮与Grignard试剂反应生成酮。

$$CH_2{=}C{=}O \xrightarrow{RMgX} CH_2{=}C(OMgX){-}R \xrightarrow{H_2O} \left[CH_2{=}C(OH){-}R\right] \overset{互变异构}{\rightleftharpoons} CH_3COR$$

乙烯酮发生光分解反应，生成活性很高的亚甲基卡宾。

$$CH_2{=}C{=}O \xrightarrow{h\nu} :CH_2 + CO$$

乙烯酮与甲醛反应可以生成β-丙内酯。

$$CH_2{=}C{=}O + CH_2{=}O \xrightarrow[或AlCl_3]{ZnCl_2} \beta\text{-丙内酯}$$

β-丙内酯 bp 162℃，是一种性质活泼的有机合成中间体，可以与一系列试剂发生反应，一般在中性或弱碱性介质中进行，经 S_N2 反应，发生烷氧键断裂，生成 β-取代的羧酸。

$$\beta\text{-丙内酯} \xrightarrow{NaSH,\ H_2O} HSCH_2CH_2COOH$$
$$\xrightarrow{NH_3,\ MeCN} H_2NCH_2CH_2COOH$$
$$\xrightarrow{ROH} ROCH_2CH_2COOH$$
$$\xrightarrow{HCl,\ NaCl,\ H_2O} ClCH_2CH_2COOH$$

烷氧键断裂

β-丙内酯若反应在强碱或酸性条件下进行，则经过加成-消除机理，进行酰氧键断裂开环，生成 β-取代的羧酸衍生物。例如：

$$\beta\text{-丙内酯} + {}^{-}OCH_3 \rightleftharpoons \text{(四面体中间体，}CH_3O,\ O^-) \longrightarrow HOCH_2CH_2COOCH_3$$

酰氧键断裂

乙烯酮容易发生二聚生成双乙烯酮。双乙烯酮可以看做是取代的 β-丙内酯，加热又分解为乙烯酮，因此，双乙烯酮是乙烯酮的一种保存形式。

$$2\ CH_2{=}C{=}O \rightleftharpoons \text{双乙烯酮}$$

双乙烯酮

双乙烯酮为无色液体，熔点 −7.5℃，沸点 127.4℃，有刺激气味。双乙烯酮性质活泼，与醇、酚反应生成乙酰乙酸酯，与氨或胺反应生成乙酰基乙酰胺。

$$\text{双乙烯酮} + ROH \longrightarrow \text{(中间体，}\overset{+}{R}OH,\ O^-) \longrightarrow CH_3COCH_2COOR$$

$$\text{双乙烯酮} + RNH_2 \longrightarrow CH_3COCH_2CONHR$$

双乙烯酮用臭氧处理可以生成丙二酸酐。

$$\text{双乙烯酮} \xrightarrow{O_3} \text{丙二酸酐}$$

双乙烯酮与气体卤化氢反应可以生成乙酰乙酰卤。

$$\text{双乙烯酮} \xrightarrow{HX(g)} CH_3COCH_2COX$$

$X = F,\ Cl$

双乙烯酮在医药行业应用十分广泛。可以与一分子或两分子氯气反应生成相应氯代化合物。

$$CH_2{=}\text{(双乙烯酮)} \xrightarrow[<0℃]{Cl_2} ClCH_2COCH_2COCl \xrightarrow[(90\%)]{EtOH} ClCH_2COCH_2CO_2Et$$

$$ClCH_2COCH_2COCl \xrightarrow{H_2O} ClCH_2COCH_2COOH \xrightarrow[(70\%)]{\triangle} ClCH_2COCH_3$$

$$CH_2{=}\text{(双乙烯酮)} \xrightarrow{2Cl_2} ClCH_2COCHClCOCl \xrightarrow{H_2O} ClCH_2COCHClCOOH \xrightarrow[(77\%)]{\triangle} ClCH_2COCH_2Cl$$

上述反应产物中多种属于药物合成中间体。抗生素类药物盐酸头孢替安酯(Cefotiam hexetil hydrochloride) 中间体 (**3**) 的合成如下 (陈仲强，陈虹. 有机药物的制备与合成. 北京：化学工业出版社，2007：7)。

$$\text{双乙烯酮} \xrightarrow[2.\ 7\text{-}ACA,\ Et_3N,\ CH_2Cl_2]{1.\ Cl_2,\ CCl_4} \mathbf{(3)}$$

上述反应中是双乙烯酮首先与氯反应生成 4-氯乙酰乙酰氯，后者再与 7-ACA 反应生成化合物 (**3**)。

双乙烯酮与乙醇反应生成乙酰乙酸乙酯 (**4**)，是合成新抗凝 (Acenocoumarol)、广谱抗菌药地喹氯铵 (Dequalinium chloride) 等的中间体。

$$\text{双乙烯酮} + C_2H_5OH \longrightarrow CH_3COCH_2CO_2C_2H_5 \quad \mathbf{(4)}$$

又如头孢类抗生素中间体乙酰乙酸叔丁酯的合成。

乙酰乙酸叔丁酯 (*tert*-Butyl acetoacetate)，$C_8H_{14}O_3$，158.20。无色液体，气味舒适。bp 190℃。

制法　王荣耕，赵有贵. 精细化工原料及中间体，2006，1：30.

$$\underset{\mathbf{(2)}}{\text{双乙烯酮}} + (CH_3)_3COH \xrightarrow{DMAP} \underset{\mathbf{(1)}}{CH_3COCH_2CO_2C(CH_3)_3}$$

于反应瓶中加入叔丁醇 74.1 g (1.0 mol)，DMAP 0.61 g，于 50～60℃滴加双乙烯酮 (**2**) 84.1 g (1.0 mol)，约 1 h 加完。加完后继续搅拌反应 1 h。减压蒸馏，得油状液体 (**1**)，收率 98.6%。

双乙烯酮与 Schiff 碱反应很容易合成四元环 β-内酰胺类化合物，在抗生素类药物研究中具有重要意义。一般认为是双乙烯酮首先在催化剂作用下生成乙酰基乙烯酮，后者与 Schiff 碱的 C=N 双键发生 [2+2] 环加成，得到 3-乙酰基-2-氮杂环丁酮衍生物 (β-内酰胺类化合物)。

$$CH_2{=}\text{(oxetan-2-one)} + CH_3O_2C{-}CH{=}N{-}C_6H_4{-}OCH_3 \longrightarrow \text{(H, }CO_2CH_3\text{; H, }CH_3CO\text{)-azetidin-2-one-N-}C_6H_4{-}OCH_3$$

对于β-取代的烯酮，不同电子效应的取代基对C_β原子的电荷密度影响较大，并进而影响烯酮的稳定性和反应活性。取代基的电负性越大，烯酮越不稳定，反之越稳定。

羧酸热解脱水，可以生成烯酮。类似的，酰胺用P_2O_5、吡啶和Al_2O_3脱水，生成与烯酮结构类似的烯酮亚胺。

$$R_2CH{-}C(=O){-}NH{-}R' \xrightarrow[\text{Py}]{P_2O_5,\ Al_2O_3} R_2C{=}C{=}N{-}R'$$

这类反应同样在有机合成中具有重要用途。

第二节 羧酸的分子间脱水

除了甲酸外，羧酸几乎都可以分子间脱水生成酸酐。

酸酐有单酸酐和混合酸酐之分。只由一种羧酸生成的酸酐为单酸酐，由两种不同的羧酸生成的酸酐为混合酸酐。混合酸酐加热时一般倾向于歧化为两个单酐。有些二元羧酸可以生成环状的酸酐。

芳香族羧酸酐的数量不多。芳香族邻二羧酸加热时容易生成内酐，例如邻苯二甲酸加热至一定温度可失去一分子水而生成邻苯二甲酸酐。一元芳香族羧酸或邻位二元羧酸也可用醋酸酐进行脱水生成酸酐。

常用的脱水剂为五氧化二磷、乙酸酐等。

三氟乙酸在P_2O_5作用下分子间脱水生成三氟醋酸酐。

$$2F_3CCOOH \xrightarrow[\triangle]{P_2O_5} (F_3CCO)_2O + H_2O$$

醋酸酐可以使羧酸分子间脱水生成酸酐，例如己酸酐的合成。

$$2CH_3(CH_2)_4COOH + (CH_3CO)_2O \longrightarrow [CH_3(CH_2)_4CO]_2O + 2CH_3COOH$$

苯甲酸酐也可以用醋酸酐与苯甲酸反应来合成。

$$2C_6H_5COOH + (CH_3CO)_2O \underset{\triangle}{\overset{H_3PO_4}{\rightleftharpoons}} C_6H_5\overset{\overset{O}{\|}}{C}{-}O{-}\overset{\overset{O}{\|}}{C}C_6H_5 + CH_3COOH$$

乙烯酮属于醋酸的内酐，可以与羧酸反应生成酸酐。这是制备混合酸酐的重要方法。但乙烯酮难以制备，更适用于工业上制备酸酐。

$$RCOOH + CH_2{=}C{=}O \longrightarrow RC(=O){-}O{-}C(=O)CH_3$$

若将生成的混合酸酐与羧酸一起慢慢升温精馏，可生成酸酐。

$$RC(=O){-}O{-}C(=O)CH_3 + RCOOH \longrightarrow RC(=O){-}O{-}C(=O)R + CH_3COOH$$

$$2CH_3(CH_2)_4COOH + CH_2{=}C{=}O \xrightarrow[(84\%)]{} (CH_3CH_2CH_2CH_2CH_2CO)_2O + CH_3COOH$$

某些二元羧酸，在脱水剂存在下或直接加热，可生成环状酸酐。例如丁二酸脱水生成丁二酸酐，其为抗菌药琥珀单酰诺氟沙星（Norfloxacin succinil）、维生素 A 和磺胺药、哒嗪酮类药物等的中间体。

丁二酸酐（Succinic anhydride），$C_4H_4O_3$，100.07。无色斜方形棱状结晶。mp 119.6℃，bp 261℃。溶于醇、氯仿、四氯化碳，微溶于乙醚和水。于 115℃/0.67 kPa 升华。

制法

方法 1　Furniss B S，Hannaford A J，Rogers V，et al. Vogel's Textbook of Practical Chemistry. Longman London and New York. Fourth edition，1978：500.

$$\begin{matrix}CH_2COOH\\ |\\ CH_2COOH\end{matrix} + (CH_3CO)_2O \longrightarrow \text{丁二酸酐} + CH_3COOH$$

(2)　　　　　　　　(1)

于安有搅拌器、回流冷凝器的 500 mL 反应瓶中，加入丁二酸（**2**）59 g（0.5 mol），醋酸酐 102 g（94.5 mL，1 mol），搅拌下热回流，直至生成透明液（约 1 h），继续回流反应 1 h。除去热源，停止搅拌，慢慢冷却，析出固体，最后冰浴中冷却。抽滤，用 40 mL 无水乙醚洗涤，真空干燥，得 45 g 丁二酸酐（**1**），收率 90%，mp 119～120℃。

方法 2　① 段行信. 实用精细有机合成手册. 北京：化学工业出版社，2000：122. ② 孙昌俊，曹晓冉，孙风云. 药物合成反应——理论与实践. 北京：化学工业出版社，2007：358.

$$\begin{matrix}CH_2COOH\\ |\\ CH_2COOH\end{matrix} + POCl_3 \longrightarrow \text{丁二酸酐} + H_3PO_3 + 3HCl$$

(2)　　　　　　　　(1)

于安有搅拌器、回流冷凝器的反应瓶中，加入丁二酸（**2**）118 g（1.0 mol），三氯氧磷 80 g（0.5 mol），慢慢加热，反应中有大量氯化氢气体生成，注意吸收。加热反应至基本无氯化氢逸出为止。水泵减压蒸出氯化氢，加入乙酸酐，加热溶解。冷后析出结晶。抽滤，无水乙醚洗涤，干燥，得丁二酸酐（**1**）89 g，收率 90%。

又如抗神经痛和癫痫辅助药物普瑞巴林的中间体 3-(氨甲酰甲基)-5-甲基己酸的合成［杨健，黄燕. 高校化学工程学报，2009，23（5）：825］。

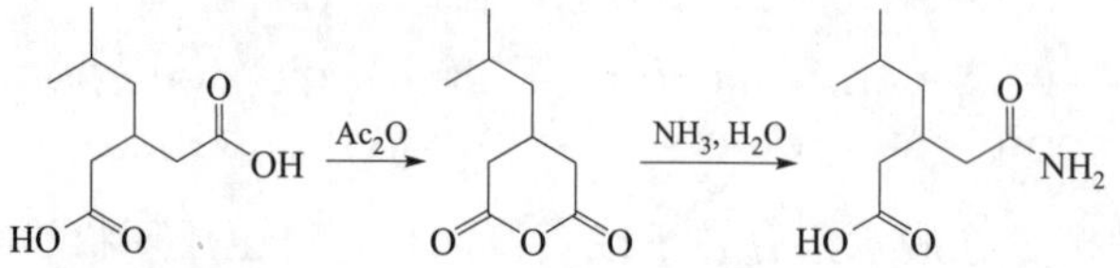

$$(CH_3)_2CHCH_2CH(CH_2COOH)_2 \xrightarrow{Ac_2O} \text{3-异丁基戊二酸酐} \xrightarrow{NH_3,\ H_2O} (CH_3)_2CHCH_2CH(CH_2COOH)CH_2CONH_2$$

3-甲基戊二酸酐的合成：

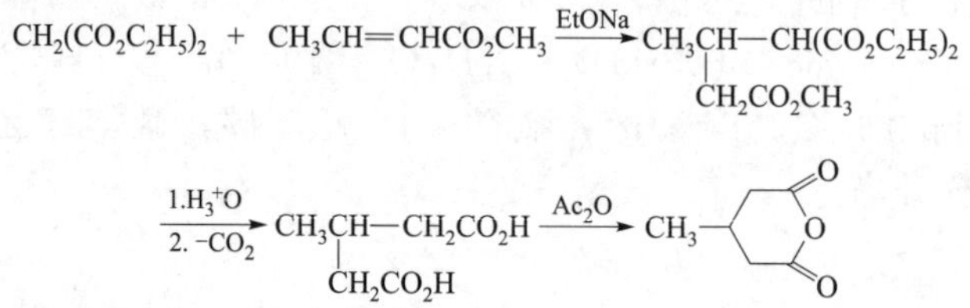

$$CH_2(CO_2C_2H_5)_2 + CH_3CH{=}CHCO_2CH_3 \xrightarrow{EtONa} CH_3CH(CH_2CO_2CH_3){-}CH(CO_2C_2H_5)_2$$

$$\xrightarrow[2.\ -CO_2]{1.\ H_3^+O} CH_3CH(CH_2CO_2H){-}CH_2CO_2H \xrightarrow{Ac_2O} CH_3{-}(\text{3-甲基戊二酸酐})$$

戊二酸酐是降血脂药依替米贝（Ezetimibe）的合成中间体，合成方法如下。

戊二酸酐（Glutaric anhydride），$C_5H_6O_3$，114.10。白色针状结晶。mp 55～56℃，bp 287℃，150℃/1.33kPa。溶于乙醚、乙醇、THF，吸水后生成戊二酸。

制法　Villemin Didier，et al. Synth Commun，1993，23（4）：419.

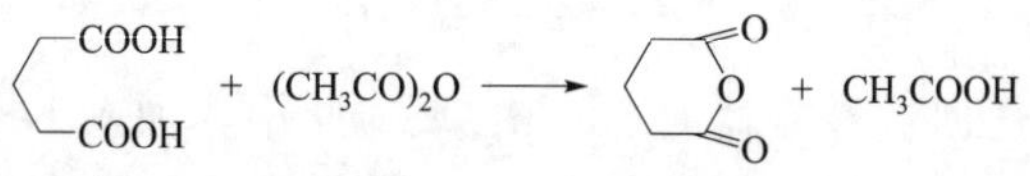

$$HOOC(CH_2)_3COOH\ \mathbf{(2)} + (CH_3CO)_2O \longrightarrow \mathbf{(1)} + CH_3COOH$$

于安有搅拌器、回流冷凝器的 500mL 反应瓶中，加入戊二酸（**2**）65g（0.5mol），醋酸酐 102g（94.5mL，1.0mol），搅拌下加入回流，直至生成透明液（约 1h），继续回流反应 1h。慢慢冷却，析出固体，最后冰浴中冷却。抽滤，用 40mL 无水乙醚洗涤，真空干燥，得 45g 戊二酸酐（**1**），收率 80%，mp 52～54℃。

抗焦虑药丁螺环酮（Buspirone）的中间体环戊烷-1,1-二乙酸酐（**5**）的合成如下［王庆河，潘丽，程卯生. 中国药物化学杂志，2000，10（3）：201］：

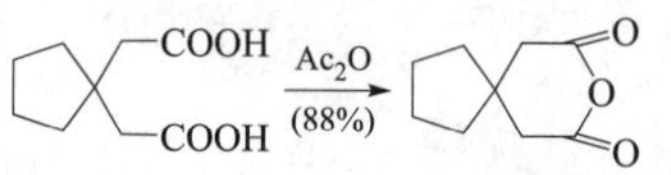

$$\text{环戊烷-1,1-二乙酸} \xrightarrow[(88\%)]{Ac_2O} \mathbf{(5)}$$

抗癌药伏立诺他（Vorinostat）中间体辛二酸酐的合成如下。

辛二酸酐（Suberoyl anhydride），$C_8H_{12}O_3$，156.18。白色固体。mp 50～52℃。

制法　① 胡杨，陈国华等，中国医药工业杂志，2009，40（7）：481.

② Shardella E G，Massa S. Org Prep Proced int，2001，33（4）：391.

$$HOOC(CH_2)_6COOH \xrightarrow{Ac_2O} (CH_2)_6(CO)_2O$$

(2) (1)

于安有搅拌器、回流冷凝器的反应瓶中，加入辛二酸（**2**）80.0g（0.46mol），乙酸酐80mL，搅拌下加热回流4h。冷却，减压蒸出溶剂，剩余物冷至0℃，析出浅黄色固体。抽滤，用乙腈重结晶，得白色固体化合物（**1**）66g，收率92.3%，mp 50～52℃。

又如用于治疗胃溃疡和十二指肠溃疡、胃炎等对消化性溃丙谷胺（Proglumide）原料药4-苯甲酰氨基-*N*,*N*-二正丙基戊酰胺酸的合成。

4-苯甲酰氨基-5-(二丙氨基)-5-氧代戊酸 [4-Benzamido-5-(dipropyla mino)-5-oxopentanoic acid]，$C_{18}H_{25}N_2O_4$，334.42。无色结晶或结晶性粉末。mp 148～150℃，易溶于甲醇、氯仿，稍难溶于丙酮，难溶于水及苯。其饱和水溶液pH = 4。

制法 孙昌俊，曹晓冉，王秀菊. 药物合成反应——理论与实践. 北京：化学工业出版社，2007：274.

$$HO_2CCH(NHCOC_6H_5)CH_2CH_2CO_2H\ (2) \xrightarrow{(CH_3CO)_2O} C_6H_5CONH\text{-(glutaric anhydride)}\ (3)$$

$$\xrightarrow{(n\text{-}C_3H_7)_2NH} (n\text{-}C_3H_7)_2N-CO-CH(NHCOC_6H_5)CH_2CH_2CO_2H\ (1)$$

N-苯甲酰基谷氨酸酐（**3**）：于10L反应瓶中加入醋酸酐6L，搅拌下分批加入*N*-苯甲酰基谷氨酸（**2**）1.5kg（6mol），而后室温搅拌8h，室温放置过夜。滤出析出的固体，于60～70℃及100℃各干燥1h，得化合物（**3**）850g，收率61%。

4-苯甲酰氨基-5-(二丙氨基)-5-氧代戊酸（**1**）：于反应瓶中加入二正丙胺334mL，水1100mL，充分搅拌，冷至−30℃，在60～75min内慢慢加入*N*-苯甲酰基谷氨酸酐312g（1.34mol），保持反应温度在−2～−4℃。加完后于−3℃继续反应15min。再加入冰醋酸650mL，升温至6℃，继续搅拌反应1.5h。撒入晶种，慢慢析出固体。过滤，将固体物加入20倍水中，于60～70℃加入碳酸氢钠溶解，过滤。滤液搅拌下用20%的醋酸中和至pH5.5。冷却，滤出固体物，水洗、干燥，得化合物（**1**）140g，收率31%，mp 142～145℃。

除了上述脱水剂外，可用的脱水剂还有乙酰氯、$POCl_3$、$SOCl_2$、光气等。

医药中间体柠康酸酐（**6**）的合成如下，反应中衣康酸首先与乙酰氯生成混合酸酐，而后脱去醋酸生成柠康酸酐。

$$\text{CH}_2\text{=C(COOH)CH}_2\text{COOH} \xrightarrow[\text{Tol, }\triangle]{CH_3COCl} \text{(6)}$$

吡啶-2,3-二羧酸用氯化亚砜脱水生成相应的吡啶-2,3-二羧酸酐（**7**），（**7**）为医药、农药等的重要中间体。

$$\xrightarrow[(95\%)]{SOCl_2} \text{(7)}$$

如下二羧酸酯经水解、脱水，生成3,4-二氢萘-1,2-二甲酸酐：

$$C_6H_5CH_2CH_2CH_2CO_2C_2H_5 + (CO_2C_2H_5)_2 \xrightarrow{EtONa} C_6H_5CH_2CH_2CH(CO_2C_2H_5)COCO_2C_2H_5$$

$$\xrightarrow{H_2SO_4} \text{3,4-二氢萘-1,2-二甲酸酐} + 2C_2H_5OH$$

高脂血症、动脉粥样硬化治疗药肌醇烟酸酯（Inositol nicotinate）等的中间体尼克酸酐可以由尼克酸用光气来脱水合成。虽然由于光气剧毒这种方法很少使用，但特殊情况下仍有应用。

尼可酸酐（Nicotinic anhydride），$C_{14}H_{10}O_3$，226.23。无色结晶。mp 122～125℃。

制法　Rinderknecht H，Gutenstein M. Org Synth，1973，Coll Vol 5：822.

$$2\ \text{(2)} \xrightarrow{Et_3N,\ COCl_2} \text{(1)}$$

于安有搅拌器、蒸馏装置的反应瓶中，加入尼克酸（**2**）10g（0.081mol），无水苯275mL，加热至沸，蒸出约75mL的液体，以共沸除去水分。安上滴液漏斗、回流冷凝器（安氯化钙干燥管），冷至5℃，加入三乙胺8.65g（0.086mol，过量5%）。冷却下继续搅拌，滴加34g 12.5%的光气-苯溶液，控制滴加速度，注意反应液温度不要高于7℃，立即生成三乙胺盐酸盐沉淀。加完后于室温搅拌反应45min。加热至沸，减压过滤，滤饼用热苯洗涤3次。合并滤液和洗涤液，低温下减压浓缩除去溶剂至干。剩余物中加入无水苯75mL，加热，趁热过滤，滤饼用5mL冷苯洗涤2次。合并滤液和洗涤液，于20℃放置2～3h。抽滤析出的结晶，冷苯洗涤，真空干燥，得化合物（**1**）6.25g，收率68%，mp

122～125℃。将母液减压浓缩，加入 175 mL 苯-环己烷（2∶3）混合液，加热、过滤，滤液于 5℃放置 18 h。过滤，冷苯洗涤，干燥，得 2.4 g 无色产物，收率 25%，mp 122～123℃。总数量 87%～93%。

酸酐是很强的酰基化试剂，与醇、酚反应生成酯，与氨、胺反应生成酰胺，与羧酸反应可生成酸酐等。

酸酐的其他主要制备方法有酰氯与羧酸盐的反应，有时也可以利用 Diels-Alder 反应制备特殊结构的酸酐。

第三节 羧酸的脱羧反应

羧酸可以发生多种脱羧反应，所谓脱羧反应，是指羧酸失去二氧化碳的反应。根据羧酸的具体结构和羧基的数目，分为如下几种类型，分别讨论之。

一、脱羧成烃

羧酸或羧酸盐脱去羧基而放出二氧化碳，可以生成烃类化合物。

$$R-COOH \longrightarrow RH + CO_2$$

可能机理如下。

羧酸脱羧

$$R-\overset{O}{\overset{\|}{C}}-O-H \xrightarrow{-H^+} R-\overset{O}{\overset{\|}{C}}-O^- \longrightarrow R^- + CO_2 \xrightarrow{H^+} RH$$

羧酸盐脱羧

$$R-\overset{O}{\overset{\|}{C}}-O^- \longrightarrow R^- + CO_2 \xrightarrow{H^+} RH$$

实验室中常用无水醋酸钠和碱石灰混合加热乙酸进行脱羧合成甲烷。石油工业中，高酸原油中的石油酸主要成分为环烷酸，其对石油加工有较大影响。一般石油加工企业在加工高酸原油前要先将其中的环烷酸脱羧，加热至 300℃，石油酸中的羧基可以脱去，转化为烃类化合物。羧酸的分子量越大，分解温度越高。对于长链的脂肪酸，温度太高会引起碳链断裂，因而收率不高，所以一般不用这种方法制备烷烃。若脂肪酸的 α-碳上连有吸电子取代基时，如硝基、卤素原子、羰基等，则脱羧容易进行且收率较高。但反应机理不完全一样。例如三氯乙酸在 50℃于水溶液中即可脱去羧基生成氯仿。

$$Cl_3CCOOH \xrightarrow[-H^+]{} Cl_3C-\overset{O}{\overset{\|}{C}}-O^- \xrightarrow[\triangle]{} \bar{C}Cl_3 + CO_2 \qquad \bar{C}Cl_3 \xrightarrow{H^+} CHCl_3$$

芳香族一元羧酸通常是比较稳定的，若在芳环上有取代基时，根据这些取代基的性质和在分子中的位置，或多或少的会促进脱羧反应的发生。表 6-1 列出了不同取代羧酸的脱羧反应条件和脱羧产物。

表 6-1　有机酸的脱羧条件和脱羧产物

有机酸	脱羧条件	脱羧产物
CH_3COOH	390℃稳定	
Cl_3CCOOH	200℃稳定	
I_3CCOOH	150℃脱羧	CHI_3
O_2NCH_2COOH	87～90℃脱羧	CH_3NO_2
$NCCH_2COOH$	165℃脱羧	CH_3CN
$HOOCCH_2COOH$	135℃脱羧	CH_3COOH
$RCH(COOH)_2$	130～170℃脱羧	RCH_2COOH
$R_2C(COOH)_2$	130～180℃脱羧	$R_2CHCOOH$
$RCX(COOH)_2$	100～160℃脱羧	$RCHXCOOH$
$RCH{=}C(COOH)_2$	130～180℃脱羧	$RCH{=}CHCOOH$
$C_6H_5CH_2COOH$	350℃以上脱羧	$C_6H_5CH_3$
$C_6H_5CH_2CH_2COOH$	370℃以上脱羧	$C_6H_5CH_2CH_3$
$C_6H_5CHBrCH_2COOH$	其盐脱羧时也脱溴化氢	$C_6H_5CH{=}CH_2$
$C_6H_5CH_2CHBrCOOH$	不脱羧	
$C_6H_5CH—CHCOOH$（CH 与 CH 间以 O 桥连，环氧）	100℃以上脱羧	$C_6H_5CH_2CHO$
$C_6H_5CH{=}CHCOOH$	350℃脱羧	$C_6H_5CH{=}CH_2$
$C_6H_5CBr{=}CHCOOH$	不脱羧	

凡是符合 $HO—CO—{}^{\alpha}CH_2—X^{\beta}{=}Y^{\gamma}$ 结构的羧酸，其 β、γ 间有重键者，均易失去 CO_2，例如丙二酸、丁酮酸、硝基乙酸、氰乙酸等均易发生脱羧反应。

$H—O—CO—\overset{\alpha}{C}H_2—\overset{\beta}{X}{=}\overset{\gamma}{Y}$

$H—O—CO—CH_2—C(OH){=}O$　丙二酸 $\xrightarrow{\text{高于熔点}}$ CH_2CO_2H

$H—O—CO—CH_2—C(CH_3){=}O$　丁酮酸 $\xrightarrow{<100℃}$ CH_3COCH_3

$H—O—CO—CH_2—N(\rightarrow O){=}O$　硝基乙酸 $\xrightarrow{<100℃}$ CH_3NO_2

$H—O—CO—CH_2—C{\equiv}N$　氰乙酸 $\xrightarrow{165℃}$ CH_3CN

二、丙二酸及其衍生物的脱羧

丙二酸衍生物非常容易发生脱羧反应，在合成中应用甚广。丙二酸加热至熔点以上即可脱羧，取代丙二酸同样可以直接加热脱羧。取代丙二酸可以通过丙二酸二酯的烃基化而后酯基水解来合成。利用这一性质使取代的丙二酸脱羧，即可合成各种一取代或二取代的乙酸类化合物。

治疗癫痫病药物丙戊酸钠（Sodium valproate）中间体丙戊酸的合成如下。

2-丙基戊酸（Valproic acid，2-Propylpentanoic acid），$C_8H_{16}O_2$，144.21。无色或浅黄色液体。bp 221℃，128～130℃/2.66 kPa，120～121℃/1.86 kPa。d_4^{25} 1.1。难溶于水。

制法　孙昌俊，曹晓冉，王秀菊.药物合成反应——理论与实践.北京：化学工业出版社，2007：364.

$$(CH_3CH_2CH_2)_2C(CO_2C_2H_5)_2\ (\mathbf{2}) \xrightarrow[2.\ HCl]{1.\ C_2H_5OH,KOH} (CH_3CH_2CH_2)_2C(CO_2H)_2\ (\mathbf{3}) \xrightarrow{180℃} (CH_3CH_2CH_2)_2CHCO_2H\ (\mathbf{1})$$

二丙基丙二酸（**3**）：于安有搅拌器、回流冷凝器的反应瓶中，加入二丙基丙二酸二乙酯（**2**）122 g（0.5 mol），乙醇 220 mL，4%的氢氧化钾 400 g，搅拌下回流反应 4 h。减压蒸出乙醇。冷却至室温，慢慢加入浓盐酸，调至 pH1，析出固体。冷却，抽滤，水洗，干燥，得二丙基丙二酸（**3**）黄色晶体 75.0 g，收率 80%，mp 155～158℃。

2-丙基戊酸（**1**）：于反应瓶中加入二丙基丙二酸（**3**）75.0 g（0.4 mol），油浴慢慢加热至 180℃，反应物逐渐熔化，并放出大量二氧化碳气体，至无二氧化碳气体分出为止。减压蒸馏，收集 120～123℃/1.86 kPa 的馏分，得浅黄色 2-正丙基戊酸（**1**）49.5 g，收率 86%，n_D^{14} 1.4252。

利用该方法也可以合成二元羧酸和环状羧酸。

$$Br(CH_2)_nBr \xrightarrow[EtONa,\ EtOH]{2CH_2(CO_2Et)_2} (CH_2)_n[CH(CO_2Et)_2]_2 \xrightarrow[2.H^+,\ \triangle]{1.NaOH} (CH_2)_n(CH_2CO_2H)_2$$

$$Br(CH_2)_nBr \xrightarrow[EtONa,\ EtOH]{CH_2(CO_2Et)_2} \text{cyclo-}(CH_2)_nC(CO_2Et)_2 \xrightarrow[2.H^+,\ \triangle]{1.NaOH} \text{cyclo-}(CH_2)_nCHCO_2H$$

也可以使用氰基乙酸酯来代替丙二酸酯。例如：

$$NCCH_2CO_2C_2H_5 \xrightarrow[C_2H_5ONa]{BrCH_2CH_2Br} \text{1-CN-1-}CO_2C_2H_5\text{-cyclopropane} \xrightarrow[2.H^+,\ \triangle]{1.NaOH,\ H_2O} \text{cyclopropane-COOH}$$

$$\text{2-Cl-}C_6H_4CH_2Cl \xrightarrow[C_2H_5ONa]{NCCH_2CO_2C_2H_5} \text{2-Cl-}C_6H_4CH_2CH(CN)CO_2C_2H_5 \xrightarrow[2.H^+,\ \triangle]{1.NaOH,\ H_2O} \text{2-Cl-}C_6H_4CH_2CH_2CN$$

α,β-不饱和羰基化合物与丙二酸酯的 Machael 加成也可以生成取代丙二酸酯，后者水解、脱羧，生成取代乙酸衍生物。例如消炎镇痛药卡洛芬（Carprofen）中间体 α-甲基-3-氧代环己基乙酸的合成。

α-甲基-3-氧代环己基乙酸（α-Methyl-3-oxo-cyclohexylacetic acid），$C_9H_{14}O_3$，170.21。无色液体。

制法 陈芬儿. 有机药物合成法. 北京：中国医药科技出版社，1999：312.

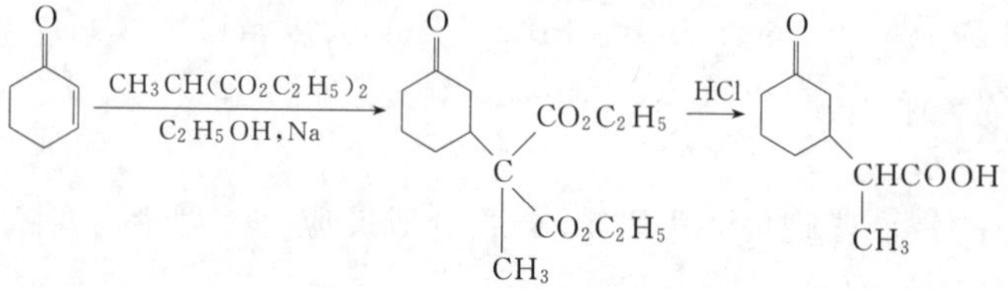
$CH_3CH(CO_2C_2H_5)_2$
C_2H_5OH, Na
$CO_2C_2H_5$
C
$CO_2C_2H_5$
CH_3
HCl
CHCOOH
CH_3

(2)　(3)　(1)

α-甲基-3-氧代环己基丙二酸二乙酯（**3**）：于干燥反应瓶中，在氮气保护下，加入无水乙醇 300 mL，分批加入金属钠 2.2 g（0.096 mol）。反应结束后，滴加甲基丙二酸二乙酯 182 g（1.14 mol），室温搅拌 1 h。滴加 2-环己烯-1-酮（**2**）92 g（0.96 mol）和乙醇 118 mL 的溶液，约 1 h 加完。加完后继续搅拌室温反应 5 h。反应毕，用浓盐酸调至酸性，减压回收溶剂。向剩余物中加入乙醚 1.2 L，静置分层，水洗，无水硫酸钠干燥。回收溶剂后，减压蒸馏，收集 bp149～152℃/106.7 kPa 馏分，得油状物（**3**）204.4 g，收率 78.7%，$n_D^{20}=1.4660$。

于反应瓶中加入 α-甲基-3-氧代环己基丙二酸二乙酯（**3**）15.75 g（0.058 mol），6 mol/L 的盐酸 235 mL，搅拌下回流反应 10 h。冷至室温后冰浴冷却，加 75 mL 水，用 50% 的氢氧化钠溶液调至碱性。乙醚提取后，水层用盐酸调至 pH1～2，减压浓缩至干。乙醚提取（350 mL×3），合并有机层，无水硫酸钠干燥。过滤，浓缩，剩余物减压蒸馏，收集 161～166℃/93.3 kPa 的馏分，得化合物（**1**）5.4 g，收率 55%。

镇痛药酮洛酸氨丁三醇（Ketorolac tromethamine）中间体（**9**）的合成如下（陈芬儿. 有机药物合成法. 北京：中国医药科技出版社，1999：589）。反应中原料丙二酸酯衍生物首先皂化，中和后生成丙二酸衍生物，后者加热脱去二氧化碳生成产物。

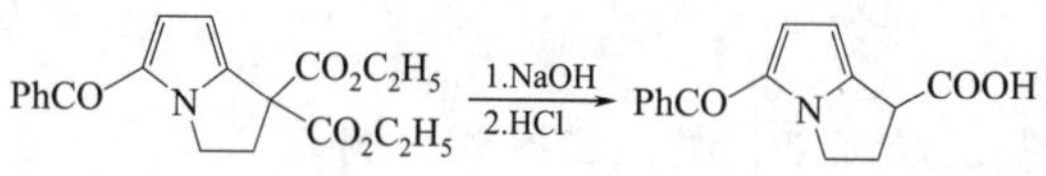
PhCO
N
$CO_2C_2H_5$
$CO_2C_2H_5$
1.NaOH
2.HCl
PhCO
N
COOH

(93%) (**9**)

三、酮酸的脱羧

酮酸容易脱羧，特别是在酸存在下。α-酮酸脱羧的原理与三氯乙酸相似。在 α-酮酸分子中，由于氧原子的吸电子作用，使得羰基与羧基之间的电子云密度降低，碳-碳键容易断裂，从而发生脱羧反应。

α-羰基酸在稀硫酸中加热，脱去二氧化碳生成醛，与浓硫酸共热则失去 CO 生成酸，这是 α-羰基酸的特有反应。

$$\mathrm{RC(=O)-COOH \xrightarrow{稀\ H_2SO_4} RCHO + CO_2}$$

$$\mathrm{RC(=O)-COOH \xrightarrow{稀\ H_2SO_4} RCO_2H + CO}$$

一些弱氧化剂也可以使 α-羰基酸脱去二氧化碳并生成减少一个碳原子的羧酸。

$$\mathrm{RC(=O)COOH \xrightarrow{Ag(NH_3)_2OH} RCOO^- + Ag\downarrow + CO_2 + NH_4^+}$$

α-酮酸与胺作用后脱羧，首先生成不稳定的 α-亚胺酸，后者易于脱去二氧化碳生成亚胺，然后进行水解，生成醛。

$$\mathrm{RCOCOOH + R'NH_2 \longrightarrow R-C(=NR')-COOH \xrightarrow{-CO_2} RCH{=}NR' \xrightarrow{H_2O} RCHO}$$

β-酮酸也很容易脱羧生成相应的酮。反应是通过生成六元环环状过渡态而进行的。

$$\mathrm{RC(=O)CH_2COOH \rightleftharpoons [六元环过渡态] \xrightarrow{-CO_2} R(OH)C{=}CH_2 \underset{}{\overset{互变}{\rightleftharpoons}} RC(=O)CH_3}$$

首先是 β-酮酸生成环状过渡态，由于这种过渡态能量低，使得脱羧反应容易进行。生成的烯醇互变为酮类化合物

各种 β-酮酸很容易由乙酰乙酸乙酯的烃基化而后水解来合成。

$$\mathrm{CH_3COCH_2CO_2Et \xrightarrow[EtONa,EtOH]{RX} CH_3COCH(R)CO_2Et \xrightarrow[2.\ H^+]{1.\ NaOH} CH_3COCH(R)CO_2H}$$

例如广谱驱虫药物己雷锁辛（Hexylresorcinol）等的中间体 2-庚酮的合成。2-庚酮也可作有机合成的溶剂，也是香料的原料。

2-庚酮（2-Heptanone），$C_7H_{14}O$，114.19。无色液体。mp －35.5℃，bp 151.5℃，111℃/2.8 kPa。d_4^{15} 0.8197，n_D^{20} 1.41156。溶于乙醇、乙醚，微溶于水，有水果香味。

制法　孙昌俊，曹晓冉，王秀菊. 药物合成反应——理论与实践. 北京：化学工业出版社，2007：355.

$$\mathrm{CH_3COCH(C_4H_9)COOC_2H_5\ (2) \xrightarrow[2.H_2SO_4]{1.NaOH} CH_3COCH_2C_4H_9\ (1) + CO_2}$$

于安有搅拌器的 3 L 反应瓶中，加入 5%的氢氧化钠水溶液 1 L，正丁基乙酰乙酸乙酯（**2**）186 g（1 mol），室温搅拌反应 5 h。分出不溶的油层。水层慢慢加入 50%的硫酸 100 mL，加入过程中有大量二氧化碳气体逸出。反应缓和后加热至沸，并蒸出原体积的 1/2。馏出物用氢氧化钠调成碱性，然后再蒸出 80%～

90%。将馏出物分出有机层。水层再蒸出35%，分出有机层，水层再蒸馏，如此反复进行数次，尽可能地收集有机层。合并有机层，氯化钙干燥，减压蒸馏收集109～111℃/2.8kPa的馏分，得2-庚酮（**1**）65g，收率57%。

抗过敏药阿司咪唑（Astemizole）中间体4-哌啶酮盐酸盐（**10**）的合成如下（陈芬儿.有机药物合成法.北京：中国医药科技出版社，1999：36）。

$CO_2C_2H_5$
HCl·HN　O　$\xrightarrow[(81.5\%)]{HCl}$　HCl·HN　O　(**10**)

抗心律失常药普罗帕酮（Propafenone）等的中间体1-(2-羟基苯基)-3-苯基丙-1-酮的合成如下。反应中香豆素衍生物首先内酯键断裂生成β-酮酸，而后β-酮酸脱去二氧化碳生成产物。

1-(2-羟基苯基)-3-苯基丙-1-酮 [1-(2-Hydroxyphenyl)-3-phenylpropan-1-one]，$C_{15}H_{14}O_2$，226.28。浅黄色结晶。mp 36～37℃，bp 195～201℃/0.53kPa。溶于醇、醚、氯仿，不溶于水。

制法　孙昌俊，曹晓冉，王秀菊.药物合成反应——理论与实践.北京：化学工业出版社，2007：364.

OH　CH_2Ph　O　O　(**2**)　$\xrightarrow[2.\ H^+]{1.\ NaOH,\ H_2O}$　OH　O　CH_2CH_2Ph　(**1**)　+ Na_2CO_3

于安有搅拌器、回流冷凝器的反应瓶中，加入3-苄基-4-羟基香豆素（**2**）60g（0.25mol），10%的氢氧化钠水溶液1800mL，搅拌下加热回流3h，冷后用盐酸调至中性，分出有机层，水层用甲苯提取（300mL×3）。合并有机层和甲苯提取液，水洗，无水氯化钙干燥。减压回收甲苯后，减压蒸馏，收集195～201℃的馏分，得浅黄色油状物。冷后固化为浅黄色固体（**1**）41g，收率72.5%，mp 35～37℃。

γ-酮酸如乙酰丙酸（$CH_3COCH_2CH_2COOH$），其脱羧与α-酮酸和β酮酸都不同，有两种可能性。一种是通过氢键形成七元环过渡态，受热脱羧，失去二氧化碳生成丁酮。第二种是羧基中的羟基氧对酮羰基进行亲核进攻，形成五元环过渡态，而后受热失去二氧化碳生成丁酮。也许还有其他可能的机理。

四、芳香族羧酸的脱羧

芳香族羧酸和芳杂环羧酸大都可以加热脱羧。脱羧与取代基的性质、位置以及取代基数目有关系。一般来说，芳香族羧酸比脂肪族羧酸容易脱羧，因为苯环本身是一个吸电子基团。而且生成的苯基负离子的负电荷可以分散到苯环上，能量很低。苯甲酸在少量铜粉存在下于喹啉中加热即可脱羧。4-羟基萘甲酸在硫酸存在下的脱羧机理如下：

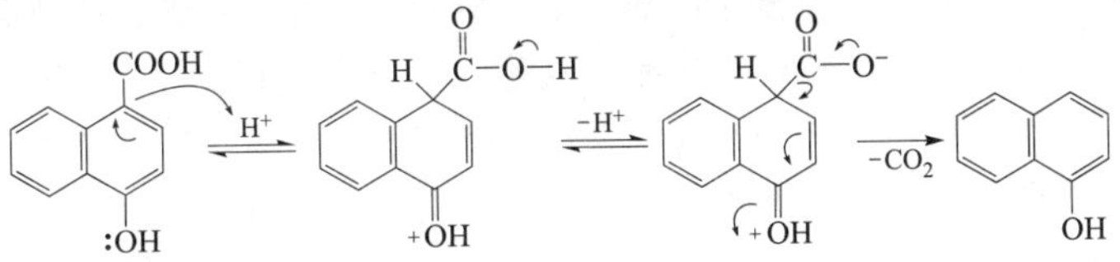

表 6-2 列出了一些羧酸脱羧的具体例子。

表 6-2 某些芳香酸和杂环羧酸的脱羧条件和脱羧产物

有机酸	脱羧条件	脱羧产物
苯甲酸	不脱羧	
邻羟基苯甲酸	200℃脱羧	苯酚
对羟基苯甲酸	300℃脱羧	苯酚
间羟基苯甲酸	不脱羧	
2,4,6 三硝基苯甲酸	210℃脱羧	1,3,5-三硝基苯
2,4-二羟基-5 溴苯甲酸	100℃脱羧	4-溴间苯二酚
邻苯二甲酸	不脱羧	
呋喃-2-甲酸	205℃脱羧	呋喃
2,6-二甲吡啶-3,5-二甲酸	300℃脱羧	2,6-二甲基吡啶

在羧酸的脱羧反应中，常常加入一些杂环胺和杂环碱作催化剂，如喹啉、吡啶、吡咯、嘧啶等，有时也可加入其他有机碱，如 *N*,*N*-二甲基苯胺等。加入碱可以促进羧酸电离，增大羧酸根离子浓度，因而可以提高脱羧速度。凡是有利于 $RCOO^-$ 和 R^- 形成的因素，都有利于脱羧反应的进行。有研究发现，冠醚可以加速羧酸的脱羧。也有研究发现，双环有机碱 DBU（1,8-二氮杂双环［5.4.0］十一-7-烯）作为羧酸的脱羧催化剂，不论碳链长短，都生成减少一个碳原子的烃类化合物，碳链不会断裂，而且羧酸原来主链上的双键立体构型保持不变，分子中的其他基团如硝基、磺酸基、氰基等可以保留。

除了上述有机碱催化剂外，还有酶催化脱羧、过渡金属离子催化脱羧等。

α-呋喃甲酸加热至 200℃以上，可以脱去二氧化碳生成呋喃。在喹啉和铜盐存在下脱羧可获得较高收率的呋喃。呋喃为溶剂四氢呋喃以及有机合成的重要中间体。

呋喃（Furan），C_4H_4O，68.08。无色或浅黄色液体。bp 31.4℃。d_4^{19} 0.9371，n_D^{20} 1.4216。易溶于乙醇、乙醚，不溶于水。

制法　孙昌俊，曹晓冉，王秀菊. 药物合成反应——理论与实践. 北京：化学工业出版社，2007：364.

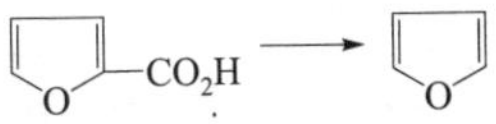

于安有 250℃温度计的 500mL 三口瓶中，加入 80g（0.68mol）呋喃甲酸（**2**），反应瓶上安一只直立的空气冷凝器，其顶部按一蒸馏头，蒸馏头上连一支长的球形冷凝

器，通入冰盐水冷却，接受瓶浸于冰盐浴中。蒸馏头顶部安一支长玻璃棒。油浴加热至内温200℃，呋喃甲酸分解为呋喃和二氧化碳。反应过程中不断有呋喃甲酸升华，用玻璃棒不断推回反应瓶。控制反应温度在200～205℃，直至反应结束，将收集到的呋喃重新蒸馏，收集20～34℃的馏分，得呋喃（**1**）33g，收率72%。

消炎镇痛药佐美酸钠（Zomepirac sodium）中间体（**11**）的合成如下，从结构上来看，（**11**）属于吡咯类衍生物。

CH_3 COOH Cl—C₆H₄—CO—(N-CH_3 吡咯)—$CH_2COOC_2H_5$ $\xrightarrow{210℃, N_2}$ Cl—C₆H₄—CO—(N-CH_3 吡咯, CH_3)—$CH_2COOC_2H_5$ (**11**)

又如利尿药盐酸西氯他宁（Cicletanine hydrochloride）中间体4-甲基-5-乙氧基噁唑的合成。

4-甲基-5-乙氧基噁唑（5-Ethoxy-4-methyloxazole），$C_6H_9NO_2$，127.14。无色液体。

制法　陈芬儿.有机药物合成法.北京：中国医药科技出版社，1999：762.

(**2**) C_2H_5O, CH_3, $CO_2C_2H_5$ $\xrightarrow[3.\triangle]{1.NaOH\ \ 2.H_2SO_4}$ (**1**) C_2H_5O, CH_3

于反应瓶中加入化合物（**2**）80.2g（0.403mol），4.96mol/L的氢氧化钠乙醇溶液100mL，搅拌溶解后，加入50mL水，减压回收乙醇。冷却至30℃以下，滴加2.5mol/L的硫酸水溶液至pH2.5，有固体析出。加热至60℃，直至不再有二氧化碳气体放出。用氢氧化钠水溶液调至pH8，水蒸气蒸馏。馏出液用氯仿提取，无水硫酸钠干燥。过滤，浓缩，减压蒸馏，收集50～70℃/4.0～6.7kPa的馏分，得化合物（**1**）46g，收率90%。

抗结核病药药吡嗪酰胺（Pyrazinamide）原料药的合成如下。

吡嗪酰胺（Pyrazinamide），$C_5H_5N_3O$，123.11。白色片状或针状结晶粉末。mp 189～191℃。溶于沸水，微溶于乙醇。无臭、味苦。

制法　孙昌俊，曹晓冉，王秀菊.药物合成反应——理论与实践.北京：化学工业出版社，2007：358。

(**2**) 吡嗪-2,3-二COOH $\xrightarrow{(CH_3CO)_2O}$ (**3**) 酸酐 (CO—O—CO) $\xrightarrow{C_2H_5OH}$ (**4**) $COOC_2H_5$, COOH

$\xrightarrow{-CO_2}$ (**5**) $COOC_2H_5$ $\xrightarrow{NH_3}$ (**1**) $CONH_2$

于安有搅拌器、回流冷凝器、温度计的反应瓶中，加入吡嗪-2,3-二羧酸（**2**）84 g（0.5 mol），醋酸酐 250 g（2.5 mol），搅拌下加热到 120～130℃，反应 1 h。常压蒸去醋酸，而后减压蒸馏直至不出醋酸为止，生成吡嗪二羧酸酐（**3**）。冷至 80℃以下，加入无水乙醇 150 mL，回流反应 1.5 h。减压蒸去乙醇，剩余物为吡嗪二羧酸单乙酯（**4**）。升温至 135～140℃脱羧反应 4 h。减压蒸馏，收集 105～115℃/1.33～2.66 kPa 的馏分，得吡嗪羧酸乙酯（**5**），冷后固化为白色固体。

于 180 mL 无水乙醇中通入干燥得氨气，直至氨气含量达 30%左右，加入吡嗪羧酸乙酯（**5**）。搅拌，析出白色固体。放置过夜。抽滤，用少量乙醇洗涤，得吡嗪酰胺粗品。

将粗品加入 10 倍量的蒸馏水中，加热至沸使之溶解，活性炭脱色。趁热过滤，滤液冷至 15℃以下，析出结晶，抽滤，水洗，干燥，得吡嗪酰胺（**1**）37.4 g，收率 60.8%，mp 189～191℃。

咪唑类羧酸也可以发生脱羧反应，反应中常加入氧化铜作催化剂。例如克霉唑（Clotrimazole）等的中间体咪唑的合成。

咪唑（Imidazole），$C_3H_4N_2$，68.08。无色棱形结晶。mp 90～91℃，bp 257℃，165～168℃/2.67 kPa，168℃/1.66 kPa。易溶于水、醇、醚、氯仿和吡啶，微溶于苯，极微溶于石油醚。呈弱碱性。

制法 孙昌俊，曹晓冉，王秀菊. 药物合成反应——理论与实践. 北京：化学工业出版社，2007：358.

(2) COOH, COOH, N, N, H —CuO, △→ (1) N, N, H

于安有蒸馏装置的反应瓶中，加入 4，5-二羧基咪唑（**2**）156 g（1 mol），氧化铜 2.2 g（0.027 mol）。油浴缓慢升温，逐渐由 100℃至 280℃，大量二氧化碳气体放出，同时收集馏出液。冷凝器中通入热水，以免产物固化堵塞冷凝器，约 4 h 反应完。当有褐色物质馏出时，停止反应。馏出物冷后固化，用苯重结晶，得结晶状咪唑（**1**）52 g，收率 76.5%，mp 89～91℃。

苯甲酸衍生物加热可以脱去羧基，生成新的芳基衍生物。例如如下抗炎药甲氯芬那酸（Melcofenamic acid）中间体 2,6-二氯-3-甲基苯酚（**12**）的合成。反应只需在 *N*,*N*-二甲基苯胺中加热即可脱去二氧化碳。

Cl, HO, COOH, Cl, CH_3 —$PhNMe_2$, 160～190℃(96.8%)→ Cl, HO, Cl, CH_3 (**12**)

又如降压药盐酸洛非西定（Lofexidine hydrochloride）中间体2,6-二氯苯酚的合成。

2,6-二氯苯酚（2,6-Dichlorophenol），$C_6H_4Cl_2O$，163.00。白色结晶。mp 64.5～75.5℃。

制法　陈芬儿. 有机药物合成法. 北京：中国医药科技出版社，1999：834.

$$\text{HO-}C_6H_2Cl_2\text{-COOH}\ (2) \xrightarrow[190\sim200℃]{PhNMe_2} \text{HO-}C_6H_3Cl_2\ (1)$$

于反应瓶中加入3,5-二氯-4-羟基苯甲酸（**2**）250g（1.2mol），新蒸馏的*N*,*N*-二甲基苯胺575g，搅拌下慢慢加热至190～200℃，有二氧化碳气体放出。2h后，冷却，慢慢倒入600mL冷盐酸中。乙醚提取6次。合并乙醚层，以6mol/L的盐酸洗涤，无水硫酸钠干燥。过滤，回收溶剂后，剩余物用石油醚重结晶，得白色结晶（**1**）130～140g。母液浓缩，冷却，可以再得到（**1**）27～40g，总收率80%～91%，mp 64.5～65.4℃。

五、脂肪族二元羧酸的脱羧

脂肪族二元羧酸在醋酸酐存在下一起加热，根据二元酸两个羧基的相对位置，分别生成环状的酸酐或酮，该类反应称为Blanc环化反应。1,4-和1,5-二元羧酸生成环状酸酐，而1,6-二元羧酸或两个羧基相距更远的二元羧酸，则生成环酮，如己二酸与醋酸酐一起加热则生成环戊酮，该反应是由Blanc H G于1907年首先报道的，后来称为Blanc反应和Blanc规则。

$$(CH_2)_3(COOH)_2 \xrightarrow{Ac_2O} \text{戊二酸酐} + H_2O$$

$$(CH_2)_4(COOH)_2 \xrightarrow{Ac_2O} \text{环戊酮} + CO_2 + H_2O$$

二元羧酸直接加热也可以生成环酮，己二酸生成环戊酮，而庚二酸生成环己酮。加入氧化钙、氧化钡、氧化镁或它们的氢氧化物等可加速反应的进行。

$$(CH_2)_4(COOH)_2 \xrightarrow{300℃} \text{环戊酮} + CO_2 + H_2O$$

$$(CH_2)_5(COOH)_2 \xrightarrow{300℃} \text{环己酮} + CO_2 + H_2O$$

己二酸及庚二酸的钙盐或钡盐加热时可生成环状的酮。例如环戊酮的合成。

环戊酮是一种重要的有机化工原料，广泛用于医药、农药、香料工业、生物制品以及橡胶工业。

环戊酮（Cyclopentone），C_5H_8O，84.13。无色液体。mp －51.3℃，bp 131℃，d^{20}0.94869，n_D^{20}1.4366。微溶于水，有无机酸存在时易聚合。

制法　段行信.实用精细有机制备手册.北京：化学工业出版社，2000：79.

$$(CH_2)_4(COOH)_2 \xrightarrow[200℃]{Ba(OH)_2} \text{环戊酮} + CO_2 + H_2O$$

(2)　　　　(1)

于安有蒸馏装置的三口反应瓶（其中一口安温度计，温度计伸到接近瓶底）中，加入己二酸（**2**）200g（1.34mol），研细的氢氧化钡10g，充分混合均匀。用电热套加热至285～295℃，保持此温度进行蒸馏，直至反应瓶中仅剩少量残渣为止。馏出物用氯化钙饱和，分出有机层，少量碳酸钠溶液洗涤（除去蒸出的己二酸），再用饱和食盐水洗涤，无水氯化钙干燥。分馏，收集128～131℃的馏分，得环戊酮（**1**）86～92g，收率75%～80%。

二元羧酸的金属盐高温下加热裂解，失去二氧化碳和水，生成环酮，该反应称为Ruzicka环化反应，是由Ruzicka L于1926年首先报道的。

$$(CH_2)_n(COO)_2M \xrightarrow{\triangle} (CH_2)_n C=O$$

M = Ca, Mg, Ba, Ce, Th等

该方法是合成六、七元环化合物的好方法，制备C_8和$C_{20\sim30}$的环酮，收率较低。常用的金属盐是元素周期表中第二和第四主族金属元素的盐。

该类反应的可能的反应机理涉及碳负离子，包括脱羧和加成两步反应：

$$(CH_2)_n(COO^-)_2\,Ba^{2+} \longrightarrow (CH_2)_{n-1}\text{C}(O^-)(O^-)O\text{—C=O}\ Ba^{2+} \longrightarrow (CH_2)_{n-1}C=O + BaCO_3$$

也有人通过对副产物的研究，提出了自由基机理（Hites A，Biemann K. J Am Chem Soc. 1972，94：5772）。

六、脂肪族羧酸分子间脱羧合成酮

脂肪族羧酸在碳酸锰-浮石催化剂的存在下加热至400℃，可以失去二氧化碳而生成酮。羧酸的金属盐例如钙盐、镁盐、钡盐等，在加热条件下可分子间失去二氧化碳而生成羰基化合物。

$$(RCO_2)_2Ca \xrightarrow{\triangle} RCOR + CaCO_3$$

$$(C_6H_5CH_2COO)_2Ca \xrightarrow[(80\%)]{350℃} C_6H_5CH_2COCH_2C_6H_5$$

反应过程包括失羧和加成两步反应。

$$\begin{matrix} R-\overset{O}{\overset{\|}{C}}-O^- \\ R-\underset{O}{\underset{\|}{C}}-O^- \end{matrix} Ca^{2+} \longrightarrow \begin{matrix} R-\overset{O}{\overset{\|}{C}}-O^- \cdot Ca^{2+} \\ R-\underset{O}{\underset{\|}{C}}-O^- \end{matrix} \longrightarrow \begin{matrix} R'-CH_2-\overset{O^-\ Ca^{2+}}{\overset{|}{C}}-O^- \\ R-\underset{O}{\underset{\|}{C}}\text{———}O \end{matrix}\ \text{加成} \xrightarrow{\text{失羧}} R-\overset{O}{\overset{\|}{C}}-R + CaCO_3$$

碱土金属的盐作催化剂时，脱羧生成的碳酸盐又可与羧酸反应生成羧酸盐，所以，有时可加入少量的碱土金属氧化物或氢氧化物即可得到较高收率的脱羧产物。

例如二异丙基甲酮的合成。二异丙基甲酮用作溶剂、稀贵金属萃取剂等。

二异丙基甲酮（Diisopropyl ketone，2,4-Dimethyl-3-pentanone），$C_7H_{14}O$，114.19。无色液体。bp 124～125℃，d_4^{20} 0.8108，n_D^{20}1.39995。溶于乙醇、乙醚、氯仿、乙酸乙酯等有机溶剂，溶于水。

制法　段行信. 实用精细有机合成手册. 北京：化学工业出版社，2000：79.

$$\underset{(\mathbf{2})}{2(CH_3)_2CHCOOH} \xrightarrow{MgO} [(CH_3)_2CHCOO]_2Mg \xrightarrow{340\sim360℃} \underset{(\mathbf{1})}{(CH_3)_2CH\overset{O}{\overset{\|}{C}}CH(CH_3)_2}$$

于烧杯中加入异丁酸（**2**）90 g（1 mol），水 90 mL，搅拌下慢慢加入氧化镁21g，充分搅拌，反应放热。蒸发至干，研成粉末。

于安有蒸馏装置、温度计（伸入至接近反应瓶底部）的反应瓶中，加入上述异丁酸的镁盐 250 g（约 2.4 mol）。小火慢慢加热至 300℃，有液体慢慢馏出。升温至 340～360℃，保持此温度，直至反应瓶中无馏出物为止。馏出物用氯化钙饱和，分出有机层，依次用 10%的碳酸钠、饱和食盐水洗涤，无水硫酸镁干燥，分馏，收集 121～125℃的馏分，得（**1**）99 g，收率 41%。

脂肪族一元羧酸在 ThO_2 催化下加热可以生成开链的脂肪酮并放出二氧化碳。

$$2RCOOH \xrightarrow[400\sim500℃]{ThO_2} R\overset{O}{\overset{\|}{C}}R + CO_2$$

使用合适的混合羧酸的盐，可以合成醛（甲酸与其他羧酸在氧化钍存在下共热生成醛）或不对称的酮，但常常是生成三种酮的混合物，为了得到某一种为主要产物的酮，可以调整两种羧酸的比例。

$$(R^1CO_2)_2Ca + (R^2CO_2)_2Ca \xrightarrow{\triangle} 2R^1COR^2 + 2CaCO_3$$

例如苯基丙酮的合成。苯基丙酮是杀鼠剂敌鼠钠、氯鼠酮等的中间体，也是苯丙胺、苯基异丙胺等医药中间体。

苯基丙酮（Phenylacetone，Benzyl methyl ketone），$C_9H_{10}O$，134.18。黄色油状液体。mp －15℃，bp 214℃，100～101℃/1.87 kPa。d_4^{20} 1.0157，

n_D^{25} 1.5174。可溶于乙醇、乙醚，不溶于水。

制法　Furniss B S，Hannaford A J，Rogers V，et al. Vogel's Textbook of Practical Chemistry. Longman London and New York. Fourth edition，1978：431.

$$C_6H_5CH_2COOH + CH_3COOH \xrightarrow{\text{催化剂}} C_6H_5CH_2COCH_3$$
(2)　　　　(1)

将 294 g（0.5 mol）六水合硝酸钍溶于约 450 mL 水中，搅拌下慢慢加入由无水碳酸钠 106 g（1 mol）溶于 400 mL 水配成的溶液。碳酸钍沉淀析出。尽可能的倾出水层，用 500 mL 水倾洗。加入浮石（4～8 目）200 g 混合均匀。于一大的蒸发皿中搅拌加热蒸发，制成粉状。过筛，得约 250 g 白色粉状物，其中主要含有碳酸钍，并含有氧化钍。可以使用更多的浮石，制备约 1400 g 的浮石催化剂。

将制得的浮石催化剂置于加热管中 400～450℃氮气饱和下加热 6～12 h，转化为氧化钍。于 400～450℃滴加由苯乙酸（**2**）170 g（1.25 mol）与 225 g 冰醋酸配成的溶液，控制滴加速度 25～30 滴/min，也可通入氮气。加完后，分出有机层，用 15%的氢氧化钠溶液洗涤至碱性，水洗两次。水层用乙醚提取两次，依次用碱、水洗涤。合并有机层，无水硫酸镁干燥，蒸出乙醚。剩余物减压分馏，收集 102～103℃/2.67 kPa 的馏分，得苯基丙酮（**1**）85 g,，收率 51%。剩余物主要是二苄基酮。将其转移至一小蒸馏瓶中蒸馏，收集 200℃/2.8 kPa 的馏分，得二苄基酮，mp 34～35℃。

脂肪族羧酸的亚铁盐加热可以生成对称的酮。烷基芳基混合酮可以通过与亚铁盐混合加热得到。

$$C_6H_5COOH + RCOOH \xrightarrow{Fe} \text{亚铁盐} + H_2$$

$$\text{亚铁盐} \xrightarrow{\triangle} \underset{\text{（主产物）}}{C_6H_5COR} + C_6H_6COC_6H_5 + RCOR + CO_2 + FeO$$

七、脂肪族羧酸脱羧成烯

除了上述各种脱羧反应外，还有一类脱羧反应，即脂肪族羧酸在四醋酸铅作用下脱羧生成烷烃、端基烯、乙酸酯等，有关内容详见“氧化反应原理”一书第十章第二节。此方法反应条件温和，产物收率也较高。

其实，在 Cu^{2+} 盐催化剂存在下，很多脂肪族羧酸都可以脱羧生成烯。例如：

$$\text{环丁烷甲酸(□—COOH)} \xrightarrow{Pb^{4+}/Cu^{2+}} \text{环丁烯}$$

$$C_6H_{11}CH_2COOH \xrightarrow{Pb^{4+}/Cu^{2+}} C_6H_{10}{=}CH_2$$

1993 年 Miller 等［Miller J A. et al. J Org Chem，1993，58（1）：18］报道，

用催化量的钯或铑的配合物脱羧可以高选择性、高收率的合成端基烯的方法，此后该方法有了一定的发展。例如由壬二酸脱羧合成1,6-庚二烯：

$$HO_2CCH_2CH_2(CH_2)_3CH_2CH_2COOH + 2Ac_2O \xrightarrow[(66.7\%)]{Pd(PPh_3)_2Cl_2} CH_2{=}CH(CH_2)_3CH{=}CH_2 + 2CO + 4AcOH$$

在氧气存在下，邻位二羧酸在哌啶中与四醋酸铅一起加热，可以发生氧化脱羧反应生成烯烃。

$$R^1R^2C(COOH){-}C(COOH)R^3R^4 \xrightarrow[Py]{Pb(OAc)_4,O_2} R^1R^2C{=}CR^3R^4$$

例如1,4-环己二烯的合成：

$$\text{4-环己烯-1,2-二甲酸} \xrightarrow[Py]{Pb(OAc)_4,O_2} \text{1,4-环己二烯}\quad(76\%)$$

此类反应的反应过程如下。

$$>C(COOH){-}C(COOH)< \xrightarrow{2Pb(OAc)_4} >C(COOPb^{4+}(OAc)_3){-}C(COOPb^{4+}(OAc)_3)< \longrightarrow >\dot{C}{-}C(COOPb^{4+}(OAc)_3)< + CO_2 + Pb^{3+}(OAc)_3$$

$$\longrightarrow >C^{+}{-}C(COO^{-})< + Pb^{3+}(OAc)_3 \longrightarrow >C{=}C< + CO_2$$

实际上该方法在合成环烯类化合物的合成中应用较多，因为很多环状邻位二羧酸容易通过Diels-Alder反应或环加成反应来制备。

八、脂肪族羧酸的脱羧卤化反应

羧酸在四醋酸铅和氯化锂存在下于苯中回流，可以得到减少一个碳原子的氯代烃，该反应称为Kochi反应。

$$RCOOH \xrightarrow{Pb(OAc)_4,I_2} RCOOPb(OAc)_3 \xrightarrow[\text{回流}]{LiCl,PhH} R{-}Cl$$

干燥的羧酸银在非极性溶剂如四氯化碳中与溴一起加热回流，失去二氧化碳并生成减少一个碳原子的溴代烃，反应属于自由基型反应。该反应称为Hunsdiecker脱羧反应。

$$RCH_2COOH \xrightarrow{AgNO_3,KOH} RCH_2COOAg \xrightarrow[\text{回流}]{Br_2,CCl_4} RCH_2Br$$

此反应广泛用于制备脂肪族、脂环族，以及某些芳香族与杂环族卤化物，特别是从天然的偶数碳原子羧酸来制备奇数碳的长链卤代烃。反应产率从伯卤代烃、仲卤代烃到叔卤代烃逐渐降低。卤素中溴反应效果最好。用二羧酸单银盐，可得卤代羧酸。

由于许多羧酸的银盐对热不稳定，不容易得到干燥的银盐，而少量水的存在又会影响收率，因此人们又作了很多改良，其中之一是使用氧化汞。羧酸与氧化汞反应，再在非极性溶剂如四氯化碳中与卤素一起加热回流，失去二氧化碳并生成减少一个碳原子的卤代烃。

$$RCH_2COOH \xrightarrow{HgO} RCH_2COOHg \xrightarrow[\text{回流}]{X_2,CCl_4} RCH_2X$$

喹诺酮类药物环丙沙星（Ciprofloxacin）、恩罗沙星（Enrofloxacin）、司帕沙星（Sparfloxacin）等的中间体溴代环丙烷的合成［张文楠，李天佡，崔惠芳，朱靖. 中国医药工业杂志，2004，35（10）：582］。

$$\triangleright\!-COOH \xrightarrow[CCl_4]{Br_2,\ HgO} \triangleright\!-Br \quad (69\%)$$

银盐法的另一改良方法是使用羧酸的铊盐。

$$n\text{-}C_9H_{19}COOH \xrightarrow{EtOTi} n\text{-}C_9H_{19}COOTi \xrightarrow{Br_2,CCl_4} n\text{-}C_9H_{19}Br \quad (89\%)$$

第四节 取代羧酸的消除反应

取代羧酸在此只讨论羟基羧酸和卤代羧酸，它们在有机合成。药物合成中应用较广。

一、羟基羧酸的热反应

脂肪族羟基酸又叫醇酸，一般为黏稠液体或结晶，易溶于水，其溶解度通常都大于相应的脂肪酸。由于分子中同时存在两个极性基团，生成氢键的能力强，沸点较高，常压蒸馏会分解。

酚酸大多为结晶，熔点比相应的芳香族羧酸高。有些酚酸易溶于水，如没食子酸，有些微溶于水，如水杨酸等。

脂肪族羟基羧酸主要有 α-羟基酸、β-羟基酸、γ-羟基酸、δ-羟基酸等。羟基与羧基的相对位置不同，其受热时的反应性能也不同。

（1）α-羟基酸　α-羟基酸受热时，发生双分子间的脱水反应，即它们之间交叉酯化，生成环状化合物——交酯。

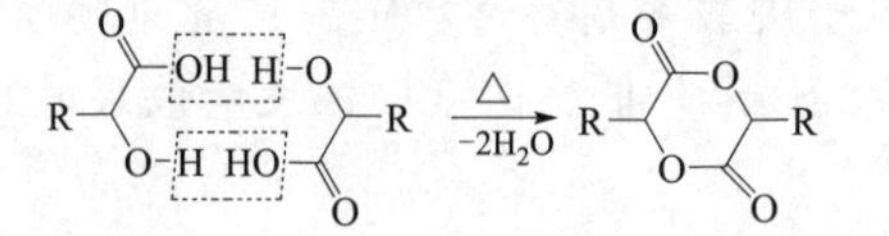

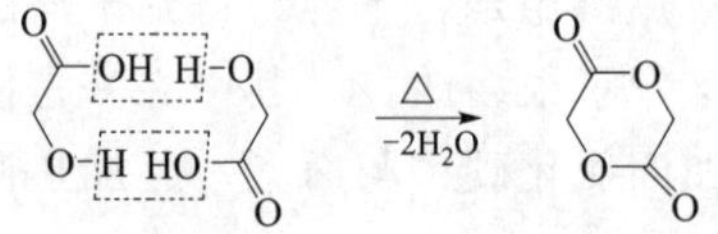

羟基乙酸 乙交酯

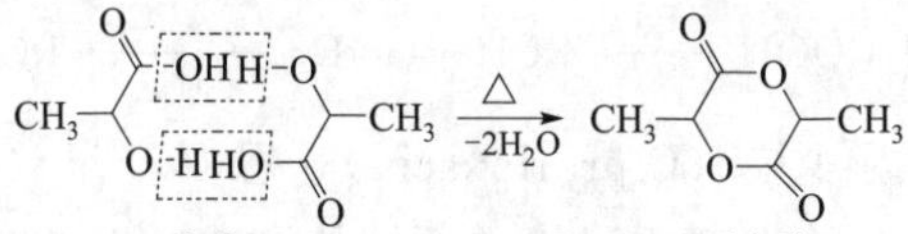

乳酸 丙交酯

用L-乳酸制备的L-丙交酯，经聚合可以合成聚-L乳酸（PLLA），其为一类完全生物降解的合成高分子材料。由于其优异的生物相容性和可降解性，已经广泛用于生物医学领域。同时，由于其良好的加工性能，可以代替现行的石油基塑料制品，解决环境污染问题，被称为绿色塑料。

酒石酸为2,3-二羟基丁二酸，在催化剂存在下加热可以生成丙酮酸。丙酮酸为抗高血压药物依那普利（Enalapril）等的中间体。

丙酮酸（Pyruvic acid），$C_3H_4O_3$，88.06。无色至浅黄色液体。mp 13.6℃，bp 165℃（分解）。d_4^{15} 1.267。能与水、醇、醚混溶，易吸潮，易聚合、分解，有酸味。容易聚合。

制法

方法1 孙昌俊，曹晓冉，王秀菊. 药物合成反应——理论与实践. 北京：化学工业出版社，2007：353.

$$\begin{array}{l}CHOHCOOH\\ |\\ CHOHCOOH\end{array} \xrightarrow[\triangle]{KHSO_4} CH_3COCOOH + CO_2 + H_2O$$

（**2**） （**1**）

将粉末状酒石酸（**2**）200 g（1.33 mol）、新熔融过的硫酸氢钾 300 g（2.2 mol）在研钵中研磨成均匀混合物，加入1.5 L反应瓶中，安上蒸馏装置（空气冷凝器）。油浴加热至210～220℃，同时收集馏出液，直至不再有液体馏出为止。减压蒸馏馏出液，收集75～80/3.3 kPa的馏分，得无色或微黄色丙酮酸（**1**）60 g，收率51%。冷冻后固化。

方法2 孙昌俊，曹晓冉，王秀菊. 药物合成反应——理论与实践. 北京：化学工业出版社，2007：353.

$$HOOC\text{-}CH(OH)\text{-}CH(OH)\text{-}COOH \xrightarrow{K_2S_2O_7} H_3C\text{-}CO\text{-}COOH + CO_2 + H_2O$$

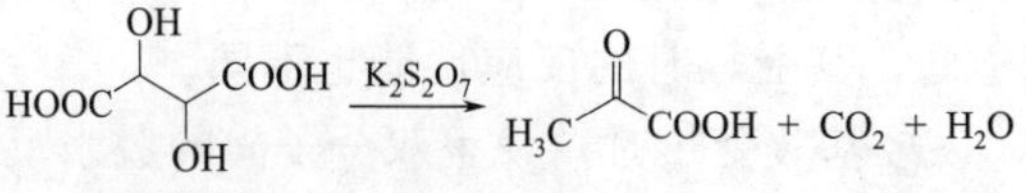

（**2**） （**1**）

于安有搅拌器、蒸馏装置的3L反应瓶中，加入粉碎的焦硫酸钾360g（1.4 mol），酒石酸（**2**）240g（1.6mol），混合均匀。电热包加热使熔化（约180℃），有气泡产生，至气泡消失，并有烟雾产生，继续加热至220℃.将生成的丙酮酸不断蒸出，直至无馏出液为止（约240℃），得粗丙酮酸110g左右。将粗丙酮酸重新减压分馏，收集65～72℃/2.7kPa的馏分，得淡黄色丙酮酸（**1**）55g，收率39%。

（2）β-羟基酸　β-羟基酸受热时，发生消除反应，主产物是α,β-不饱和酸，例如：

$$CH_3\underset{\displaystyle OH}{\underset{|}{C}}HCH_2COOH \xrightarrow[-H_2O]{\triangle} CH_3CH{=}CHCOOH$$

巴豆酸

$$HO{-}\overset{\displaystyle CH_2COOH}{\overset{|}{C}}HCOOH \xrightarrow[-H_2O]{\triangle} \begin{matrix} H & & COOH \\ & C{=}C & \\ HOOC & & H \end{matrix}$$

富马酸

例如有机合成中间体乌头酸的合成，乌头酸也可作为调味剂。

3-羧基戊烯-2-二酸（乌头酸）（Aconitic acid），$C_6H_6O_6$，174.11。无色晶体。mp 180～200℃（分解）。有顺、反异构体。

制法　孙昌俊，曹晓冉，王秀菊.药物合成反应——理论与实践.北京：化学工业出版社，2007：357.

$$\begin{matrix} CH_2COOH \\ | \\ C(OH)COOH \\ | \\ CH_2COOH \\ (\mathbf{2}) \end{matrix} + H_2SO_4 \longrightarrow \begin{matrix} CHCOOH \\ \| \\ CCOOH \\ | \\ CH_2COOH \\ (\mathbf{1}) \end{matrix} + H_2O$$

于安有搅拌器、回流冷凝器的1L反应瓶中，加入105mL水，210g（115 mL）浓硫酸，搅拌下加入含1个结晶水的柠檬酸（**2**）210g（1mol），于140～145℃的油浴中加热反应7h，得浅棕色溶液。稍冷后倒入搪瓷盘中，不断搅动下冷却至40～45℃，析出固体。抽滤，将固体物加到预先在冰浴中冷却的70mL浓盐酸中，搅成糊状。抽滤，用冷的冰乙酸洗涤两次，抽干后，干燥器中干燥，得无色结晶状3-羧基戊烯-2-二酸（**1**）71～77g，收率41%～44%。

柠檬酸还可以发生其他反应，例如消炎镇痛药佐美酸钠（Zomepirac sodium）、阿托品（Atropine）、山莨菪碱（Anisodamine）等的中间体1,3-丙酮二羧酸的合成。

1,3-丙酮二羧酸（1,3-Acetonedicarboxylic acid），$C_5H_6O_5$，146.10。无色针状结晶，mp 135℃（分解），易溶于水、乙醇，不溶于氯仿和苯，微溶于乙醚、醋酸乙酯。

制法　孙昌俊，曹晓冉，王秀菊.药物合成反应——理论与实践.北京：化学工业出版社，2007：359.

$$HOOCCH_2C(OH)(COOH)CH_2COOH \xrightarrow[\text{发烟}]{H_2SO_4} HOOCCH_2COCH_2COOH + CO + H_2O$$

(2) (1)

于安有搅拌器、温度计的3L反应瓶中，加入20%的发烟硫酸1500g（780mL），冰盐浴冷至－5℃，搅拌下慢慢分批加入研细的一水柠檬酸（**2**）450g（2.14mol），控制温度不超过0℃，约3h加完。慢慢升至室温，有大量气泡产生（一氧化碳气体）。搅拌反应直至反应液成浅黄色澄清液，并无一氧化碳冒出。冷至0℃左右，搅拌下慢慢倒入800g碎冰中，析出白色固体。抽滤，冷水洗涤，再用乙酸乙酯洗涤，干燥，得丙酮二羧酸（**1**）266g，收率85%，mp.132～134℃（分解），密闭后低温保存。

又如除草剂、杀虫剂等的中间体2-亚甲基丁二酸酐（**13**）的合成（勃拉特 A H）. 有机合成：第二集. 南京大学化学系有机化学教研室译，科学出版社，1964：252）。

$$CH_2(CO_2H)-C(OH)(CO_2H)-CH_2(CO_2H) \xrightarrow{\triangle} \text{(13)} + 2H_2O + CO_2$$

(13)

β-羟基酸与过量的DMF二甲缩醛一起加热回流，可以消去*β*-羟基酸的羟基和羧基生成烯类化合物（Hara S，Taguchi H，Yamamoto H，et al. Tetrahedron Lett1，1975，19：1545）。

$$-C(OH)-C(COOH)- \xrightarrow{Me_2NHCH(OMe)_2} >C=C<$$

反应过程如下：

$$R^1R^2C(OH)-CR^3R^4(COOH) \xrightarrow[-2MeOH]{Me_2NHCH(OMe)_2} \text{环状中间体} \longrightarrow R^1R^2C=CR^3R^4 + DMF + CO_2$$

$$\text{环状中间体} \longrightarrow R^1R^2C(O-CH=N^+Me_2)-CR^3R^4-COO^- \xrightarrow[-DMF]{-CO_2} R^1R^2C=CR^3R^4$$

利用该反应可以合成一～四取代的乙烯衍生物。将*β*-羟基酸与过量的DMF二甲缩醛于氯仿中加热回流，即可高收率的得到相应的烯。有证据证明，反应是经历上述两性离子中间体的E1或E2消除反应。例如香料玫瑰呋喃的合成[Marshall J A，Dubay W J. J Org Chem，1993，58（14）：3602]。玫瑰呋喃

(Rosefuran）是一种重要的香料，具有柑橘、玫瑰的香韵，是玫瑰油的重要组成部分，广泛应用于化妆品、饮料、食品、烟草等行业。

$Me_2NHCH(OR)_2$；$CHCl_3$，△；$R = CH_2C(CH_3)_3$

(61%)

又如如下反应：

1.LDA 2. ；$Me_2NHCH(OMe)_2$；DMF, 50℃

(总59%)

如下β-羟基酸在三氯氧钒存在下于氯苯中回流，生成相应的烯。

$VOCl_3$；C_6H_5Cl，回流

(61%)

β-羟基酸的内酯加热脱羧也可以生成烯烃，反应属于立体专一的顺式消除，反应也涉及两性离子中间体。

△ ；$R^2R^1C{=}CR^4R^3 + CO_2$

例如1,1-二氟-2-甲基丙烯的合成：

$$CH_3-\underset{OH}{\overset{CH_3}{C}}-CF_2COOH \xrightarrow[CHCl_3,\ 0℃]{PhSO_2Cl.Py} \text{(89\%)} \xrightarrow[\triangle]{-CO_2} (CH_3)_2C{=}CF_2\ \text{(87\%)}$$

（3）γ-及δ-羟基酸　γ-或δ-羟基酸受热时，发生分子内的酯化反应，生成五元或六元的环状内酯。

$$\underset{OH}{CH_2}CH_2CH_2COOH \xrightarrow[-H_2O]{\triangle} \gamma\text{-丁内酯}$$

$$\underset{OH}{CH_2}CH_2CH_2CH_2COOH \xrightarrow[-H_2O]{\triangle} \delta\text{-戊内酯}$$

γ-丁内酯作为香料、医药中间体应用广泛。作为一种高沸点溶剂，溶解性强，电性能及稳定性好，使用安全。作为一种质子型强力溶剂，可溶解大多数低分子聚合物及部分高分子聚合物，可用作电池电解质，以代替强腐蚀性酸液。在

聚合反应中可作为载体并参加聚合反应。可用于吡咯烷酮、丁酸、琥珀酸的合成等，在医药、香料等精细化学品合成方面应用很广。

γ-戊内酯为有机合成中间体，其一种合成方法如下。

γ-戊内酯（γ-Valerolactone），$C_5H_8O_2$，100.12。无色或浅黄色液体，具有香兰素和椰子芳香味。

制法　刘道君，刘莹.香料香精化妆品，1999，4：1.

$$CH_3COCH_2CH_2COOH\ (\mathbf{2}) \xrightarrow[NaOH,\ H_2O]{Ni,\ H_2} CH_3CH(OH)CH_2CH_2COONa \xrightarrow{H_2SO_4} (\mathbf{1})$$

于高压反应釜中加入乙酰丙酸（**2**）116g（1.0mol），由氢氧化钠44g（1.1mol）溶于100mL水配成的溶液，加入W-4催化剂5g，密闭后以氮气排除空气，再以氢气排除氮气，保持80～90℃、氢气压力0.2MPa进行还原，直至不再吸收氢气为止。冷至室温，过滤除去催化剂。用硫酸调至pH2～3。静止分层，分出有机层，水层用苯提取2次。合并有机层，以10%的碳酸钠洗涤，水洗。回收苯后减压蒸馏，收集83～86℃/1.233kPa的馏分，得化合物（**1**）75～78g，收率75%～80%。

δ-环戊内酯又名四氢-α-吡喃酮，是一种无色或浅黄色液体。在生物降解材料和药物合成中有重要用途，特别是在抗癌化合物、抗生育药物的合成方面显示了一些独特的作用。不过，δ-环戊内酯通常是由环戊酮的Baeyer-Villiger反应来制备的。

$$\text{环戊酮} \xrightarrow{PhCO_3H} \delta\text{-环戊内酯}$$

二、卤代羧酸的消除反应

α-卤代（氯、溴）羧酸通常由卤素、磷直接与羧酸反应来合成（Hell-Volhard-Zelinski反应）。

$$RCH_2COOH \xrightarrow{X_2,P} RCH(X)COOH$$

β-卤代羧酸则可以由α,β-不饱和羧酸与卤化氢的加成反应来制备。

$$RCH{=}CHCOOH \xrightarrow{HBr} RCH(Br)CH_2COOH$$

α-和β-卤代羧酸都可以在碱的存在下发生消除反应生成α,β-不饱和羧酸。例如眼病治疗药富马酸依美斯汀（Emedastine fumarate）中间体富马酸（反丁烯二酸）的合成。

富马酸 [Fumaric acid，(*E*)-2-Butenedioic acid，*trans*-Ethylene-1，2-dicarboxylic acid]，$C_4H_4O_4$，118.07。无色结晶。加热至200℃以上升华。于密闭的毛细管中加热，于286～287℃熔化。难溶于水，易溶于乙醇，难溶于乙醚。

制法 韩广甸，赵树纬，李述文.有机制备化学手册：中卷.北京：化学工业出版社，1978：227.

$$\begin{matrix}CH_2COOH\\|\\CH_2COOH\end{matrix}\xrightarrow[Br_2]{PBr_3}\begin{matrix}BrCHCOBr\\|\\CH_2COBr\end{matrix}\xrightarrow{H_2O}\begin{matrix}H\quad\quad CO_2H\\C{=}C\\HO_2C\quad\quad H\end{matrix}+3HBr$$

(2) (1)

于安有搅拌器、回流冷凝器（连接溴化氢吸收装置）、滴液漏斗、温度计的反应瓶中，加入预先干燥的丁二酸（**2**）118g（1.0mol），新蒸馏的三溴化磷 212g，搅拌下滴加干燥的溴 307g（98.5mL），约 2h 加完。滴加过程中体系变黏稠以至于难以搅拌。停止搅拌，加完所有的溴。放置过夜。水浴加热，搅拌 4h，使溴的颜色消失（加热时不要使溴的蒸气逸出）。将反应物慢慢倒入 300mL 沸水中，充分搅拌，析出结晶。再加入 500mL 水，加热至沸，使固体物溶解，过滤。冷却析晶。抽滤析出的晶体，水洗、干燥，得反丁烯二酸 25～30g。母液减压浓缩至 1/2 体积时，冷却后又析出部分产品。共得反丁烯二酸（**1**）58g，收率 50%。

又如防晒霜紫外线吸收剂的粘康酸的合成。

粘康酸 (*trans*，*trans*-Muconic acid)，$C_6H_6O_4$，142.11。白色结晶。mp 290℃（分解），bp 320℃。

制法 樊能廷.有机合成事典.北京：北京理工大学出版社，1992：594.

$$\begin{matrix}CH_2CHBrCOOC_2H_5\\|\\CH_2CHBrCOOC_2H_5\end{matrix}\xrightarrow[2.\ HCl]{1.\ KOH}\begin{matrix}CH{=}CHCO_2H\\|\\CH{=}CHCO_2H\end{matrix}$$

(2) (1)

于安有搅拌器、回流冷凝器、滴液漏斗的反应瓶中，加入氢氧化钾 3kg，甲醇 5L，搅拌下保持回流状况下滴加热至 100℃的 2,5-二溴己二酸二乙酯（**2**）1130g（3.14mol），控制滴加速度，保持反应液回流。加完后继续回流反应 2h。室温放置过夜。抽滤，滤饼用甲醇洗涤。将滤饼溶于 8L 热水中，加入活性炭 30g 脱色。过滤，滤液在冰盐浴冷却下，用 1.5L 浓盐酸酸化。2h 后过滤，水洗，甲醇洗，于 80℃干燥，得近乎无色的化合物（**1**）165～195℃，收率 37%～43%。

由 α,β-二溴-β-苯基丙酸制备溴化苯乙烯的脱羧反应也有应用价值。

$$C_6H_5{-}CHBrCHBrCOOH\xrightarrow{\triangle}C_6H_5{-}CH{=}CHBr+CO_2+HBr$$

卤素原子距离羧基更远的卤代羧酸，发生消除反应时，也能生成相应的不饱和羧酸。

三、其他羧酸的消除反应

β,γ-不饱和酸加热时可以脱羧，其过程可表示如下：

$$\text{H}_2\text{C}{=}\text{CH}{-}\text{CH}_2{-}\text{C}(=\text{O}){-}\text{O}{-}\text{H} \xrightarrow{\triangle} \text{CH}_3{-}\text{CH}{=}\text{CH}_2 + \text{CO}_2$$

如下 2-羟基环戊烷乙酸在浓硫酸粗那些脱羧，首先是脱水生成环状 β,γ-不饱和酸，而后经六元环过渡态失去二氧化碳生成烯。

$$\text{(2-羟基环戊基)}{-}\text{CH}_2{-}\text{COOH} \xrightarrow{\text{H}^+} \text{(2-}{}^{+}\text{OH}_2\text{-环戊基)}{-}\text{CH}_2{-}\text{COOH} \xrightarrow{-\text{H}_2\text{O}} \text{(2-碳正离子环戊基)}{-}\text{CH}_2{-}\text{COOH}$$

$$\xrightarrow{-\text{H}^+} \text{(环戊烯基)}{-}\text{CH}_2{-}\text{C}(=\text{O}){-}\text{O}{-}\text{H} \longrightarrow \text{(亚甲基环戊烷)}{=}\text{CH}_2 + \text{CO}_2$$

显然，β,γ-不饱和酸加热时脱羧生成的烯，双键发生了移位。

第七章 酰卤的消除反应

酰卤可以发生消除卤化氢反应生成烯酮，α-卤代酰卤在锌或三苯基膦作用下，可以脱去卤素生成烯酮，含有 α-H 的酰卤在三（三苯基膦）氯化铑（Wilkinson 催化剂）、金属铂或其他催化剂存在下加热，可以脱去 HX 和 CO，生成烯烃。这些反应在有机合成、药物合成中有重要用途。

第一节 酰氯脱卤化氢生成烯酮

烯酮是分子中的羰基碳原子与另一个碳原子以双键直接连接的一类化合物的总称，即含有 $R^1R^2C=C=O$ 结构的化合物，其中的 R^1、R^2 为 H、烷基或芳基等。烯酮类化合物有多种合成方法（见第六章第一节），可以参与多种化学反应。

具有 α-H 的酰氯与叔胺如三乙胺反应可以生成烯酮。

$$R_2C(H)-C(=O)-X \xrightarrow{R_3N} R_2C=C=O + R_3N.HX$$

例如二苯基乙烯酮的合成。二苯乙烯酮是急、慢性功能性腹泻及慢性肠炎治疗药地芬诺酯（Diphenoxylate）等的中间体。

二苯乙烯酮（2,2-Diphenylethenone），$C_{14}H_{10}O$，194.23。橙色油状液体。

制法 E C Taylor，A McKillop，G H Hawks . Organic Syntheses，1988，Coll Vol 6：549.

$$\underset{(\mathbf{2})}{Ph_2CHCOOH} \xrightarrow{SOCl_2} \underset{(\mathbf{3})}{Ph_2CHCOCl} \xrightarrow{Et_3N,Et_2O} \underset{(\mathbf{1})}{Ph_2C=C=O}$$

二苯基乙酰氯（**3**）：于反应瓶中加入二苯基乙酸（**2**）50 g（0.236 mol），无噻吩苯 150 mL，搅拌下加热回流，于 30 min 滴加氯化亚砜 132 g（80.1 mL，1.11 mol）。加完后继续回流反应 7 h。减压蒸出苯和过量的氯化亚砜。剩余物中加入

100 mL 苯，重新蒸馏以除去剩余的氯化亚砜。剩余物溶于 150 mL 沸腾的己烷中，活性炭脱色。过滤，冷冻，析出无色片状结晶。过滤，少量己烷洗涤，于 25℃真空干燥，得化合物（**3**）42～45 g，收率 77%～84%，mp 51～53℃。母液浓缩至 50 mL，冷冻，得产品 2.5～4.0 g。总重 44.5～49 g，收率 82%～94%。

二苯乙烯酮（**1**）：于反应瓶中加入化合物（**3**）23.0 g（0.1 mol），无水乙醚 200 mL，冰浴冷却，氮气保护于 30 min 滴加三乙胺 10.1 g（0.1 mol），生成三乙胺盐酸盐沉淀，溶液呈浅黄色。加完后置于 0℃冰箱中。过滤，乙醚洗涤。减压蒸出乙醚，剩余的红色液体减压分馏，收集 118～120℃/133 Pa 的馏分，得橙色油状液体（**1**）10.2～10.8 g，收率 53%～57%。于 0℃密闭保存数周不分解。

反应过程如下：

$$R_2CH-C(=O)-X \xrightarrow[-R_3NH^+]{R_3N} R_2\bar{C}-C(=O)-X \xrightarrow{-X^-} R_2C=C=O$$

$$R_3NH^+ + X^- \longrightarrow R_3N.HX$$

从上述机理可以看出，若其中的一个 R 基团为吸电子基团，如—CN、—CO_2R、RSO_2—等，则提高了 α-H 的反应活性，使反应更容易进行。

分子中含有 α-H 的酰卤化合物大多数都可以发生该反应。若上式中酰卤的 R 至少有一个为氢，即至少有两个 α-H，则容易生成烯酮二聚体而不是烯酮。

$$RCH_2COCl \xrightarrow{i\text{-}Pr_2\text{-}NEt} \text{(R, R-二取代环丁-1,3-二酮)}$$

上述反应是烯酮发生了［2+2］环加成反应。

$$RCH_2COCl \xrightarrow{i\text{-}Pr_2\text{-}NEt} R-CH=C=O$$

医药、农药中间体环庚三烯酚酮的合成如下。

环庚三烯酚酮（Tropolone），$C_7H_6O_2$，122.12。白色针状固体。mp 50.5℃。

制法　① Richard A. Minns. Organic Syntheses，1988，Coll Vol 6：1037. ② 庞小琳，刘凤艳，徐英黔. 应用化工，2011，40（7）：1290 .

$$\text{环戊二烯} + Cl_2CHCOCl\ (\mathbf{2}) \xrightarrow{Et_3N,\ C_5H_{12}} (\mathbf{3}) \xrightarrow[AcOH]{NaOH} (\mathbf{1})$$

7,7-二氯二环［3.2.0］庚-2-烯-6-酮（**3**）：于反应瓶中加入二氯乙酰氯（**2**）100g（0.678mol），环戊二烯170ml（2mol），戊烷700mL，氮气保护，加热回流。于4h滴加由三乙胺70.8g（0.701mol）与300mL戊烷配成的溶液。加完后继续回流反应2h。加入250mL水热解生成的三乙胺盐酸盐，分出有机层，水层用戊烷提取。合并有机层，干燥后浓缩。剩余的橙色液体减压分馏，收集66～68℃/266Pa的馏分，得无色液体（**3**）101～103g，收率84%～85%，GC分析纯度>99%。

环庚三烯酚酮（**1**）：于反应瓶中加入冰醋酸500mL，搅拌下小心加入片状氢氧化钠100g，完全热解后，氮气保护下加入化合物（**3**）100g（0.586mol），回流反应8h。慢慢加入浓盐酸，直至pH1，约需125mL盐酸。加入苯1L，过滤，固体氯化钠用苯洗涤3次。分出有机层，水层用苯连续提取。合并苯层，浓缩，得粗品。减压蒸馏，收集60℃/13.3Pa是馏分，得化合物（**1**）66.4g，固化后为黄色固体。将其溶于150mL二氯甲烷中，加入戊烷600mL，4g活性炭，加热沸腾。过滤，于−20℃冷却，过滤，得白色针状结晶（**1**）53g，收率77%，mp 50～51℃。母液浓缩至干，溶于戊烷中，脱色，冷却，可以再得到8g产品，mp 49.5～51℃。

丙酰氯与三乙胺反应，首先生成丙烯酮，而后发生Wittig反应生成相应的丙二烯类产物（Robert W. Langl and Hans-Jürgen Hansen. Organic Syntheses，1990，Coll Vol 7：232）：

$$CH_3CH_2COCl + Ph_3P{=}CH(CO_2Et) \xrightarrow[(62\%\sim64\%)]{Et_3N} CH_3(H)C{=}C{=}C(H)CO_2Et$$

烯酮是性质活泼的化合物，很多情况下是原位产生烯酮并与其他反应物作用，生成希望得到的产物。例如如下β-内酰胺类化合物的合成（Thggi A E，Wack H，Hafez A M，et al. Org Lett，2002，4：627）。

$$RCH_2COCl + EtO_2C\text{-}CH{=}N\text{-}Ts \xrightarrow[\text{手性催化剂}]{NaH,15\text{-冠-}5} \left[RCH{=}C{=}O + EtO_2C\text{-}CH{=}N\text{-}Ts \right] \longrightarrow \text{β-内酰胺}(Ts\text{-}N, EtO_2C, R)$$

反应中15-冠-5作为相转移催化剂以提高氢化钠的溶解性。β-内酰胺类化合物是非常重要的具有生物活性的化合物，不但是有效的抗生素类化合物，而且还发现是一种极具潜力的丝氨酸蛋白酶抑制剂。这类化合物的合成，特别是立体选择合成受到人们的普遍重视，并已取得了一定的进展。

烯酮与酰氯反应，可以发生烯酮碳原子上的酰基化反应生成酰基烯酮，后者水解生成酮类化合物。例如有机合成中间体12-二十三酮的合成。

12-二十三烷酮（12-Tricosanone），$C_{23}H_{46}O$，338.61。白色固体。mp 70.2℃。

制法 Sauer J C. Organic Syntheses，1963，Coll Vol 4：560.

$$2C_{10}H_{21}CH_2COCl\ (\mathbf{2}) \xrightarrow{2Et_3N,\ Et_2O} C_{10}H_{21}CH_2COC(C_{10}H_{21})=C=O \xrightarrow[\text{或}2\%KOH,\ \triangle]{2\%H_2SO_4,\ \triangle} C_{10}H_{21}CH_2COCH_2C_{10}H_{21}\ (\mathbf{1})$$

于安有搅拌器、温度计、回流冷凝器、滴液漏斗的 3L 反应瓶中，加入无水乙醚 1250mL，月桂酰氯（**2**）153g（0.7mol），冰水浴冷却，搅拌下慢慢滴加三乙胺 70.7g（0.7mol），约 10min 加完。加完后继续搅拌反应 1h。慢慢升至室温，搅拌反应 12～24h（TLC 监测）。加入 125mL（2%）的稀硫酸，分出水层（三乙胺的硫酸盐），有机层回收乙醚后，加入 500mL（2%）的氢氧化钾溶液，水浴加热 1h。冷却，过滤，将蜡状物尽量将水挤干，溶于热的 400mL 丙酮和 400mL 甲醇的混合液中，趁热过滤，滤液冰水冷却，过滤，滤饼用冷甲醇洗涤，干燥，得产品（**1**）55～65g，收率 46%～55%。可以用丙酮再重结晶一次得到纯品。

第二节　α-卤代酰卤的脱卤反应

α-卤代酰卤在锌或三苯基膦作用下，可以脱去卤素生成烯酮。

$$R_2C(X)-C(X)=O \xrightarrow[\text{或 } Ph_3P]{Zn} R_2C=C=O$$

在上述反应中，当两个 R 基团为芳基或烷基时，烯酮的收率尚可，但其中一个为氢时，结果并不理想。

例如二甲基乙烯酮的合成（Smith C W，Norton D G. Organic Syntheses，1963，Coll Vol 4：348）：

$$(CH_3)_2CHCOOH \xrightarrow[(75\%\sim83\%)]{Br_2,\ P} (CH_3)_2CBrCOBr \xrightarrow[EtOAc]{Zn,\ \triangle} (CH_3)_2C=C=O + ZnBr_2\ (46\%\sim54\%)$$

α-溴代二苯基乙酰溴于己烷或苯中反应，可以生成二苯基乙烯酮。其为急、慢性功能性腹泻及慢性肠炎治疗药地芬诺酯（Diphenoxylate）等的中间体。

二苯乙烯酮（2,2-Diphenylethenone），$C_{14}H_{10}O$，194.23。橙色油状液体。

制法　Darling S D，Kidwell R L. J Org Chem，1968，33（10）：3974.

$$Ph_2CBrCOBr\ (\mathbf{2}) \xrightarrow[C_6H_{14}]{PPh_3} Ph_2C=C=O\ (\mathbf{1}) + Ph_3PBr_2$$

于安有搅拌器、温度计、滴液漏斗的干燥反应瓶中，加入三苯基膦 20.8 g

(0.079 mol) 溶于 270 mL 用金属钠干燥的正己烷的溶液，当冷至约 20℃时析出固体。此时迅速由滴液漏斗加入由溴代二苯基乙酰溴 (**2**) 25.7 g (0.073 mol) 溶于 180 mL 正己烷的溶液，约 10 min 加完，注意保持反应液温度在 20.5～22.5℃，沉淀溶解生成黄色溶液。继续反应 15 min。过滤，滤饼用己烷洗涤 3 次。合并滤液和洗涤液，加入少量氢醌，减压浓缩。剩余物高真空蒸馏，接受瓶用干冰冷却。收集 119～121℃/445 Pa 的馏分，得化合物 (**1**) 7.2g。固化后为橙黄色固体，mp 8～9℃。

其实，在很多反应中，烯酮是原位生成，立即参与进一步的反应。例如如下反应，原位生成的二氯乙烯酮与炔立即发生 [2+2] 反应生成环丁烯酮衍生物 (Rick L Danheiser1, Selvaraj Savariar, Don D Cha. Organic Syntheses, 1993, Coll Vol 8: 82):

$$Cl_3C-CO-Cl + n\text{-}Bu-C\equiv CH \xrightarrow[Et_2O]{Zn(Cu),\ DME} \text{3-}n\text{-Bu-4,4-dichlorocyclobut-2-enone}\ (76\%\sim78\%) \xrightarrow[EtOH]{Zn,\ TMEDA\text{-}AcOH} \text{3-}n\text{-Bu-cyclobut-2-enone}\ (78\%\sim86\%)$$

又如 (Jean-Pierre Deprés and Andrew E. Greene. Organic Syntheses, 1993, Coll Vol 8, 377):

$$Cl_3C-CO-Cl + \text{1-methylcyclopentene} \xrightarrow{Zn(Cu),\ POCl_3} \text{bicyclic dichlorocyclobutanone}\ (CH_3,\ Cl,\ Cl,\ H)\ (77\%\sim83\%) \xrightarrow[3.NaIO_4,\ RuCl_3]{1.BuLi\ \ 2.AcOH} \text{1-methylcyclopentane-1,2-dicarboxylic acid}\ (CH_3,\ COOH,\ COOH,\ H)\ (61\%\sim62\%)$$

α-溴代酰氯 (溴) 在 $Mn(CO)_5^-$ 负离子作用下可以生成乙烯酮类化合物 [Andrew P Masters, Ted S Soremen, Tom Ziegler. J Org Chem, 1986, 51 (18): 3558]。

$$R^1R^2C(Br)-COCl + Mn(CO)_5^- \longrightarrow R^1R^2C=C=O + Mn(CO)_5Br + Cl^-$$

γ-溴代丁烯酸酰氯在相似的条件下生成乙烯基乙烯酮。

$$BrCH_2(H)C=C(COCl)R^1 + Mn(CO)_5^- \longrightarrow H_2C=CH-C(R^1)=C=O + Mn(CO)_5Br + Cl^-$$

R^1, R^2 = H，烷基

第三节 酰卤脱卤脱羰基生成烯

含有 α-H 的酰卤在三（三苯基膦）氯化铑（Wilkinson 催化剂）、金属铂或其他催化剂存在下加热，可以脱去 HX 和 CO，生成烯烃。

$$\mathrm{RCH_2CH_2COX} \xrightarrow[\triangle]{(PPh_3)_3RhCl} \mathrm{RCH{=}CH_2} + HCl + RhClCO(PPh_3)_2 + PPh_3$$

例如苯丙酰氯反应后生成苯乙烯（Kampmeier J A，Liu T. Organometallics，1989，8：2742）：

$$\mathrm{PhCH_2CH_2COCl} + (PPh_3)_3RhCl \longrightarrow \mathrm{(PhCH_2CH_2CO)RhCl_2(PPh_3)_2} + PPh_3$$

$$\longrightarrow \mathrm{(PhCH_2CH_2)(CO)RhCl_2(PPh_3)_2} \longrightarrow \mathrm{CORhCl(PPh_3)_2} + HCl + PhCH{=}CH_2$$

由于反应物结构的原因不能生成烯时，生成物为卤代烃。例如：

$$\text{间苯二甲酰氯} + (PPh_3)_3RhCl \longrightarrow \text{间二氯苯}\ (69\%) + \text{间氯苯甲酰氯}\ (23\%)$$

不过，利用这种反应合成烯烃的例子并不多见。

第八章 酰胺脱水生成腈

酰胺脱水是制备腈的常用方法之一。

$$R-\overset{O}{\overset{\|}{C}}-NH_2 \longrightarrow R-C\equiv N + H_2O$$

工业上主要是高温脱水，而实验室中常用脱水剂脱水，脱水剂脱水法有多种脱水剂可以选用。这些反应在药物及其中间体的合成中具有广泛的用途。例如喹诺酮类抗菌药依诺沙星（Enoxacin）中间体（**1**）的合成：

$$\text{5-F-2,6-(OH)}_2\text{-pyridine-3-CONH}_2 \xrightarrow[2.H_2O]{1.PCl_5,\ POCl_3} \text{5-F-2,6-Cl}_2\text{-pyridine-3-CN}\ (83\%)\ (\mathbf{1})$$

又如降糖药物维达列汀（Vildagliptin）中间体（**2**）的合成。

$$\text{N-(COCH}_2\text{Cl)-pyrrolidine-2-CONH}_2 \xrightarrow[THF]{(CF_3CO)_2O} \text{N-(COCH}_2\text{Cl)-pyrrolidine-2-CN}\ (76\%)\ (\mathbf{2})$$

第一节 酰胺的高温脱水

酰胺高温脱水一般有两种方法。一种方法是直接用羧酸与氨反应，先生成羧酸的铵盐，加热后失水生成酰胺，继续加热脱水生成腈。

$$RCOOH + NH_3 \rightleftharpoons RCO_2NH_4 \xrightleftharpoons{-H_2O} RCONH_2 \xrightarrow{-H_2O} RCN$$

由于反应中生成的水存在于反应体系中，酰胺脱水同时进行着酰胺的水解，此法的一次产率一般只在 60%左右。

高温脱水法通常是在气相或液相条件下进行的，反应温度较高，例如丙酸与氨反应制备丙腈，反应温度达 380～400℃，由乙酸与氨制备乙腈，反应温度在 350～380℃。

某些催化剂可以提高反应收率，如氧化铝、二氧化硅、磷酸铝等。这种方法更适合于工业化生产。

第二种方法是羧酸与尿素反应，首先生成酰基脲，而后脱氨、脱二氧化碳生成腈。

$$RCOOH + NH_2CONH_2 \xrightarrow{-H_2O} RCONHCONH_2 \longrightarrow RCN + CO_2 + NH_3$$

例如医药、染料中间体对甲基苯甲腈（**3**）的合成。

$$CH_3-C_6H_4-COOH + H_2NCONH_2 \xrightarrow[(54\%)]{\triangle} CH_3-C_6H_4-CN \quad (\mathbf{3})$$

该反应的反应温度也应在 200℃以上。

又如主要用于沙坦类、四唑类药物的合成的医药中间体邻溴苯甲腈的合成。

邻溴苯甲腈（*o*-Bromobenzonitrile），C_7H_4BrN，182.03。针状结晶（水中）。mp 55.5℃，bp 251～253℃。

制法　Juncai Feng，Bin Li，Changchuan Li. Synth Commun，1996，26(24)：4545.

$$o\text{-}BrC_6H_4COOH\ (\mathbf{2}) + H_2NC(=O)NH_2 \longrightarrow o\text{-}BrC_6H_4CN\ (\mathbf{1}) + CO_2 + H_2O$$

于安有搅拌器、温度计、蒸馏装置的反应瓶中，加入邻溴苯甲酸（**2**）202 g (1.0 mol)，尿素 40 g，混合后慢慢加热，熔化后于 160℃保温反应 1 h。慢慢升温至 200℃左右，保温反应 1 h。再慢慢升温至 280℃左右，开始蒸馏，邻溴苯甲腈蒸出的同时，有部分邻溴苯甲酸馏出。升温至 340℃左右时反应结束。将馏出物中加入水 300 mL。浓氨水 40 mL，加热熔化，充分搅拌后冷却，油状物固化，抽滤，水洗，干燥，得粗品。将粗品减压分馏，收集 126～130℃/1.8 kPa 的馏分。得邻溴苯甲腈（**1**）93～100g，收率 51%～54%。

工业上邻溴苯甲腈可以由邻溴甲苯的氨氧化法来合成。

$$o\text{-}BrC_6H_4CH_3 + NH_3 + O_2 \xrightarrow[\text{催化剂}]{\triangle} o\text{-}BrC_6H_4CN$$

又如疟疾病治疗药硝喹(Nitroquine)、抗真菌药克霉唑(Clotrimazole)等的中间体邻氯苯甲腈(**4**)的合成(孙昌俊,曹晓冉,王秀菊.药物合成反应——理论与实践.北京:化学工业出版社,2007:353)。

$$o\text{-}ClC_6H_4CO_2H + H_2NCONH_2 \xrightarrow[(44\%)]{280\sim310℃} o\text{-}ClC_6H_4CN\ (\mathbf{4}) + CO_2 + H_2O + NH_3$$

第二节　酰胺脱水剂脱水合成腈

由于酰胺的制备比较方便，由酰胺用脱水剂脱水制备腈是一种常用的方法，特别是实验室制备中。

常用的脱水剂有 P_2O_5、$POCl_3$、PCl_3、$SOCl_2$、$(CH_3CO)_2O$、甲磺酰氯、草酰氯等。

(1) P_2O_5 脱水剂　在有机合成中，五氧化二磷主要用作干燥剂、有机合成的脱水剂和关环反应的催化试剂。酰胺用五氧化二磷脱水可以制备腈。*N*-未取代的酰胺与过量的五氧化二磷共蒸馏可以高产率制备腈。很多反应是在无溶剂条件下进行的，有时可以用高沸点的溶剂。

五氧化二磷是很强的脱水剂。酰胺用五氧化二磷脱水生成腈和偏磷酸。偏磷酸也具有脱水作用，偏磷酸最终可生成磷酸。

$$RCONH_2 + P_2O_5 \xrightarrow{\triangle} RCN + 2HPO_3$$

$$HPO_3 + H_2O \longrightarrow H_3PO_4$$

正因为如此，用 P_2O_5 作脱水剂时，需要反应底物分子对酸稳定。一般不加溶剂，或使用高沸点的溶剂如甲苯、二甲苯、二苯醚等。

在用五氧化二磷作脱水剂制备腈时，五氧化二磷一般只按生成偏磷酸计算，即 1 mol 的酰胺使用略高于 1 mol 的五氧化二磷。反应中有可能是首先生成 *O*-偏磷酸酯，后者加热发生消除生成腈和偏磷酸。

$$R-\overset{O}{\overset{\|}{C}}-NH_2 \rightleftharpoons R-\overset{OH}{\overset{|}{C}}=NH \xrightarrow{P_2O_5} \left[R-C(-O-PO_2)=N-H \right] \xrightarrow{\triangle} R-C\equiv N + HOPO_2$$

由于酰胺多是固体，沸点较高，一般的操作方法是将酰胺与 P_2O_5 充分混合后，常压加热，将生成的腈蒸出，产品收率较高。

血管痉挛性疾病治疗药酚妥拉明（Regilin，Rartin）等的中间体溴乙腈（**5**）合成如下（孙昌俊，曹晓冉，王秀菊. 药物合成反应——理论与实践. 北京：化学工业出版社，2007：355）。

$$BrCH_2CONH_2 + P_2O_5 \xrightarrow[(90\%\sim92\%)]{\triangle} BrCH_2CH \quad (\mathbf{5})$$

氯乙腈（**6**）可以采用类似的方法来合成，氯乙腈是血管痉挛性疾病治疗药酚妥拉明等的中间体（孙昌俊，曹晓冉，王秀菊. 药物合成反应——理论与实践. 北京：化学工业出版社，2007：362）。

$$ClCH_2\overset{O}{\overset{\|}{C}}-NH_2 \xrightarrow[(81\%)]{P_2O_5} ClCH_2CN \quad (\mathbf{6})$$

例如丙二腈的制备。丙二腈是甲氨喋呤（Methotrexatum）、氨苯喋啶（Triamterene）、奥氮平（Olanzapine）、左西孟坦（Levosimendan，Simdax）等的中间体。

丙二腈（Malononitrile，Propanedinitrile），$C_3H_2N_2$，66.06。无色冰状结晶。mp 32℃，bp 218～220℃，109℃/2.6kPa，d_4^{34} 1.049。溶于水、乙醇、乙醚、丙酮、苯。

制法　孙昌俊，曹晓冉，王秀菊. 药物合成反应——理论与实践. 北京：化学工业出版社，2007：354.

$$\underset{\textbf{(2)}}{NCCH_2CONH_2} + P_2O_5 \longrightarrow \underset{\textbf{(1)}}{NCCH_2CN}$$

于安有温度计、减压蒸馏装置的 3 L 反应瓶中，加入氰乙酰胺（**2**）304 g（3.6 mol），五氧化二磷 500 g（3.6 mol），混合均匀。用 500 mL 圆底烧瓶作接收瓶，并置于冰水浴中。将反应瓶用小火慢慢加热，同时减压，控制压力不大于 5 kPa。当温度升至 110℃时，有丙二腈蒸出，同时反应物变黑。控制滴出速度，同时不使反应物充满容器为宜。缓缓升温至 220℃左右，至馏出物颜色变深为止，得粗产品丙二腈。将粗产品重新减压蒸馏，收集 108～110℃/2.67 kPa 的馏分，得丙二腈（**1**）130 g。

丙二腈也可以由氰乙酰胺在 1,2-二氯乙烷中用三氯氧磷作脱水剂回流脱水来合成，收率 57%～66%。

又如外周血管扩张药烟醇（Nicotinyl alcohol），维生素 B 等的中间体 3-氰基吡啶的合成。

3-氰基吡啶（3-Cyanopyridine），$C_6H_4N_2$，104.11。针状结晶。mp 50℃，bp 240～245℃。溶于水、醇和醚，能升华。

制法　Peyton C，Teague and William A Short. Org Synth，1963，Coll Vol 4：706.

$$\underset{\textbf{(2)}}{\text{3-}C_5H_4N\text{-}CO_2C_2H_5} \xrightarrow{NH_3} \underset{\textbf{(3)}}{\text{3-}C_5H_4N\text{-}CONH_2} \xrightarrow{P_2O_5} \underset{\textbf{(1)}}{\text{3-}C_5H_4N\text{-}CN}$$

尼克酰胺（**3**）：于反应瓶中加入尼克酸乙酯（**2**）50 g（0.33 mol），而后再加入 75 mL 于 0℃用氨气饱和的氨水。密闭后放置 18 h。其间摇动数次，下层逐渐溶解。再通入氨气至饱和，放置 4 h。再用氨气饱和，反应瓶中有酰胺生成。浓缩至干，于 120℃干燥，几乎得到定量的尼克酰胺（**3**），mp 130℃。

3-氰基吡啶（**1**）：于反应瓶中加入粉状的尼克酰胺（**3**）24 g（0.2 mol），五氧化二磷 30 g，混合均匀。安上减压蒸馏装置，用硅油浴加热，并保持压力为 4.0 kPa。迅速升高油浴温度至 300℃。撤去油浴，直接加热，蒸出生成的酰胺，冷后生成浅黄色固体。将其常压蒸馏，约在 201℃之前蒸出，冷后固化，得 3-氰基吡啶（**1**）18 g，收率 86%，mp 49℃。

维生素类药盐酸吡哆辛（Pyridoxine hydrochloride）中间体富马腈（**7**）可以由丁烯二酸乙酯氨解合成丁烯二酰胺，后者用 P_2O_5 直接脱水来制备（David T M，John M B. Org Synth，1963，Coll Vol 4：46）。

$$C_2H_5OOC\text{-}CH{=}CH\text{-}COOC_2H_5 \xrightarrow[(80\%\sim88\%)]{NH_4OH,\ NH_4Cl} H_2NOC\text{-}CH{=}CH\text{-}CONH_2 \xrightarrow[(75\%\sim80\%)]{P_2O_5} NC\text{-}CH{=}CH\text{-}CN\ (\mathbf{7})$$

（2）$POCl_3$ 脱水剂　$POCl_3$ 是很强的脱水剂，既可以使酰胺在 $POCl_3$ 中回流脱水，也可以使酰胺在叔胺类溶剂（如吡啶）中用 $POCl_3$ 进行脱水，叔胺作质子捕获剂。

例如治疗精神分裂症药物氟哌啶（Benperidol）等的中间体 4-氯丁腈的合成。

4-氯丁腈（4-Chlorobutyronitrile），C_4H_6ClN，103.54。无色液体。bp 93～96℃/2.67kPa。

制法　孙昌俊，曹晓冉，王秀菊. 药物合成反应——理论与实践. 北京：化学工业出版社，2007：365.

$$\underset{(\mathbf{2})}{ClCH_2CH_2CH_2CONH_2} \xrightarrow{POCl_3} \underset{(\mathbf{1})}{ClCH_2CH_2CH_2C{\equiv}N}$$

于反应瓶中加入 γ-氯代丁酰胺（**2**）121.5 g（1 mol），$POCl_3$ 230g（1.5 mol），于 110℃ 回流反应 6 h。蒸出过量的 $POCl_3$，冷后慢慢加入水 400 mL。用二氯甲烷提取（150 mL×3），合并提取液，水洗，无水硫酸钠干燥。过滤，减压蒸馏，收集 88～95℃/2.67kPa 的馏分，得 4-氯丁腈（**1**）85 g，收率 81.7%。

酞磺胺药物中间体邻苯二腈的合成，则是在吡啶中以 $POCl_3$ 作脱水剂进行脱水来合成的。

邻苯二腈（1,2-Benzodinitrile，*o*-Benzenedinitrile），$C_8H_4N_2$，128.14。无色结晶。mp 141℃。可溶于乙醇、易溶于冰醋酸，微溶于水。可升华、可随水蒸气蒸馏。

制法　段行信. 实用精细有机合成手册. 北京：化学工业出版社，2000：187.

$$\underset{(\mathbf{2})}{C_6H_4(CONH_2)(CO_2NH_4)} + POCl_3 \xrightarrow{Py} \underset{(\mathbf{1})}{C_6H_4(CN)_2} + H_3PO_4 + 3HCl$$

于安有搅拌器、回流冷凝器、滴液漏斗、温度计的反应瓶中，加入无水吡啶 1.6 L，加热至 70℃，搅拌下慢慢加入邻氨甲酰基苯甲酸铵（**2**）650 g（4.0 mol），升温至 90℃左右。滴加三氯氧磷 760 g（5.0 mol）。注意开始时滴加要慢，以防反应过于剧烈。保持回流条件下慢慢滴加。随着反应的进行，反应体系逐渐呈均匀透明液。加完后继续回流反应 0.5 h。冷却至 100℃以下，搅拌下倒入 3 kg 碎冰中，用液碱调至弱碱性，放置过夜。滤出结晶，用冰水洗涤，得结晶状固体。

滤液水蒸气蒸馏，先蒸出吡啶，而后有结晶随水蒸气蒸出，直至无结晶蒸出为止。过滤析出的结晶。与上面得到的固体合并，共得粗品 300 g 左右。粗品用 10 倍量的乙醇重结晶，得邻苯二腈 (**1**) 约 250 g，137～140℃，收率 48.8%。

有时也可以加入 DMF 以促进酰胺的脱水。这时可能是 $POCl_3$ 首先与 DMF 反应生成 Vilsmeier 试剂，而后再与酰胺反应，脱水生成腈。

$$Me_2N-CH=O + POCl_3 \rightleftharpoons Me_2\overset{+}{N}=CH-O-P(O^-)Cl_3 \longrightarrow [Me_2\overset{+}{N}=CH-O-P(O)Cl_2]Cl^- \ [\mathbf{1}] \longrightarrow$$

$$[Me_2\overset{+}{N}=CH-Cl]Cl_2OPO^- \ [\mathbf{2}] \quad RC(O)NH_2 \rightleftharpoons RC(OH)=NH \xrightarrow[-HCl]{[Me_2\overset{+}{N}=CH-Cl]Cl_2OPO^-} Me_2N-CH(Cl)-O-C(=NH)R \longrightarrow$$

$$Me_2N-CH=O + RC(Cl)=NH \xrightarrow{-HCl} R-C\equiv N$$

Vilsmeier 试剂为 *N*,*N*-取代酰胺与卤化试剂组成的复合试剂。取代酰胺可以用通式 $RCONR^1R^2$ 表示。R 为 H 或低级烃基、取代苯基，R^1、R^2 为低级烃基、取代苯基；常用的酰胺有 DMF、MFA。常用的卤化试剂有 $POCl_3$、$SOCl_2$、$COCl_2$、$(COCl)_2$，有时也用 PCl_5、PCl_3、PCl_3-Cl_2、SO_2Cl_2、$P_2O_3Cl_4$，或金属卤化物、酸酐等。以 DMF-$POCl_3$ 为例，其结构可用［**1**］和［**2**］来表示。

$$[Me_2\overset{+}{N}=CH-O-P(O)Cl_2]Cl^- \ [\mathbf{1}] \qquad [Me_2\overset{+}{N}=CH-Cl]Cl_2OPO^- \ [\mathbf{2}]$$

至于哪一种结构参与反应尚有争议，有人认为参与反应的是结构［**1**］，其反应活性比［**2**］高。

例如有机合成中间体（主要用于酞菁颜料的合成）4,5-二氯邻苯二甲腈的合成。

4,5-二氯邻苯二甲腈 (4,5-Dichlorophthalonitrile)，$C_8H_2N_2Cl_2$，197.02。黄色粉末。mp 183～185℃。

制法 吴永富，孙纲春，李俊海等. 化学与生物工程，2008，25 (10)：16.

$$\text{4,5-二氯邻苯二甲酰胺}\ (\mathbf{2}) \xrightarrow{POCl_3,\ DMF} \text{4,5-二氯邻苯二甲腈}\ (\mathbf{1})$$

于安有搅拌器、温度计、滴液漏斗的反应瓶中，加入 $POCl_3$ 30 mL，冰浴冷却。慢慢滴加由 4,5-二氯邻苯二甲酰胺（**2**）15 g（64.4 mmol）溶于 300 mL DMF 的溶液，约 1 h 加完。加完后继续冰浴冷却下搅拌反应 5 h。将反应物倒入冰水中，过滤析出的固体，水洗，干燥，得黄色粉末（**1**）11.3 g，收率 88.8%。

Vilsmeier 试剂用途广泛。根据其结构特点，可以发生亲电取代和亲核取代反应，不仅可以使反应底物发生酰基化反应，而且可以发生氯化、氯甲基化、芳香化、脱水等反应，在医药、农药、精细化学品、染料等领域应用十分广泛。

（3）PCl_5 脱水剂　*N*-烷基取代的酰胺在 PCl_5 作用下脱水生成腈，该反应称为 von Braun 酰胺脱水反应，是由 von Braun 于 1900 年首先报道的。

$$RC(=O)NHR' \xrightarrow{PCl_5} R{-}C{\equiv}N + R'Cl$$

$$RC(=O)NR'_2 \xrightarrow{PCl_5} R{-}C{\equiv}N + 2R'Cl + POCl_3$$

酰胺也可以与 PCl_5 反应生成相应的腈：

$$RC(=O)NH_2 \xrightarrow{PCl_5} R{-}C{\equiv}N$$

反应机理可能是酰胺烯醇化，而后生成烯醇酯，而后再进行 β-消除。

$$RC(=O)NH_2 \rightleftharpoons RC(OH){=}NH \xrightarrow[-HCl]{PCl_5} RC(OPCl_4){=}NH \xrightarrow{-HCl} R{-}C{\equiv}N + POCl_3$$

用 PCl_5 作脱水剂时，常常加入缚酸剂，如 *N*,*N*-二甲基苯胺、三乙胺、DIEA 等。

使用 PCl_5 作脱水剂，有时也可加入 DMF。例如：

$$\text{(CONH}_2\text{ 化合物)} \xrightarrow[\text{40~50℃, 2h(80\%)}]{PCl_5\text{, 1.2eq DMF}} \text{(CN 化合物)}$$

有时可以使用 PCl_5 和 $POCl_3$ 的混合物，例如喹诺酮类抗菌药依诺沙星（Enoxacin）中间体 2,6-二氯-5-氟尼克腈的合成。

2,6-二氯-5-氟尼克腈（2,6-Dichloro-5-fluoronicotinonitrile），$C_6HCl_2FN_2$，190.99。白色针状结晶。mp 91～93℃。

制法　陈芬儿. 有机药物合成法：第一卷. 北京：中国医药科技出版社，

1999：984.

5-氟-2,6-二羟基烟酰胺 (2) —— 1. PCl_5, $POCl_3$；2. H_2O ——→ 2,6-二氯-5-氟烟腈 (1)

于反应瓶中加入5-氟-2,6-二羟基烟酰胺（**2**）19.4 g（0.11 mol），五氯化磷120 g（0.58 mol），$POCl_3$ 60 mL，加热回流反应17 h。减压蒸出$POCl_3$，冷却，小心加入冰水适量，以氯仿提取数次。合并有机层，用1 mol/L的氢氧化钠溶液调至pH7，水洗，无水硫酸钠干燥。过滤，减压回收溶剂。剩余物用乙醚-己烷重结晶，得白色针状结晶（**1**）17.5 g，收率83.3%，mp 91～93℃。

将芳香羧酸与磺酰胺在PCl_5存在下反应，可以生成腈，该方法是由Miller C S于1955年首次报道的。该方法原料易得，操作方便，是合成腈类化合物的一种较好方法。刘启波做了改进（刘启波. 化学通报，1989，11：31）。例如普鲁卡因（Procaine）、叶酸（Folic acid）等的中间体对硝基苯甲腈的合成：

对硝基苯甲腈（*p*-Nitrobenzonitrile），$C_7H_4N_2O_2$，148.12。叶状结晶，mp 149℃，溶于氯仿、醋酸和热乙醇，微溶于水和乙醚，能升华，随水蒸气挥发。

制法　孙昌俊，曹晓冉，王秀菊. 药物合成反应——理论与实践. 北京：化学工业出版社，2007，359.

对硝基苯甲酸 (2) + 对甲苯磺酰胺 (3) —— PCl_5 ——→ 对硝基苯甲腈 (1) + 对甲苯磺酰氯 + $POCl_3$ + HCl

于安有搅拌器，温度计和分馏装置的1 L反应瓶中，加入对硝基苯甲酸（**2**）100.3 g（0.6 mol），对甲苯磺酰胺（**3**）110 g（0.64 mol），五氯化磷262 g（1.26 mol）。混合均匀。电热套加热，反应物逐渐熔化。控制热源不要使反应过于剧烈，升至200～205℃，维持在此温度范围内，直至无馏出物为止。大约需30 min。冷后加入吡啶240 mL，并缓慢加热，直至完全溶解。将反应物倒入1.1 L水中，冷后抽滤。滤饼用5%的氢氧化钠水溶液400 mL充分搅动洗涤。抽滤，水洗，得浅褐色固体75～80 g，收率85%～90%。用50%的乙酸重结晶（1 g/6.5 mL）后，得对硝基苯甲腈（**1**）mp 147～148℃。

(4) $SOCl_2$脱水剂　氯化亚砜作为酰胺脱水剂，可以直接在氯化亚砜中回流反应，也可以在溶剂如苯、二氯乙烷中反应，是一种方便的方法。缺点是放出大量二氧化硫和氯化氢气体，注意吸收。

$$R-\overset{O}{\overset{\|}{C}}-NH_2 \rightleftharpoons R-\overset{:OH}{\overset{|}{C}}=NH \xrightarrow[-H^+]{Cl-\overset{O}{\overset{\|}{S}}-Cl} R-\overset{O-S(O^-)(Cl)_2}{\overset{|}{C}}=NH \xrightarrow{-Cl^-} R-\overset{O-S(=O)Cl}{\overset{|}{C}}=\ddot{N}H$$

$$\xrightarrow[-Cl^-]{-SO_2} R-C\equiv\overset{+}{N}H \xrightarrow{-H^+} R-C\equiv N$$

$$2H^+ + 2Cl^- \longrightarrow 2HCl$$

$$CH_3CH_2CH_2CH_2\underset{C_2H_5}{\underset{|}{C}}H\overset{O}{\overset{\|}{C}}NH_2 + SOCl_2 \xrightarrow[(86\%\sim91\%)]{C_6H_6} CH_3CH_2CH_2CH_2\underset{C_2H_5}{\underset{|}{C}}HCN + SO_2 + HCl$$

医药（如抗癌药物 HCFU）、有机合成中间体己腈的合成。

己腈（Hexanenitrile），$C_6H_{11}N$，97.16。无色液体。bp 161～163℃。

制法　Furniss B S，Hannaford A J，Rogers V，et al. Vogel's Textbook of Practical Chemistry. Longman London and New York. Fourth edition，1978：523.

$$\underset{(2)}{C_4H_9CH_2CONH_2} + SOCl_2 \longrightarrow \underset{(1)}{C_4H_9CH_2CN} + SO_2 + HCl$$

于反应瓶中加入己酰胺（**2**）29 g（0.25 mol），新蒸馏的氯化亚砜 45 g（0.38 mol），安上回流冷凝器（连接二氧化硫、氯化氢气体吸收装置），加热回流 1 h。蒸出过量的氯化亚砜后，收集 161～163℃的馏分，得产物（**1**）21 g，收率 86%。

N-叔丁酰胺脱水生成相应的腈。

$$\text{Ar}-\overset{O}{\overset{\|}{C}}-NH-Bu\text{-}t \xrightarrow[CHCl_3,\text{回流}]{SOCl_2} \text{Ar}-C\equiv N \quad (85\%)$$

将 DMF 中滴加氯化亚砜，也是酰胺合成腈常用的脱水方法。此时的反应机理与使用 DMF-$POCl_3$ 差不多［姜钦杰，王成云，何庆，沈永嘉. 高等化学工程学报，2009，23（1）：122］。

$$C_6H_5-C_6H_4-CONH_2 \xrightarrow[5℃(77.5\%)]{DMF,SOCl_2} C_6H_5-C_6H_4-CN$$

有机合成中间体 4-硝基邻苯二甲腈的合成如下。

4-硝基邻苯二甲腈（4-Nitrophthalonitrile），$C_8H_3N_3O_2$，173.13。浅黄色针状结晶，mp 139～141℃。

制法　邱滔，吕新宇，范正明，陈光武. 江苏石油化工学院学报，2002，14（4）：42.

$$\underset{(2)}{O_2N-C_6H_3(CO)_2NH} \xrightarrow{NH_3,\ CH_3OH} \underset{(3)}{O_2N-C_6H_3(CONH_2)_2} \xrightarrow{SOCl_2,\ DMF} \underset{(1)}{O_2N-C_6H_3(CN)_2}$$

4-硝基邻苯二甲酰胺（**3**）：于反应瓶中加入无水甲醇 4 L，4-硝基邻苯二甲酰亚胺（**2**）150 g（0.79 mol），于 30℃搅拌溶解。过滤后慢慢通入氨气，逐渐有固体析出。冰浴冷却，过滤析出的固体，甲醇洗涤。干燥，得白色固体（**3**）153 g，收率 94%，mp 189～191℃。

4-硝基邻苯二甲腈（**1**）：于反应瓶中加入 DMF 240 mL，化合物（**3**）38 g（0.18 mol），冰盐浴冷至−15℃，慢慢滴加氯化亚砜 130 g（1.08 mol）。加完后自然升温至 0℃，继续反应 4.5 h。将反应物倒入冰水中，析出白色固体。抽滤，水洗，干燥，得白色固体（**1**）21.3 g。丙酮中重结晶，得浅黄色针状结晶化合物（**1**）19.8 g，收率 63%，mp 139～141℃。

（5）Bugess 试剂为脱水剂　Bugess 试剂为 *N*-(三乙基铵磺酰）氨基甲酸酯类化合物。

$$ROH + ClSO_2NCO + 2Et_3N \longrightarrow ROC(=O)\overset{-}{N}-SO_2-\overset{+}{N}Et_3 + EtN.HCl$$

Burgess 试剂

使用该试剂进行酰胺脱水反应的过程如下［David A Claremonx and Brian T Phillips. Tetrahedron Letters，1988. 29（18）：2155］

$$RC(=O)NH_2 \rightleftharpoons RC(OH)=NH \xrightarrow[-Et_3NH^+]{CH_3OC(=O)\overset{-}{N}-SO_2-\overset{+}{N}Et_3} [\text{环状中间体}] \longrightarrow R-C\equiv N + Et_3N^+\ \overset{-}{O}_3SNHCO_2CH_3$$

该反应在医药工业上有重要用途，例如外周血管扩张药烟醇（Nicotinyl Alcohol）等的中间体 3-氰基吡啶的合成如下［David A Claremonx and Brian T Phillips. Tetrahedron Letters，1988，29（18）：2155］：

$$\text{3-吡啶-}CONH_2 \xrightarrow[THF,\ 25℃]{CH_3OC(=O)\overset{-}{N}-SO_2-\overset{+}{N}Et_3} \text{3-吡啶-}CN\ (92\%)$$

又如洛伐他汀酰胺转化为腈（**8**）的反应。

$$\cdots CONH_2 \xrightarrow[CH_2Cl_2]{Burgess试剂} \cdots CN\ \ (\mathbf{8})\ (82\%)$$

凝血剂抑制剂中间体2-(四唑-1-基)苯甲腈的合成如下。

2-(四唑-1-基)苯甲腈 [2-(Tetrazol-1-yl)benzonitrile]，$C_8H_5N_5$，171.16。白色固体。

制法 Mary Beth Young，James C Barrow，Kristen L Glass，et al. J Med Chem，2004，47 (12)：2995.

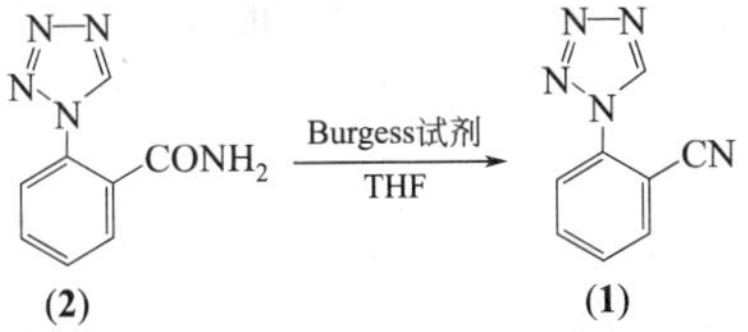

于反应瓶中加入2-(四唑-1-基)苯甲酰胺 (**2**) 1.5 g (7.9 mmol)，THF 50 mL，于1.5 h分3次加入 $Et_3N^+SO_2N^-COOCH_3$ 盐2.8 g (11.8 mmol)。反应完后，加水，乙酸乙酯提取。合并有机层，饱和盐水洗涤，无水硫酸钠干燥。过滤，减压浓缩，得白色固体化合物 (**1**) 1.3 g，收率93%。

其实，Bugess试剂有多种形式，如下面为环状Bugess试剂 (Synth Commun，2011，41：2601)，它们具有相似的性质。

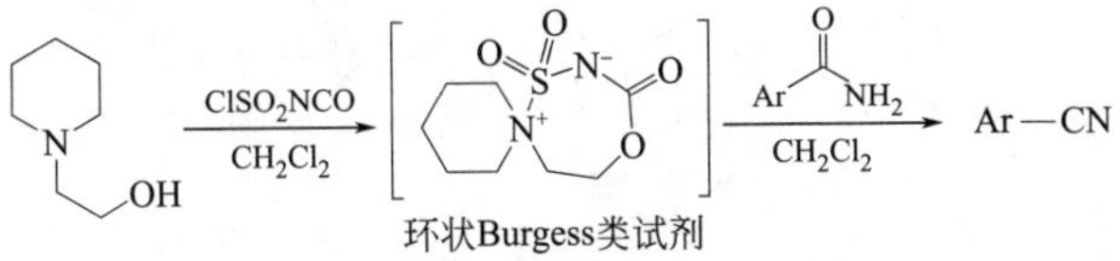

环状Burgess类试剂

$Et_3N^+SO_2N^-COOCH_3$ 的合成方法如下：于反应瓶中加入无水甲醇19.2 g (0.6 mol)，无水苯40 mL，搅拌下于30～40 min滴加 $ClSO_2NCO$ 85 g (0.6 mol) 溶于200 mL苯的溶液，控制反应液温度在10～15℃。加完后，室温反应2 h。用1000 mL苯稀释，慢慢滴加三乙胺190 mL与250 mL苯的混合溶液，控制滴加速度，保持反应液温度10～15℃，约40 min加完。室温搅拌2 h，析出大量固体。过滤，依次用苯、THF各200 mL洗涤。合并滤液和洗涤液，于30℃以下减压浓缩。剩余物用无水THF重结晶，得甲基Bugess试剂123 g，收率86%。注意整个操作过程不超过30℃，低温干燥保存。

(6) 酸酐脱水剂 乙酸酐也可使酰胺脱水生成腈，乙酸酐生成两分子乙酸。

$$RCONH_2 + (CH_3CO)_2O \longrightarrow RCN + 2CH_3COOH$$

反应中不断蒸出生成的乙酸，可促使反应进行到底。

反应过程大致如下：

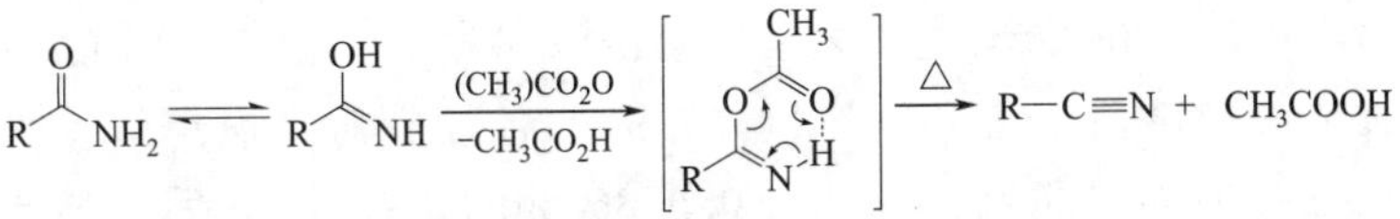

$$R-C\equiv N + CH_3COOH$$

反应中首先酰胺烯醇化生成羧酸酯，而后羧酸酯加热分解生成腈和羧酸。

底物分子中含有伯胺、仲胺、羟基等可以与酸酐反应的基团时，不能直接用羧酸酐脱水，因为这些基团容易与酸酐反应。

例如有机合成中间体己二腈的合成。

己二腈（Hexanedinitrile），$C_6H_8N_2$，108.15。无色液体。mp 1℃，bp 295℃，140～142℃/200Pa。d_4^{20} 0.9676，n_D^{20} 1.4380，溶于乙醇、乙醚，微溶于水。

制法　段行信.实用精细有机合成手册.北京：化学工业出版社，2000：187.

$$\underset{(\mathbf{2})}{NH_2CO(CH_2)_4CONH_2} + 2(CH_3CO)_2O \longrightarrow \underset{(\mathbf{1})}{NC(CH_2)_4CN} + 4CH_3COOH$$

于安有温度计（300℃）、分馏装置的反应瓶中，加入己二酰胺（**2**）180 g（1.25 mol），醋酸酐 450 g，钼酸铵 2 g，加热回流。控制分馏柱顶端温度不超过120℃，慢慢蒸出生成的乙酸。随着乙酸的不断蒸出，反应瓶中的温度也不断上升。直至反应瓶中温度达到 230℃，蒸出乙酸约 500 g。冷却，以饱和碳酸钠溶液充分洗涤以除去酸，无水硫酸钠干燥，减压分馏，收集 140～142℃/200 Pa 的馏分，得己二腈（**1**）85 g，收率 64%。

工业上己二腈主要是通过己二酸与氨高温脱水来制备的，也可以通过丙烯腈的电解二聚来合成。

$$2CH_2{=}CHCN + 2H^+ \xrightarrow{\text{电解}} NC(CH_2)_4CN$$

TFAA-Et_3N 也可作为脱水剂使酰胺生成腈，其间也可能生成三氟醋酸酯。碱在反应中起到催化剂和缚酸剂的作用。

EtO$_2$C, Ph, N, N, NH$_2$, O —— TFAA, Et$_3$N / DCM ——→ EtO$_2$C, Ph, N, N, CN (80%)

例如降糖药物维达列汀（Vildagliptin）的中间体（*S*)-1-(2-氯乙酰基）吡咯烷-2-甲腈的合成。

(*S*)-1-(2-氯乙酰基）吡咯烷-2-甲腈［(*S*)-1-(2-Chloroacetyl) pyrrolidine-2-carbonitrile］，$C_7H_9ClN_2O$，172.61。白色固体。mp 58～60℃。

制法　唐文婧，王亚楼.化工中间体，2012，2：44.

N, CONH$_2$, COCH$_2$Cl (**2**) —— (CF$_3$CO)$_2$O / THF ——→ N, CN, COCH$_2$Cl (**1**)

于反应瓶中加入化合物（**2**）2.0g（0.0104 mol），THF 20 mL，冰浴冷却，搅拌下滴加三氟醋酸酐 2.2 mL（0.0157 mol），加完后室温继续搅拌反应 3h。冰浴冷却，分批加入碳酸氢钠 6.2g（0.0586 mol）。搅拌 1h 后，过滤，减压浓缩。剩余物用己烷重结晶，得白色固体（**1**）1.37g，收率 76%，mp 58～60℃。

（7）芳磺酰氯-吡啶　芳磺酰氯在吡啶存在下可以将酰胺脱水生成腈，反应条件比较温和。芳香族酰胺和 α,β-不饱和酰胺的脱水比脂肪族酰胺快，但乙酰胺的脱水很快。

$$RCONH_2 + ArSO_2Cl \xrightarrow{2Py} R{-}C{\equiv}N + PyH^+ ArSO_3^- + PyH^+ Cl^-$$

反应机理如下：

$$RC(=O)NH_2 \rightleftharpoons RC(OH){=}NH \xrightarrow[-PyH^+Cl^-]{ArSO_2Cl,Py} RC(OSO_2Ar){=}NH \xrightarrow[-PyH^+]{Py} RC(OSO_2Ar){=}N^-$$

$$\xrightarrow{Py} R{-}C{\equiv}N + PyH^+ ArSO_3^-$$

首先是酰胺的烯醇式与磺酰氯反应生成磺酸酯，而后消除生成腈。若进攻试剂是氮原子，则生成如下 N-苯磺酰基苯甲酰胺：

$$R{-}C(=O){-}NH{-}SO_2Ar$$

该中间体可以由苯磺酰胺与苯甲酰氯在吡啶中反应高收率的得到，而且在此溶液中很稳定，不能生成腈，因此只能是反应的第一步是酰胺的氧原子与磺酰氯反应。

$$C_6H_5CONH_2 \xrightarrow[(76\%)]{PhSO_2Cl,Py} C_6H_5CN$$

CH_3SO_2Cl 也可作为脱水剂，反应过程可能与芳磺酰氯相似。白三烯受体拮抗剂中间体（**9**）的合成如下（D Mark Gapinski，Carlos R Roman，Lynn E Rinkema and Jerome H Fleisch. J Med Chem，1988，31：172）。

$$\text{2-}C_3H_7\text{-3-}OCH_3C_6H_3(CH_2)_5CONH_2 \xrightarrow{CH_3SO_2Cl,Py} \text{2-}C_3H_7\text{-3-}OCH_3C_6H_3(CH_2)_5CN\ (\mathbf{9})$$

也可以用三氟甲磺酸酐代替三氟甲磺酰氯。例如将 $(CF_3SO_2)_2O$ 加入伯酰胺和 Et_3N 的 CH_2Cl_2 溶液中，室温搅拌 10～25min 制得相应的腈，11 例收率 84%～95%［Bose DS. Synthesis，1999，(1)：64］。

$$RCONH_2 \xrightarrow[CH_2Cl_2,rt.\ 10\sim25min]{(CF_3SO_2)_2O,Et_3N} R{-}C{\equiv}N + CF_3SO_3H\cdot NEt_3$$

（8）二氯磷酸乙酯-DBU　二氯磷酸乙酯-DBU 是一种有效的酰胺脱水剂。

$$R-C(=O)-NH_2 \rightleftharpoons R-C(OH)=NH \xrightarrow{EtOP(O)Cl_2} \left[R-C(=N-H)-O-P(=O)(OEt)Cl \cdots DBU \right] \longrightarrow R-C\equiv N + DBU\cdot H^+ \cdot EtO-P(=O)(O^-)Cl$$

DBU为1,8-二氮杂二环［5.4.0］十一-7-烯，是一种强有机碱，具有很高的催化活性。使用苯甲酰胺时室温反应，苯甲腈的收率达97%，而且苯环上取代基的性质对反应影响很小。若反应中使用Et_3N或吡啶时，收率明显降低，只有50%～63%（Kuo C W，Zhu J L，Wu J D，et al. Chem Commun，2007：301-303）。除了二氯磷酸乙酯外，二氯磷酸苯酯、一氯磷酸二苯酯（二苯氧基磷酰氯）等也可使用，效果差别不大。

例如有机合成、药物合成中间体2,6-吡啶二甲腈的合成。

2,6-吡啶二甲腈（2,6-Pyridinedicarbonitrile），$C_7H_3N_3$，129.12。白色固体。

制法　Tsubogo T，Kano K，Ikemoto K，et al. Tetrahedron Asymmetry. 2010，(21)：1221.

$$\underset{(2)}{H_2NOC-C_5H_3N-CONH_2} \xrightarrow[DBU,CH_2Cl_2]{(PhO)_2POCl} \underset{(1)}{NC-C_5H_3N-CN}$$

于反应瓶中加入吡啶-2,6-二甲酰胺（**2**），6摩尔量的DBU，100 mL二氯甲烷，室温搅拌10min，加入二苯氧基磷酰氯4摩尔量，于40℃搅拌反应3 h。加入50 mL饱和氯化铵溶液，分出有机层，水层用二氯甲烷提取3次。合并有机层，用饱和碳酸氢钠水溶液洗涤4次，水洗。蒸出溶剂，乙醇中重结晶，得化合物（**1**），123～127 ℃，收率64%。

（9）光气、三光气　光气，又称碳酰氯，气体，剧毒，微溶于水，较易溶于苯、甲苯等。三光气又称固体光气，化学名称为双（三氯甲基）碳酸酯。三光气为白色晶体，类似光气的气味。不溶于水，能溶于乙醚、THF、苯、环己烷、氯仿、四氯化碳、1,2-二氯乙烷、二氯甲烷、乙醇等有机溶剂。分解后可生成三分子的光气。与气体光气相比具有运输，使用安全，计量方便等优点。在工业上仅把它当一般毒性物质处理。在医药、农药、有机化工和高分子合成方面可取代光气或双光气。

光气可用于酰胺的脱水合成腈类化合物。

$$R-\overset{O}{\overset{\|}{C}}-NH_2 \rightleftharpoons R-\overset{OH}{\overset{|}{C}}=NH \xrightarrow[-HCl]{COCl_2} R-C(=N-H)-O-C(=O)Cl \longrightarrow R-C\equiv N + CO_2 + HCl$$

例如心脏病治疗药布尼洛尔（Bunitrolol）等的中间体邻羟基苯甲腈的合成。

邻羟基苯甲腈（2-Hydroxybenzonitrile，2-Cyanophenol），C_7H_5NO，119.12。白色固体。mp 92～95℃。

制法 ① 邓俊杰，陆涛，黄山. 山西化工，2009，29（1）：4. ② 何伟明等. 上海化工，2012，37（6）：10.

$$\text{(2) 2-}HOC_6H_4CONH_2 \xrightarrow{\text{三光气, Tol}} \text{(1) 2-}HOC_6H_4CN$$

于反应瓶中加入水杨酰胺（**2**）137 g（1.0 mol），甲苯 200 mL，搅拌下于 100～105℃滴加由三光气 118.8 g（0.4 mol）溶于 200 mL 甲苯的溶液，约 2 h 加完。加完后继续搅拌反应 3 h。减压浓缩，剩余物用甲苯重结晶，得化合物（**1**）111.2 g，收率 90.6%。mp 92～95℃。

（10）其他合成方法 过铼酸也可使伯酰胺脱水生成腈［Y Furuya. et al. Bull Chem Soc Jpn，2007，80（2）：400］。将伯酰胺溶于 1,3,5-三甲基苯，再加入 65%～70%的过铼酸水溶液，共沸脱水，经处理得到相应的腈。

$$RCONH_2 \xrightarrow[\text{均三甲苯, 回流}]{(HO)ReO_3} R{-}C{\equiv}N + H_2O$$

可能的反应机理如下：

$$RC(=O)NH_2 \rightleftharpoons RC(OH)=NH \xrightarrow[(-H_2O,\ A)]{(HO)ReO_3} [\ A\ \text{或}\ A'\ ] \xrightarrow[(-H_2O,\ A')]{-(HO)ReO_3} R{-}C{\equiv}N$$

例如肉桂腈（**10**）的合成。（**10**）是医药中间体，也是一种优良的人工合成香料，其香气很像天然肉桂，具有强烈的肉桂样辛香香气。

$$C_6H_5CH{=}CHCONH_2 \xrightarrow[\text{均三甲苯，回流(64\%)}]{(HO)ReO_3} C_6H_5CH{=}CHCN\ \textbf{(10)}$$

经研究发现，肉桂腈具有驱虫作用，将肉桂腈添加到驱虫产品中，可以很好的驱赶虫类。

可以用于酰胺脱水合成腈的试剂还有很多。如 DCC、$TiCl_4$-叔胺、三聚氯氰、草酰氯等。虽然在合成中应用不是太多，但也各具特点，在合适的条件下仍可使用。

例如［Noriyuki Nakajima，Makoto Ubukata. Tetrahedron Lett，1997，38（12）：2099］：

$$R-C(=O)-NH_2 \xrightarrow[-78℃]{(COCl)_2, Et_3N, DMSO} R-C\equiv N$$

$$\text{1-Boc-3-CONH}_2\text{-piperidine} \xrightarrow[CH_2Cl_2]{(COCl)_2, Et_3N, DMSO} \text{1-Boc-3-CN-piperidine (93\%)}$$

又如［Kwang-Jin Hwang，James P O′Neil and John A Katzenellenbogen. J Org Chem，1992，57（4）：1262］：

$$\xrightarrow[THF]{TiCl_4, 0\sim25℃} \quad (100\%)$$

降糖药物维达列汀（Vildagliptin）等的中间体（S)-1-(2-氯乙酰基）吡咯烷-2-甲腈的合成如下。

(*S*)-1-(2-氯乙酰基）吡咯烷-2-甲腈［(S)-1-(2-Chloroacetyl) pyrrolidine-2-carbonitrile]，$C_7H_9ClN_2O$，172. 61。白色固体。mp 62～63℃（文献值 65～66℃）。

制法　陶铸，邓瑜，彭俊等. 化工中间体，2013，10：1422.

$$\mathbf{(2)} \xrightarrow{TCT, DMF} \mathbf{(1)}$$

于反应瓶中加入化合物（**2**）4. 0 g（0. 021 mol），DMF 40 mL，搅拌热解后加入三聚氯氰 2 g（0. 011 mol），于 40℃搅拌反应，TLC 跟踪反应。反应结束后，加入 100 mL 水和 100 mL 乙酸乙酯。分出有机层，水层用乙酸乙酯提取 2 次。合并有机层，依次用 5%的碳酸氢钠、饱和盐水洗涤，无水硫酸钠干燥。过滤，减压浓缩，剩余物用异丙醚重结晶，得白色固体（**1**）2. 5g，收率 70. 1%，mp 62～63℃（文献值 65～66℃）。

N,*N*-二取代的酰胺，在一定的条件下也可以脱水，但产物可能不同。例如 *N*,*N*-二乙基-1-丙炔胺的合成。该化合物可用于酰胺、酸酐、卤代烷及多肽等的合成，也用于一些环加成反应以制备环己烯酮、烯酮亚胺及 α,β-不饱和内酰胺的合成等。

***N*,*N*-二乙基-1-丙炔胺**（*N*,*N*-Diethyl-1-propynylamine），$C_7H_{13}N$，111. 19。液体。bp 130～132℃，60～62℃/11. 97 kPa。遇水分解。

制法 ① Eilingsfeld H，et al. Chem Ber，1963，97：2671 . ② Buijle R，et al. Angew Chem Int Ed Ing，1966，5：584.

$$\underset{(\mathbf{2})}{CH_3CH_2\overset{O}{\overset{\|}{C}}N(C_2H_5)_2} + COCl_2 \longrightarrow CH_3CH_2\overset{Cl}{\overset{|}{C}}=\overset{+}{N}(C_2H_5)_2 \cdot Cl^- \longrightarrow \underset{(\mathbf{1})}{CH_3C\equiv CN(C_2H_5)_2}$$

将 N,N-二乙基丙酰胺（**2**）129 g（1.0 mol）溶于 500 mL 甲苯中，慢慢通入光气 2 mol。反应中逐渐有结晶析出。通完后冷却，抽滤析出的固体，无水乙醚洗涤，得 α-氯代亚胺盐 175 g，收率 95%。

将 α-氯代亚胺盐加入无水乙醚中，冷至 0℃以下，保持 0℃慢慢滴加二环己基氨基锂的乙醚溶液，约 30 min 加完。倒出反应液，减压蒸馏，收集 60～62℃/11.97 kPa 的馏分，得化合物（**1**），收率 58%。

第三节 *N*-烷基甲酰胺脱水生成异腈

异腈与腈是同分异构体，异腈是一类有特殊强烈恶臭的化合物，化学性质与腈有明显不同。异腈对强碱稳定，制备反应也常为强碱性的介质，但对酸敏感，可受酸作用发生聚合，或被水中的酸分解为相应的甲酰胺衍生物。以上反应也是清除异腈气味的方法。

异腈主要有如下几种合成方法。

碘代烷与氰化亚铜或氰化银反应可生成异腈。氰基为两可基团，烷基化反应可以发生在碳原子上生成腈，也可以发生在氮原子上生成异腈。当使用氰化银或氰化亚铜时，烷基化反应发生在氮原子上。

$$RI \xrightarrow[\text{或 } CuCN]{AgCN} R-\overset{+}{N}\equiv\overset{-}{C}$$

伯胺与二氯卡宾反应可生成异腈，该反应称为 Hofmann 异腈合成法。

$$RNH_2 + CHCl_3 + NaOH \longrightarrow \left[R-\overset{+}{N}\equiv\overset{-}{C} \longleftrightarrow R-\ddot{N}=\ddot{C} \right]$$

这是伯胺的特征反应，生成的异腈有恶臭，可以鉴别伯胺。

N-烷基甲酰胺衍生物与三氯氧磷、光气、磺酰氯等作用失水可生成异腈，甲酰胺衍生物可由甲酸与胺缩合制得。

$$HC(=O)NHR \xrightarrow{COCl_2, Et_3N} R-\overset{+}{N}\equiv\overset{-}{C}$$

$$HC(=O)NHCH_2COOCH_3 \xrightarrow{POCl_3, Et_3N} \overset{-}{C}\equiv\overset{+}{N}CH_2COOCH_3$$

$$t\text{-Bu}-CH_2-C(CH_3)_2-NH-CHO \xrightarrow{SOCl_2,\ DMF} t\text{-Bu}-CH_2-C(CH_3)_2-\overset{+}{N}\equiv\overset{-}{C}$$

以 N-取代甲酰胺用 $POCl_3$ 作脱水剂合成异腈的反应为例，表示其可能的反应机理如下。

$$MeO(O=)C-CH(Ph)-NHCHO \xrightarrow[-H^+]{Et_3N} MeO(O=)C-CH(Ph)-\overset{-}{N}CHO \rightleftharpoons MeO(O=)C-CH(Ph)-N{=}CH-O^-$$

$$\xrightarrow[-Cl^-]{POCl_3} MeO(O=)C-CH(Ph)-N{=}CH-O-P(=O)Cl_2 \xrightarrow{Et_3N} MeO(O=)C-CH(Ph)-\overset{+}{N}\equiv\overset{-}{C}$$

苄基异腈的合成如下：

$$HCOOH + CH_3C(=O)OC(=O)CH_3 \longrightarrow CH_3C(=O)OC(=O)H$$

$$C_6H_5CH_2NH_2 + CH_3C(=O)OC(=O)H \longrightarrow C_6H_5CH_2NHC(=O)H \xrightarrow[THF]{POCl_3,\ Et_3N} C_6H_5CH_2NC$$

有时也可以利用异腈化合物的转化来合成新的异腈。例如：

$$C_6H_5CH_2NC \xrightarrow{RLi} C_6H_5\overset{-}{C}HNC \xrightarrow{RX} C_6H_5CH(R)NC$$

对甲苯磺酰甲基异腈是重要的有机合成、药物合成中间体，在杂环合成中可以用来方便地制备咪唑、噻唑、噁唑、三氮唑、吲哚、吡咯等，它们在药物合成中有重要的用途，这是因为其分子中除了具有异腈基团的亲电中心和亲核中心外，还有一个很好的离去基团对甲苯磺酰基。其合成方法如下。

对甲苯磺酰甲基异腈（*p*-Tolylsulfonylmethyl isocyanide.），$C_9H_9NO_2S$，195.24。白色固体。mp 116～117℃（分解）。

制法① B E Hoogenboom，O H Oldenziel，A M van Leusen. Organic Syntheses，1988，Coll Vol 6：987. ② 丁成荣，张朝阳，王现刚等. 农药，2012，51（12）：869.

$$p\text{-}CH_3C_6H_4SO_2Na\ (\mathbf{2}) \xrightarrow[HCOOH]{HCHO,\ H_2NCHO} p\text{-}CH_3C_6H_4SO_2CH_2NHCHO\ (\mathbf{3}) \xrightarrow{POCl_3,\ Et_3N} p\text{-}CH_3C_6H_4SO_2CH_2NC\ (\mathbf{1})$$

N-(对甲苯磺酰甲基) 甲酰胺（**3**）：于安有搅拌器、冷凝器和温度计的 3L 反应瓶中，加入 267 g（1.5 mol）对甲苯亚磺酸钠（**2**）、750 mL 水、350 mL

(378克) 34%～37%甲醛溶液（约4.4 mol）、600 mL（680 g，15 mol）甲酰胺和200 mL（244 g，5.3 mol）97%的甲酸。于90℃加热，对甲苯亚磺酸钠溶解。将清亮溶液保持90～95℃反应2 h。冷却至室温，然后在－20℃冷藏箱中进一步冷却过夜。吸滤，得白色固体。在烧杯中用3份250 mL冰水在搅拌下充分洗涤。在五氧化二磷存在下70℃减压干燥，得粗品化合物（**3**）134～150g，收率42%～47%。

对甲苯磺酰甲基异腈（**1**）：于安有搅拌器、温度计、滴液漏斗和干燥管的3 L反应瓶中，加入化合物（**3**）107 g（0.50 mol）、250 mL 1,2-二甲氧基乙烷、100 mL无水乙醚和350 mL（255 g，2.5 mol）三乙胺。搅拌下将悬浮液冰盐浴中冷至－5℃，然后滴加由三氯氧磷50 mL（0.55 mol）溶于60 mL 1,2-二甲氧基乙烷的溶液，控制滴加速度，保持反应液温度在－5～0℃，在此反应过程中，化合物（**3**）渐渐溶解，而三乙胺盐则沉淀出来。反应近于完成时，白色悬浮液慢慢变成棕色。在0℃再搅拌30 min。加入1.5 L冰水，固体物质溶解而成清亮的暗棕色溶液。在0℃搅拌析出细小的棕色沉淀，30 min后，抽滤，用250 mL冷水洗涤。湿产物溶于400 mL热苯（40～60℃），用分液漏斗分出水层，暗棕色的苯溶液用无水硫酸镁干燥。过滤，加2 g活性炭。加热至约60℃脱色5 min。过滤。加入1 L石油醚（bp 40～80℃），析出固体。抽滤，在真空干燥器中干燥。得浅棕色固体（**1**），收率76%～84%，mp 111～114℃（dec）。过柱纯化，得白色固体，mp 116～117℃（分解）。

异腈是重要的合成中间体，可以发生很多反应，在杂环化合物合成中应用广泛。例如杀菌剂噻菌灵（Thiabendazole）中间体噻唑-4-甲酸乙酯的合成。

噻唑-4-甲酸乙酯（Ethyl thiazole-4-carboxylate），$C_6H_7NO_2S$，157.19。类白色固体。mp 52～53℃。

制法　G D Hartman and L M Weinstock. Organic Syntheses，1988，Coll Vol 6：620.

$$\text{HCONHCH}_2\text{COOEt}\ (\mathbf{2}) \xrightarrow[\text{CH}_2\text{Cl}_2,\ 0^\circ\text{C}]{\text{POCl}_3,\ \text{Et}_3\text{N}} \text{C}^-{\equiv}\text{N}^+\text{CH}_2\text{COOEt}\ (\mathbf{3}) \xrightarrow[\text{NaCN, EtOH}]{\text{HCSOEt}} \text{thiazole-4-CO}_2\text{Et}\ (\mathbf{1})$$

异氰基乙酸乙酯（**3**）：于安有搅拌器、温度计、滴液漏斗的反应瓶中，加入*N*-甲酰基甘氨酸乙酯（**2**）65.5 g（0.500 mole），三乙胺125.0 g（1.234 moles），二氯甲烷500 mL，氮气保护。搅拌下冷至0～－2℃，于15～20 min滴加三氯氧磷76.5 g（0.498 mole），注意温度保持在0℃。反应体系变为红棕色，继续于0℃搅拌1 h。滴加由100 g无水碳酸钠溶于400 mL水的溶液，其间保持反应液温度在25～30℃。搅拌30 min后，加入水直至水层约达1 L。分出有机层，水层用二氯甲烷提取2次。合并有机层，饱和盐水洗涤，无水碳酸钾干燥。过滤，减压浓缩，剩余物减压蒸馏，收集89～91℃/1.46 kPa的馏分，得棕色油状液体(**3**) 43～44 g，收率76%～78%。

噻唑-4-甲酸乙酯(**1**)：于反应瓶中加入氰化钠0.25 g (0.0051 mol)，无水乙醇10 mL，室温剧烈搅拌，慢慢滴加由化合物(**3**) 4.52 g (0.0439 mol)和硫代甲酸-*O*-乙酯3.60 g (0.0400 mol)溶于15 mL无水乙醇的溶液。由于反应放热，控制滴加速度保持反应液温度在45℃以下，如有必要，可以用冰浴冷却。加完后继续于50℃搅拌反应30 min。旋转浓缩，剩余的黑色物用热己烷提取(60 mL×3)。合并己烷溶液，旋转浓缩，剩余物冰浴冷却。过滤，得类白色固体(**1**) 5.1～5.5 g，收率81%～87%，mp 52～53℃。

一种改进的合成异腈的方法是使用碳二亚胺，如DCC等来代替$POCl_3$等。

第九章 肟脱水生成腈

醛、酮与盐酸羟胺反应，分别生成相应的醛肟和酮肟，它们都可以在适当的条件下脱水生成腈。该类反应在药物及其中间体的合成中有重要用途。例如平喘药甲氧那明（Methoxyphenamine）等中间体（**1**）的合成。

$$\text{C}_6\text{H}_4(\text{CHO})(\text{OC}_3\text{H}_7) \xrightarrow[\text{NaOH}]{\text{NH}_2\text{OH}\cdot\text{HCl}} \text{C}_6\text{H}_4(\text{CH{=}NOH})(\text{OC}_3\text{H}_7) \xrightarrow[(81\%)]{\text{Ac}_2\text{O}} \text{C}_6\text{H}_4(\text{CN})(\text{OC}_3\text{H}_7)\ (\mathbf{1})$$

第一节 醛肟脱水生成腈

醛肟脱水是制备腈类化合物的方法之一，已有很多报道，也开发了许多不同的脱水剂。醛肟脱水方法可分为热解法和催化脱水法两种。

Campbell 等（Campbell J A，McDougald G，McNab H，Lovat V C Rees，Tyas R G. Synthesis，2007，20：3179）报道，醛肟在 3A 分子筛存在下真空热解，可以生成腈。例如苯甲醛肟于 350℃真空热解，苯甲腈的收率可达 97%，3-吲哚甲醛肟、3-噻吩甲醛肟也取得满意的结果。在三氧化钨存在下，苯甲醛肟于 200℃真空热解，苯甲腈的收率 92%。具体反应见表 9-1。

表 9-1 醛肟的真空高温脱水生成腈

$$\text{R—CH{=}NOH} \longrightarrow \text{R—C}\equiv\text{N} + \text{H}_2\text{O}$$

R	收率/% 3A MS,350℃	收率/% WO_3
苯基	97	92(200℃)
邻羟基苯基	88	87(400℃)
2-吡咯基	63	90(400℃)
3-吲哚基	89	—
3-噻吩基	77	—

这种方法更适合于工业化生产。

最常用的脱水方法是催化脱水法。醛肟脱水的关键步骤是如何由—CH═NOH基团中脱去碳原子上的氢原子。醛肟一般不适用于强酸作用下脱水，因为在强酸性条件下肟容易发生 Backman 重排反应生成甲酰胺类化合物，后者继续脱水则生成异腈。所以，醛肟脱水常用的催化剂为弱酸性催化剂、偏碱性催化剂甚至强碱性催化剂。根据反应机理，可以将醛肟脱水生成腈的催化剂分为如下几类。

一、酸性催化剂

这类催化剂主要有有机酸的铜盐如醋酸铜、苯甲酸铜、$TiCl_4$、蒙脱土 KSF 等。

$$\text{R—CH═NOH} \xrightarrow{Cu(OAc)_2.H_2O, MeCN} \text{R—C≡N}$$

R＝烷基，芳基

例如药物中间体氢化肉桂腈的合成。

氢化肉桂腈（Hydrocinnamonitrile），C_9H_9N，131.18。无色液体。bp 239～241℃。

制法　Attanasi O，Palma P，Serra-Zanetto F. Synthesis，1983，9：741.

$$C_6H_5CH_2CH_2CH\text{═}NOH\ (\mathbf{2}) \xrightarrow[\text{回流,4h}]{Cu(OAc)_2.H_2O, MeCN} C_6H_5CH_2CH_2CN\ (\mathbf{1})$$

于反应瓶中加入一水合醋酸铜 0.5 mmol，乙腈 50 mL，搅拌溶解，而后加入氢化肉桂醛肟（**2**）5 mmol 溶于 5 mL 乙腈的溶液。慢慢加热回流约 4 h，直至反应完全（TLC 跟踪反应）。减压蒸出溶剂，剩余物用 50 mL 乙醚提取，5%的硫酸洗涤 3 次，水洗，无水硫酸镁干燥。过滤，浓缩，得无色液体化合物（**1**），收率 98%。

该反应很可能是醛肟与醋酸铜生成络合物，进而转化为活性的 *O*-乙酰基肟（醋酸酯），而后消除醋酸而生成腈。

$$\text{R—CH═NOH} \xrightarrow{Cu(OAc)_2.H_2O,\ MeCN} [\text{R—C(H)═N—O—C(═O)—}CH_3\ \text{(环状过渡态)}] \longrightarrow \text{R—C≡N} + CH_3COOH$$

上述机理对于反式肟来说可能是正确的，但对于顺式肟则不能生成上述环状结构，但仍可以脱水生成腈。因此有人提出了肟的羧酸酯，首先发生 N-O 键断裂生成氮正离子，后者再失去碳上的质子而得到腈。碳-氮三建的相对稳定性使得碳上的氢容易离去。

$$C_6H_5CH\text{═}N\text{—}OC(\text{═}O)CH_3 \xrightarrow{-CH_3COO^-} C_6H_5CH\text{═}N^+ \xrightarrow{-H^+} C_6H_5CN$$

$$CH_3COO^- + H^+ \longrightarrow CH_3COOH$$

当然，也有可能按照如下方式进行反应。

$$CH_3COO^- + Ar(H)C{=}N{-}O{-}C(=O){-}CH_3 \longrightarrow ArC{\equiv}N + CH_3COOH + CH_3COO^-$$

使用 $TiCl_4$ 作催化剂的例子如下。

$$n\text{-}C_3H_7CH{=}NOH \xrightarrow[22^\circ C, 45h]{TiCl_4, THF, Py} n\text{-}C_3H_7CN \quad (80\%)$$

$$4\text{-}CH_3O\text{-}C_6H_4\text{-}CH{=}N{-}OH \xrightarrow[16h, 80^\circ C]{TiCl_4, Py, \text{二氧六环}} 4\text{-}CH_3O\text{-}C_6H_4\text{-}CN \quad (90\%)$$

异丁腈为有机合成中间体，主要用于有机磷杀虫剂二嗪农的中间体异丁脒的生产。也用于生产丙烯酸树脂的添加剂。其一种合成方法如下。

异丁腈 (Isobutyronitrile)，C_4H_7N，69.11。无色、有恶臭的液体。难溶于水，易溶于乙醇和乙醚。

制法 Gawley R E. Org Reac，1988，35：1.

$$\underset{(\mathbf{2})}{(CH_3)_2CHCH{=}NOH} \xrightarrow{TiCl_4, Py, \text{二氧六环}} \underset{(\mathbf{1})}{(CH_3)_2CHCN}$$

于反应瓶中加入干燥的二氧六环 200 mL，冷至 0～0℃，慢慢加入由四氯化钛 11 mL（0.1 mol）溶于 25 mL 四氯化碳的溶液，出现黄色沉淀。再向此悬浮液中加入干燥的吡啶 16 mL（0.2 mol）与 35 mL 二氧六环的混合液，随后加入异丁醛肟（**2**）4.35 g（0.05 mol）溶于 20 mL 二氧六环的溶液。搅拌反应 43 h，加入 50 mL 水淬灭反应，用乙醚稀释。分出水层，乙醚提取。合并有机层，饱和盐水洗涤，无水硫酸镁干燥。过滤，蒸馏，收集 107～108℃ 的馏分，得化合物（**1**），收率 81%。

一些酸催化剂可能产生 H^+ 而使肟的氧原子生成锌盐，或者与羟基氧原子键合，而后 N-O 键断裂生成氮正离子，最后失去碳原子上的质子生成腈。

有人用蒙脱土 KSF 作催化剂，将醛肟在甲苯中回流合成相应的腈，收率一般在 65%～85%，适用于脂肪族、芳香族以及杂环族醛肟，而且适用于顺式醛肟和反式醛肟。

$$R{-}CH{=}NOH \xrightarrow[\text{Tol, 回流}]{\text{蒙脱土 KSF}} R{-}C{\equiv}N$$

R＝烷基，芳基(顺式或反式)

该方法操作很方便。将醛肟溶于干燥的甲苯中，加入于 100℃ 干燥的蒙脱土 KSF，搅拌回流一定时间，过滤，浓缩，即可得到粗品腈。而后根据腈的物理性质，进行蒸馏或重结晶即可得到纯的腈。

将醛与盐酸羟胺于 DMF 中直接加热，也可以生成腈。例如医药、农药、液晶材料中间体对羟基苯甲腈的合成。

对羟基苯甲腈（4-Hydroxybenzonitrile），C_7H_5NO，119.12。白色结晶，mp 112～113℃。

制法　张志德，袁西福，陈玉琴等. 化学试剂，2005，27（3）：181.

$$\text{HO-C}_6\text{H}_4\text{-CHO}\ (\mathbf{2}) + NH_2OH \cdot HCl \xrightarrow{DMF} \text{HO-C}_6\text{H}_4\text{-CN}\ (\mathbf{1})$$

于反应瓶中加入对羟基苯甲醛（**2**）48.8 g（0.40 mol），盐酸羟胺 34.0 g（0.48 mol），DMF 400 mL。搅拌下加热至 110～120℃，TLC 跟踪反应，约 5 h 反应结束。减压回收溶剂，剩余物倒入冰水中，析出固体。过滤，热水中重结晶，得白色结晶（**1**）41 g，收率 86%，mp 112～113℃。

二、酰化试剂

这类试剂可以使醛肟的羟基酰基化生成醛肟的酯或类似酯的化合物，而后发生消除反应生成腈。

这类试剂主要有酰氯、酸酐、磺酰氯、$SOCl_2$-DMF、$POCl_3$-DMF、光气、双光气、三光气、原酸酯等。

醛肟与乙酐一起共热，可迅速脱水，生成相应的腈。例如高血压治疗药甲基多巴（Aldometil）、兽药磺胺增效剂敌菌净（Diaveridine）等中间体 3,4-二甲氧基苯甲腈的合成。

3,4-二甲氧基苯甲腈（3,4-Dimethoxybenzonitrile），$C_9H_9NO_2$，163.18。白色结晶。mp 68～70℃。溶于醇、醚，不溶于水。

制法　孙昌俊，曹晓冉，王秀菊. 药物合成反应——理论与实践. 北京：化学工业出版社，2007：356.

$$\text{3,4-(OCH}_3)_2\text{C}_6\text{H}_3\text{-CHO}\ (\mathbf{2}) + NH_2OH \cdot HCl \longrightarrow \text{3,4-(OCH}_3)_2\text{C}_6\text{H}_3\text{-CH=NOH}\ (\mathbf{3}) \xrightarrow{(CH_3CO)_2O} \text{3,4-(OCH}_3)_2\text{C}_6\text{H}_3\text{-CN}\ (\mathbf{1})$$

3,4-二甲氧基苯甲醛肟（**3**）：于安有搅拌器的反应瓶中，加入 3,4-二甲氧基苯甲醛（**2**）83g（0.5 mol），200 mL 95%的乙醇。搅拌下温热溶解，加入盐酸羟胺 42 g（0.6 mol）溶于 50 mL 水配成的溶液，然后慢慢加入氢氧化钠 30 g（0.75 mol）溶于 40 mL 水配成的溶液，反应 2.5 h。加入 250 g 碎冰，并通入二氧化碳至饱和。分出油状物，冰箱中放置过夜。抽滤，干燥，得 3,4-二甲氧基苯甲醛肟（**3**）88 g，收率 97%。

3,4-二甲氧基苯甲腈（**1**）：将上面制得的醛肟，100 g 醋酸酐加入反应瓶中，安上回流冷凝器，慢慢加热。剧烈反应时移去热源，反应缓和后再加热。煮沸约

0.5 h后，倒入300 mL冷水中，充分搅拌，析出类白色固体。抽滤，干燥，得3,4-二甲氧基苯甲腈（**1**）60 g，总收率74%，mp 66～67℃。

又如阿糖胞苷（Cytosine，Arabinoside）、盐酸环胞苷（Cyclocytidine hydrochloride）等的中间体丙炔腈的合成，反应中炔丙醛肟用乙酸酐进行酯化脱水生成相应的腈。

丙炔腈（Cyanoacetylene，Propinonitrile，Propynyl cyanide），C_3HN，51.05。无色液体。mp 5℃，bp 43.5℃，d_4^{20} 0.8167，n_D1.3868，易溶于乙醇，微溶于水，暴露于空气或遇光分解。

制法 孙昌俊，曹晓冉，王秀菊.药物合成反应——理论与实践.北京：化学工业出版社，2007：362.

$$\underset{(\mathbf{2})}{CH{\equiv}C{-}CH_2OH} \xrightarrow[H_2SO_4]{CrO_3} \underset{(\mathbf{3})}{CH{\equiv}C{-}CHO} \xrightarrow{H_2NOH \cdot HCH}$$

$$\underset{(\mathbf{4})}{CH{\equiv}C{-}CH{=}NOH} \xrightarrow{Ac_2O} \underset{(\mathbf{1})}{CH{\equiv}C{-}CN}$$

丙炔肟（**4**）：于安有温度计、滴液漏斗的反应釜中，加入丙炔醇（**2**）1 kg（17.86），水3.6 L，通入氮气鼓泡，减压使系统压力稳定在21.3～29.3 kPa，加热使内温度升至50℃，开始滴加硫酸-铬酐水溶液（由水5.8 L、铬酐1.8 kg、硫酸4.1 kg配成），控制温度在50～55℃，生成的丙炔醛（**3**）气体经安全瓶（55～60℃）进入成肟瓶中。成肟瓶中加入盐酸羟胺840 g，水2.4 L，并慢慢加入碳酸钾810 g，用冰盐浴冷却。控制成肟温度在8～25℃之间。硫酸-铬酐水溶液约2 h加完。加完后将氧化液升温至60℃，反应0.5 h。停止通氮和减压。将成肟液升至25～30℃反应1 h。成肟液用乙醚提取三次，合并提取液，回收乙醚，最后升至55℃，减压浓缩，得丙炔肟（**4**），于30～40℃加入冰醋酸中备用。

丙炔腈（**1**）：将乙酸酐2 kg加热至100℃，滴加上述丙炔肟醋酸溶液，升至120℃，边滴加边回流，用分馏柱分馏，收集40～44℃的馏分，得丙炔腈（**1**）220 g，收率24%。

平喘药甲氧那明（Methoxyphenamine）等的中间体邻丙氧基苯甲腈（**2**）也是采用醛肟乙酸酐脱水的方法来合成的。乙酸酐相对价格较低，生成的乙酸回收容易，更适合于用作脱水剂

$$\text{2-}(OC_3H_7)C_6H_4CHO \xrightarrow[NaOH]{NH_2OH \cdot HCl} \text{2-}(OC_3H_7)C_6H_4CH{=}NOH \xrightarrow[\text{(总收率81\%)}]{Ac_2O} \text{2-}(OC_3H_7)C_6H_4CN \ (\mathbf{2})$$

医药中间体1-萘甲腈（**3**）的合成则是采用了三氯乙酰氯作脱水剂：

$$\text{1-}C_{10}H_7CH{=}NOH \xrightarrow[Et_3N,CH_2Cl_2]{Cl_3CCOCl} \underset{(93\%)}{\text{1-}C_{10}H_7CN} \ (\mathbf{3})$$

对甲基苯甲腈是重要的有机合成中间体，在医药、农药、染料等领域有重要用途，有多种合成方法，其中一种是由对甲苯甲醛肟用氯化亚砜脱水来合成。

对甲基苯甲腈（*p*-Methylbenzonitrile，*p*-Tolunitrile），C_8H_7N，117.15。mp 29.5℃，bp 218℃。

制法　Gawley R E. Org Reac，1988，35：1

$$\text{4-}CH_3C_6H_4CH{=}NOH\ (\mathbf{2}) \xrightarrow[CCl_4]{SOCl_2} \text{4-}CH_3C_6H_4CN\ (\mathbf{1})$$

于反应瓶中加入四氯化碳 10 mL，氯化亚砜 0.37 mL（5 mmol），再加入对甲基苯甲醛肟（**2**）0.675 g（5 mmol）溶于 10 mL 四氯化碳的溶液，室温搅拌反应 12 h。水洗、蒸馏，得化合物（**1**），收率 87%。

三、活泼酯、酰胺类脱水剂

有些活性酯或酰胺本身遇水容易分解，但它们往往也可以夺取其他分子中的水而作为脱水剂来使用。例如原酸酯、氰基乙酸酯、三氟乙酸吡啶醇酯、1,1'-羰基二咪唑（CDI）等。

原甲酸酯、原乙酸酯可以使醛肟失水生成腈，自身分解为酸和醇。例如[Rogic M M，J Org Chem，1974，39（23）：3424]：

$$RCH{=}NOH + R'C(OEt)_3 \xrightarrow{H^+} RCN + R'COOEt + 2EtOH$$

反应中使用等摩尔量的醛肟和原酸酯，在酸催化剂存在下一起加热，可以生成相应的腈。反应中首先生成肟的原酸酯，而后再进行消除得到腈。反应中常用的原酸酯为原甲酸三乙酯（甲酯）和原乙酸三乙酯（甲酯）。

$$RCH{=}NOH + R'C(OEt)_3 \longrightarrow RCH{=}N{-}O{-}C(R')(OEt){-}OEt \xrightarrow{H^+} RCN + R'COOEt + 2EtOH$$

例如氢化肉桂腈可以用氢化肉桂醛肟与原甲酸三乙酯来合成。

$$C_6H_5CH_2CH_2CH{=}NOH \xrightarrow[(93\%)]{HC(OEt)_3,\ CH_3SO_3H} C_6H_5CH_2CH_2CN$$

丁腈（**4**）是重要的有机合成原料、溶剂、医药中间体，还可用于其他精细化学品，其合成方法如下。

$$CH_3CH_2CH_2CH{=}NOH + CH_3C(OEt)_3 \xrightarrow[(90\%)]{} CH_3CH_2CH_2CH{=}NOC(OEt)_2CH_3 \xrightarrow[(94\%)]{CHCl_3,\ CH_3SO_3H} CH_3CH_2CH_2CN\ (\mathbf{4})$$

三氟乙酸吡啶酯属于活性酯，可以使醛肟脱水生成腈。例如[Keumi T，Shimada M，Mortta T，et al. Bull Chem Soc Jpn，1990，63（8）：2252]：

CH_3O-C₆H₄-CH=NOH $\xrightarrow[\text{THF, 回流, 2h(97\%)}]{CF_3COO\text{-}(2\text{-吡啶基})}$ CH_3O-C₆H₄-CN

反应中肟羟基与三氟乙酸吡啶酯作用生成肟的相应的三氟乙酸酯，后者发生消除得到腈。

CH_3O-C₆H₄-CH=NOH $\xrightarrow{CF_3COO\text{-}(2\text{-吡啶基})}$ [CH_3O-C₆H₄-CH=N-O-C(=O)-CF_3] $\longrightarrow$ CH_3O-C₆H₄-CN + CF_3COOH

苯甲腈是重要的化工原料，可用作医药、染料、农药、橡胶用品、苯甲酸等的中间体，可以用苯甲醛肟的脱水来合成。

苯甲腈（Benzonitrile），C_7H_5N，103.12。bp 190.7℃。微溶于冷水，溶于热水，易溶于乙醇、乙醚。

制法　Keumi T，Shimada M，Mortta T，et al. Bull Chem Soc Jpn. 1990，63（8）：2252.

C₆H₅-CH=NOH (**2**) $\xrightarrow[\text{THF, 回流, 2h}]{CF_3COO\text{-}(2\text{-吡啶基})}$ C₆H₅-CN (**1**) + CF_3COOH

于反应瓶中加入苯甲醛肟（**2**）0.5 g（4.1 mmol），干燥的 THF 6 mL，三氟乙酸吡啶醇酯（TFAP）0.86 g（4.5 mmol）溶于 4 mL THF 的溶液，加热回流 2 h。冰浴冷却，过滤生成的沉淀，30 mL 乙醚洗涤。合并滤液和洗涤液，减压浓缩，得化合物（**1**）0.38 g，收率 90%。

1,1′-羰基二咪唑（CDI）和 1,1′-草酰二咪唑（ODI）等属于活性酰胺，是一种缩合剂，也可以使醛肟脱水生成腈。例如：

CH_3O-C₆H₄-CH=NOH $\xrightarrow[CH_2Cl_2]{\text{CDI}}$ CH_3O-C₆H₄-CN (75%)

CH_3O-C₆H₄-CH=NOH $\xrightarrow[CH_2Cl_2]{\text{ODI}}$ CH_3O-C₆H₄-CN

反应过程如下。

RCH=NOH $\xrightarrow[CH_2Cl_2]{\text{ODI}}$ [R-CH=N-O-C(=O)-C(=O)-(1-咪唑基)] $\longrightarrow$ RCN + CO_2 + CO + 咪唑(NH)

4-硝基苯腈（4-Nitrobenzonitrile），$C_7H_4N_2O_2$，148.12。奶油色结晶性粉末。mp 146～147℃。

制法　Tokujiro Kitagawa，Hideaki Sasaki，Noriyuki Ono. Chem Phaem Bull，1985，33（9）：4014.

$$\text{O}_2\text{N-C}_6\text{H}_4\text{-CH=NOH}\ (\mathbf{2}) \xrightarrow[\text{C}_6\text{H}_6]{\text{ODI}} \text{O}_2\text{N-C}_6\text{H}_4\text{-CN}\ (\mathbf{1})$$

于反应瓶中加入对硝基苯甲醛肟（**2**）5 mmol，苯 30 mL，再加入 ODI 5 mmol，室温搅拌反应 15 min 后，于 65～70℃再反应 30 min。过滤除去油状物，滤液依次用1%的盐酸、水洗涤，无水硫酸钠干燥。过滤，浓缩，剩余物用乙醇-苯（4∶1）重结晶，得化合物（**1**），收率 79%，mp 145～147℃。

四、低价磷化合物

一些低价磷化合物容易受到羟基的进攻，生成四配位五价磷，肟的羟基可以与其反应，最终生成腈。这些低价磷化合物有 PCl_3、P_2I_4、$P(NEt_2)_3$、$P(NMe_2)_3$、PPh_3-CCl_4 等。PCl_3 的反应活性高。

在肟的顺、反异构体中，一般反式异构体容易发生脱水反应，因为反式异构体空间位阻小。

$$\text{C}_6\text{H}_5\text{-CH=NOH} \xrightarrow[\text{CH}_2\text{Cl}_2]{\text{PCl}_3\text{, THF, rt, 1h}} \text{C}_6\text{H}_5\text{-CN}$$

（*Z*）：94%

（*E*）：99%

P_2I_4 也是一种脱水剂，可以使酰胺和醛肟脱水生成相应的腈。通常是由碘化钾和三氯化磷反应来制备。例如有机合成中间体对氯苯甲腈的合成。对氯苯甲腈为合成吡啶酰胺类杀虫剂、颜料 254 等的中间体。

对氯苯甲腈（4-Chlorobenzonitrile），C_7H_4NCl，137.57。白色针状晶体。mp 91～93℃。

制法　Hitomi Suzuki，Toyoaki Fuchita，Akemi Iwasa. Synthesis，1978：905.

$$\text{Cl-C}_6\text{H}_4\text{-CH=NOH}\ (\mathbf{2}) \xrightarrow[\text{Et}_2\text{O}]{\text{P}_2\text{I}_4} \text{Cl-C}_6\text{H}_4\text{-CN}\ (\mathbf{1})$$

于反应瓶中加入 P_2I_4 0.75g（1.3mmol），无水乙醚 20 mL，对氯苯甲醛肟（**2**）0.20g（1.3 mmol），室温搅拌反应 3h。将反应也过氧化铝-亚硫酸钠（10∶1）柱，以乙醚洗脱。洗脱液浓缩，得白色结晶（**1**）0.15g，收率 85%，mp 91～93℃。

对二甲氨基苯甲腈（**5**）也可以采用该方法来合成。

$$4\text{-}(CH_3)_2N\text{-}C_6H_4\text{-}CH{=}NOH \xrightarrow[Et_2O]{P_2I_4} 4\text{-}(CH_3)_2N\text{-}C_6H_4\text{-}CN\ (63\%) \quad (5)$$

五、碱性催化剂

一些碱性试剂，如氢氧化钠、氢氧化钾可以使醛肟脱水生成腈。一般氢氧化钾的效果要好于氢氧化钠。

$$R{-}CH{=}NOH \xrightarrow[\triangle]{HO^-,\text{溶剂}} R{-}C{\equiv}N + H_2O$$

反应过程可能是碱夺取肟分子中碳原子上的氢，同时失去氢氧根负离子。

$$HO^- + \underset{R}{\overset{H}{}}\!\!C{=}N{-}OH \xrightarrow{-HO^-} R{-}C{\equiv}N + H_2O$$

加入相转移催化剂可促进脱水反应的进行，并缩短反应时间，提高收率。

例如用作香精使用的柠檬腈的合成。

柠檬腈 (3,7-Dimethyl-2,6-octadienenitrile，Citral nitrile)，$C_{10}H_{15}N$，149.24。无色至淡黄色液体。两种异构体的混合物。

制法　农克良，陆丹梅，农容丰等. 化学世界，2001，4：191.

$$\underset{(2)}{(CH_3)_2C{=}CHCH_2CH_2C(CH_3){=}CH{-}CH{=}NOH} \xrightarrow[Tol]{NaOH,\ PTC} \underset{(1)}{(CH_3)_2C{=}CHCH_2CH_2C(CH_3){=}CH{-}C{\equiv}N}$$

于安有搅拌器、分水器的反应瓶中，加入柠檬醛肟 13.5 g (95.1%，0.077 mol)，甲苯 50 mL，固体氢氧化钾 0.9 g，四丁基溴化铵 0.7 g，搅拌回流脱水。反应结束后，冷却，用醋酸调至中性。分出有机层，水洗，无水硫酸钠干燥。过滤，减压浓缩。剩余物减压蒸馏，收集 85～87℃/266 Pa 的馏分，得化合物 (**1**) 11 g，收率 91%。

苯甲醛肟在氯仿-水体系中，季铵盐（如十六烷基三甲基溴化铵）存在下用氢氧化钾（反向胶束催化）可以将其转化为苯甲腈，收率 92%。这种相转移催化法，反应中首先生成二氯卡宾，而后再生成腈。

$$R{-}CH{=}NOH \xrightarrow[30\%\sim87\%]{KOH,CHCl_3,PTC} R{-}C{\equiv}N$$

R＝烷基，芳基烷基、芳基、芳杂环基等

反应过程如下：

$$CHCl_3 \xrightarrow[H_2O]{KOH} {:}CCl_2 + KCl$$

$$\underset{R}{\overset{H}{}}\!\!C{=}N{-}OH \xrightarrow{:CCl_2} \left[\underset{R}{\overset{H}{}}\!\!C{=}N{-}\overset{+}{O}(H){-}\bar{C}Cl_2\right] \longrightarrow HO^-\ \ \underset{R}{\overset{H}{}}\!\!C{=}N{-}O{-}CHCl_2$$

$$\xrightarrow{KOH} R{-}C{\equiv}N + HCOOK + KCl$$

例如医药、农药、聚氨酯等的中间体苯甲腈的合成。

苯甲腈（Benzonitrile），C_7H_5N，103.12。无色油状液体，有杏仁的气味。微溶于冷水，溶于热水，易溶于乙醇、乙醚。

制法　Branko Jursic. Synthesis Commun，1989，19（3-4）：689.

$$\mathrm{Ph{-}CH{=}NOH \xrightarrow[H_2O]{KOH, CHCl_3, PTC} Ph{-}C{\equiv}N}$$

于反应瓶中加入氯仿 200 mL，水 10 mL，十六烷基三甲基溴化铵 0.36 g（0.1 mmol），苯甲醛肟（**2**）6 g（50 mmol），搅拌 10 min 后，加入氢氧化钾 14 g（250 mmol），继续室温搅拌 1 h。过滤，少量氯仿洗涤。合并有机层，无水硫酸钠干燥。过滤，减压蒸出溶剂，剩余 4.9 g 油状物。减压蒸馏，收集 78～79℃/2.66 kPa 的馏分，得化合物（**1**）4.5 g，收率 87%。

除了上述各种催化剂外，五氧化二磷-乙醇（3∶4）的混合物，PPh_3-CCl_4、SeO_2、t-$BuMe_2SiCl$-咪唑、硫酸铁等也有报道。微波技术、离子液体等也已用于肟的脱水反应。例如醛肟于 1-戊基-3-甲基咪唑四氟硼酸盐［(pmim) BF_4］中反应 3～7h，16 个例子中腈的收率 75%～90%。该离子液体为脱水剂兼作溶剂，并可回收套用（Saha D，Saha A，Ranu B C. Tetrahedron Lett，2009，50：6088）：

$$\mathrm{R{-}CH{=}NOH \xrightarrow[90℃,\ 3\sim7h(75\%\sim90\%)]{[pmim]BF_4} R{-}C{\equiv}N}$$

R＝烷基，芳基，杂环芳基

一些与醛肟在结构上类似的醛的含氮衍生物，通过消除等反应也可以生成腈（图 9-1）。

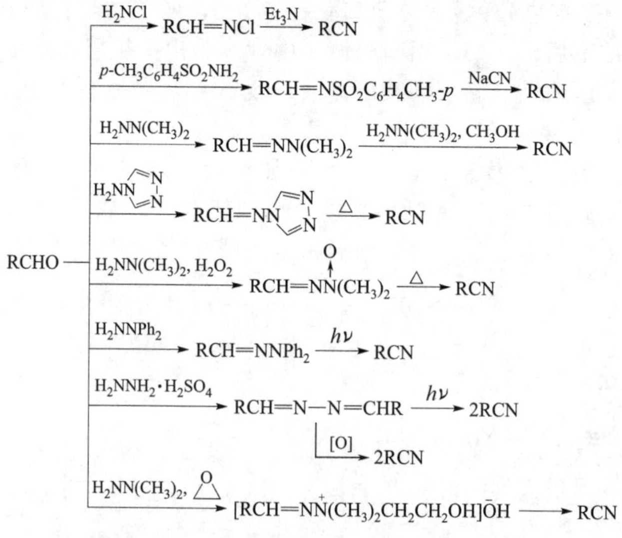

RCHO →

$$\mathrm{\xrightarrow{H_2NCl} RCH{=}NCl \xrightarrow{Et_3N} RCN}$$

$$\mathrm{\xrightarrow{\mathit{p}\text{-}CH_3C_6H_4SO_2NH_2} RCH{=}NSO_2C_6H_4CH_3\text{-}\mathit{p} \xrightarrow{NaCN} RCN}$$

$$\mathrm{\xrightarrow{H_2NN(CH_3)_2} RCH{=}NN(CH_3)_2 \xrightarrow{H_2NN(CH_3)_2,\ CH_3OH} RCN}$$

$$\mathrm{\xrightarrow{H_2N\text{-}(1,2,4\text{-triazol-4-yl})} RCH{=}N\text{-}(1,2,4\text{-triazol-4-yl}) \xrightarrow{\triangle} RCN}$$

$$\mathrm{\xrightarrow{H_2NN(CH_3)_2,\ H_2O_2} RCH{=}N\overset{O}{\overset{\uparrow}{N}}(CH_3)_2 \xrightarrow{\triangle} RCN}$$

$$\mathrm{\xrightarrow{H_2NNPh_2} RCH{=}NNPh_2 \xrightarrow{h\nu} RCN}$$

$$\mathrm{\xrightarrow{H_2NNH_2\cdot H_2SO_4} RCH{=}N{-}N{=}CHR \xrightarrow{h\nu} 2RCN;\quad \xrightarrow{[O]} 2RCN}$$

$$\mathrm{\xrightarrow{H_2NN(CH_3)_2,\ \text{环氧乙烷}} [RCH{=}N\overset{+}{N}(CH_3)_2CH_2CH_2OH]\overset{-}{O}H \longrightarrow RCN}$$

图 9-1　醛的含氮衍生物通过消除反应生成腈

六、其他催化剂

N-甲基吡啶酮（NMP）可以使烷基、芳基、杂芳基醛与盐酸羟胺一步合成相应的腈。

$$RCHO + NH_2OH \cdot HCl \xrightarrow[\triangle]{NMP} RCN$$

还有很多试剂可以使醛肟脱水生成腈。醛肟的温和有效的脱水剂有三氯乙腈、三聚氯氰、*N*,*N*-二甲基硫代甲酰胺与碘甲烷，在三乙胺存在下四氯化碳与三苯基膦、四氯化钛与叔胺、二环己基碳二亚胺、三氟甲磺酸酐、*N*,*N*′-羰基二咪唑、三氯乙酰氯、二氯亚砜-苯并三氮唑等。

Sardarian 等以（EtO)$_2$POCl 为催化剂，醛肟则生成腈，而酮肟在甲苯中回流发生 Beckmann 重排生成酰胺。

$$R-CH{=}N-OH \xrightarrow{(EtO)_2POCl} R-CH{=}N-O-P(O)(OEt)_2 \longrightarrow R-C{\equiv}N + HOPO(OEt)_2$$

$$R^1R^2C{=}N-OH \xrightarrow{(EtO)_2POCl} R^1R^2C{=}N-O-P(O)(OEt)_2 \xrightarrow{-(EtO)_2P(O)O^-} R^1-N{=}C^+-R^2 \xrightarrow{H_2O} R^2CONHR^1$$

醛肟在二氯甲烷中用氯化亚砜-苯并三唑室温脱水约 20min，可以高收率的得到相应的腈，收率 90%～96%，包括芳香族醛肟和脂肪族醛肟。

$$R(H)C{=}NOH \xrightarrow[DCM,rt,N_2,20\ min]{SOCl_2/苯并三唑} R-CN$$

例如香料、医药中间体肉桂腈的合成。

肉桂腈（Cinnamonitrile），C_9H_7N，129.16。mp 18～20℃，bp 254～255℃。

制法 Sachin S Chaudhari，Krishnacharya G Akamanchi. Synth Commun. 1999，29：1741

$$PhCH{=}CH-CH{=}NOH\ (\mathbf{2}) \xrightarrow[DCM,\ rt,\ N_2,\ 20min]{SOCl_2/苯并三唑} PhCH{=}CH-CN\ (\mathbf{1})$$

于反应瓶中加入干燥的二氯甲烷 10 mL，苯并三唑 0.404 g（3.39 mmol)，氯化亚砜 0.25 mL（3.39 mmol)，氮气保护，搅拌下滴加由肉桂醛肟（**2**）0.5 g（3.39 mmol）溶于 10 mL 二氯甲烷的溶液，立即有固体析出，继续搅拌反应直至肟反应完全（TLC 跟踪反应)。加入 50 mL 水，分出有机层依次用 5%的氢氧化钠溶液、水各 50 mL 洗涤，无水硫酸钠干燥。过滤，浓缩，得化合物（**1**）0.423 g，收率 97%。

2-呋喃甲腈也可以用这种方法来合成，收率 95%。

$$\text{2-呋喃基}-CH{=}NOH \xrightarrow[DCM,\ rt,\ N_2,\ 20min(95\%)]{SOCl_2/苯并三唑} \text{2-呋喃基}-CN$$

利用微波辐射的方法，以硫酸-SiO_2、DBU为催化剂进行固相合成腈类化合物，可以明显缩短反应时间。

$$R—CH═NOH \xrightarrow[MW,1\sim6\ min]{DBU} R—CN \quad (62\%\sim92\%)$$

以天然黏土或皂土作醛肟的脱水催化剂，即可以在液相中进行，也可以在微波或红外辐射下进行固相反应，是符合绿色化学要求的方法。

$$Y\text{-}C_6H_4\text{-}CH{=}NOH \xrightarrow[MW,<13min]{催化剂} Y\text{-}C_6H_4\text{-}CN \quad (65\%\sim95\%)$$

第二节　酮肟转变为腈

某些酮肟在质子酸或Lewis酸催化下可以生成腈。这些酮肟主要有α-二酮肟、α-酮酸肟、α-二烷基氨基酮肟、α-羟基酮肟、β-酮醚肟以及类似化合物。有时直接加热也可以生成相应的腈。

例如治疗阿尔茨海默病他可林（Tacrine）等的中间体邻氨基苯甲腈的合成。

邻氨基苯甲腈（*o*-Aminobenzonitrile），$C_7H_6N_2$，118.14。类白色固体。mp 48～50℃。溶于乙醇、乙醚、氯仿、乙酸乙酯，微溶于水。

制法　孙昌俊，曹晓冉，王秀菊.药物合成反应——理论与实践.北京：化学工业出版社，2007：363.

$$\text{(2)} \xrightarrow{H_2NOH\cdot HCl} \text{(3)} \xrightarrow{\triangle} \text{(1)}$$

靛红-3-肟（**3**）：于反应瓶中加入靛红（**2**）50 g（0.34 mol），盐酸羟胺27 g（0.38 mol），水300 mL，搅拌下加热回流30 min，产生大量黄色沉淀。冷却，过滤，以50%的乙醇重结晶，得黄色针状结晶靛红-3-肟（**3**）48 g，收率90%，mp 223～225℃。

邻氨基苯甲腈（**1**）：于反应瓶中加入靛红-3-肟（**3**）16 g（0.1 mol），反应瓶上安装回流冷凝器。冷凝器顶部用弯管同一三口瓶相连，三口瓶置于冰水浴中，三口瓶上再安装回流冷凝器，其顶部用弯管同装有100 mL乙醚的洗气瓶相连。将反应物油浴加热至220℃，开始发生反应，产生大量棕黄色气体。剧烈反应开始后，撤去热源，反应放出的热量足以使反应进行完全。不断摇动洗气瓶以防产物损失。反应结束后，冷却，用乙醚洗反应系统三次，合并乙醚液。常压蒸出乙醚。剩余物减压蒸馏，收集110～116℃/0.3 kPa的馏分，冷后固化为类白色固体邻氨基苯甲腈（**1**）9.6 g，收率 82%，mp 48～50℃。

如下 2-甲氧基环酮肟在 PCl_5 存在下可以开环成腈（Masaji Ohno，Norio Naruse and Isao Terasawa. Organic Syntheses，Coll Vol 5：266）。

$$\text{环辛烯} \xrightarrow[(100\%)]{NOCl, HCl} \text{2-氯环辛酮肟盐酸盐 (=NOH.HCl, Cl)} \xrightarrow{Et_3N, MeOH} \text{2-甲氧基环辛酮肟 (=NOH, OCH}_3) \xrightarrow[2.H_2O(87.5\%)]{1.PCl_5, Et_2O} \text{OHC(CH}_2)_6\text{CN}$$

又如如下 α-二酮肟的断链成腈：

$$R-C(=N-OH)-C(=O)-R^1 \xrightarrow{SOCl_2} R-C\equiv N + R^1-COO^-$$

α-二酮肟

上述 α-二酮肟发生了断链反应，生成腈和羧酸。可能的反应过程如下。

$$R-C(=N-OH)-C(=O)-R^1 \xrightarrow[-HCl]{SOCl_2} R-C(=N-O-S(=O)-Cl)-C(=O)-R^1 \xrightarrow[-SO_2]{-Cl^-} R-C\equiv N + R^1-\overset{+}{C}=O$$

$$R^1-\overset{+}{C}=O \xrightarrow{Cl^-} R^1COCl \xrightarrow{H_2O} R^1COOH + HCl$$

如下反应的反应机理可能是羰基上的亲核进攻，或反应中生成羰基碳正离子，若按后者进行，反应的难易与生成的酰基正离子的稳定性有关。

$$2,4,6\text{-}(CH_3)_3C_6H_2-C(=O)-C(=NOH)-C_6H_5 \xrightarrow[NaOH, H_2O(80\%)]{C_6H_5SO_2Cl} 2,4,6\text{-}(CH_3)_3C_6H_2-CO_2H + C_6H_5CN$$

$$2,4,6\text{-}(CH_3)_3C_6H_2-C(=O)-C(=NOH)-C_6H_5 \xrightarrow[NaOH, H_2O]{C_6H_5SO_2Cl} 2,4,6\text{-}(CH_3)_3C_6H_2-C(=O)(HO^-)-C(=N-OO_2SC_6H_5)-C_6H_5 \longrightarrow 2,4,6\text{-}(CH_3)_3C_6H_2-COOH + C_6H_5CN$$

$$\xrightarrow[-C_6H_5CN]{-C_6H_5SO_2^-} 2,4,6\text{-}(CH_3)_3C_6H_2-\overset{+}{C}=O \xrightarrow{HO^-} 2,4,6\text{-}(CH_3)_3C_6H_2-COOH$$

普通的酮肟在质子酸或 Lewis 酸作用下容易发生 Beckmann 重排反应，断链反应常常是副反应。但普通的酮肟若能够断裂出稳定的碳正离子中间体，则断裂反应容易发生，例如：

$$Ar_2CH-C(=NOH)-CH_3 \xrightarrow{PCl_5} CH_3C\equiv N + Ar_2CHCl$$

在有些反应中，可能存在着断链反应与Beckmann重排反应的竞争。对于有些反应，例如肟的磺酸酯，可能是先重排，再断链。

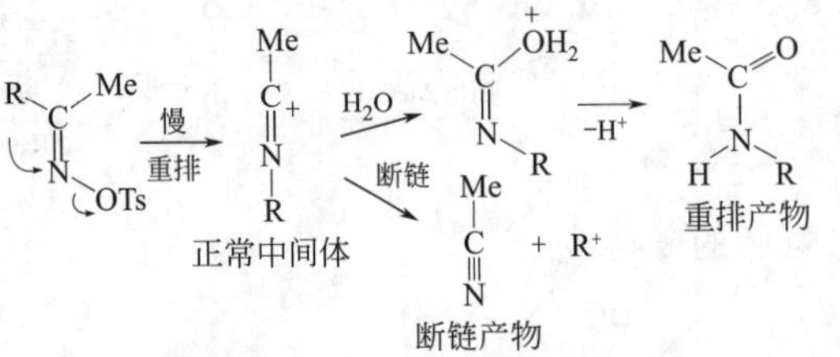

正常中间体 重排产物 断链产物

α-羟基酮肟在三氟甲基磺酸酐、三氟乙酸酐、三氟甲磺酰氯等作用下可以发生碳-碳键的断裂生成相应的羰基化合物和腈。

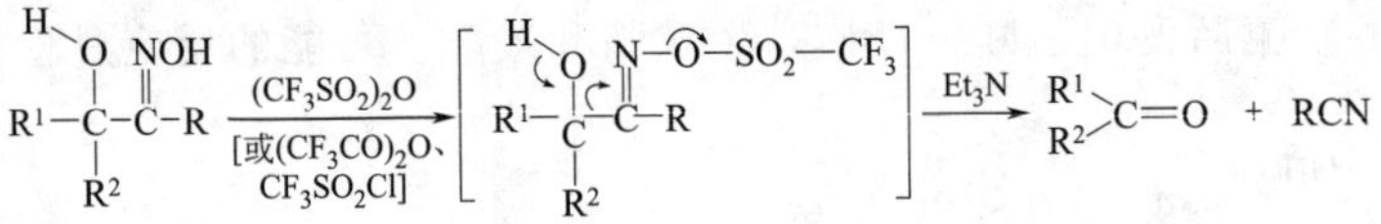

例如香料、药物合成中间体对甲氧基苯甲腈的合成。

对甲氧基苯甲腈（*p*-Methoxybenzonitrile，Anisonitrile），C_8H_7NO，133.15。mp 29.5℃。不溶于水，溶于乙醇、乙醚等有机溶剂。

制法 George A Olah，Yashwant D Vankar，Aethur L Berrier. Synthesis，1980：45.

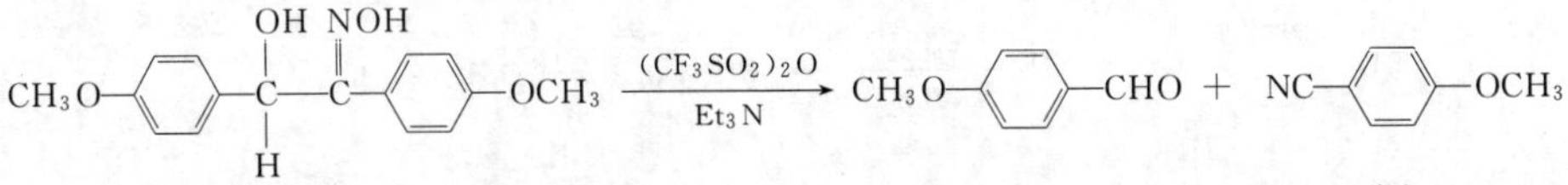

于反应瓶中加入化合物（**2**）2.67 g（10 mmol），二氯甲烷（用 P_2O_5 干燥）15 mL，冷至0℃，加入三乙胺25 mmol，再加入三氟甲磺酸酐11 mmol溶于10 mL二氯甲烷的溶液，室温反应3 h，回流反应1 h。冷却后倒入冰水中，分出有机层。水层用二氯甲烷提取2次，合并有机层。依次用2%的盐酸、水、饱和盐水洗涤，无水硫酸钠干燥。过滤，浓缩，剩余物过硅胶柱纯化，得化合物（**1**），收率81%。

第十章 卡宾的反应

卡宾（Carbene），又称碳烯、碳宾，是含二价碳的电中性化合物。卡宾是由一个碳和其他两个原子或基团以共价键结合形成的，碳上还有两个自由电子。最简单的卡宾是亚甲基卡宾，亚甲基卡宾很不稳定，从未分离出来，是比碳正离子、自由基更不稳定的活性中间体。其他卡宾可以看做是取代亚甲基卡宾，取代基可以是烷基、芳基、酰基、卤素等。这些卡宾的稳定性顺序排列如下：

$$\ddot{C}H_2 < ROOC\ddot{C}H < Ph\ddot{C}H < Br\ddot{C}H < Cl\ddot{C}H < Br_2\ddot{C} < Cl_2\ddot{C}$$

卡宾的寿命很短，只能在低温下（77K 以下）捕集，但它的存在已被大量实验事实所证明。

重氮甲烷或乙烯酮经光解或热解生成亚甲基卡宾：

$$CH_2N_2 \longrightarrow :CH_2 + N_2$$

$$CH_2{=}C{=}O \longrightarrow :CH_2 + CO$$

卡宾的碳原子只有 6 个价电子，其中两个电子为未成键电子。这两个电子可以在一个轨道中（单线态），也可以分散在两个轨道中（三线态），因此卡宾有两种存在形式。

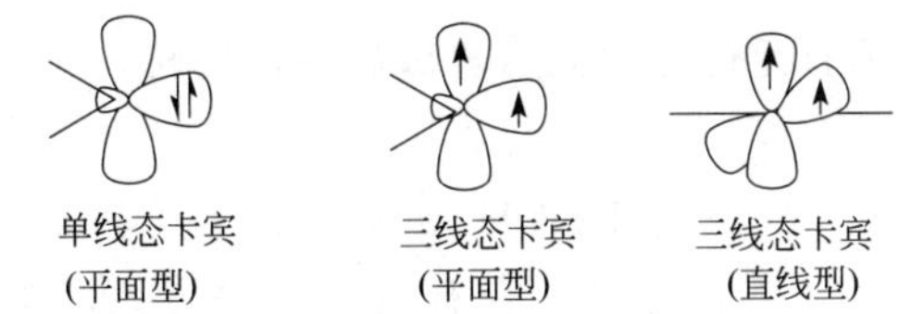

单线态卡宾（平面型）　三线态卡宾（平面型）　三线态卡宾（直线型）

单线态卡宾能量较高，较不稳定。其碳原子为 sp^2 杂化，两个未成键电子占据一个 sp^2 杂化轨道，其余两个 sp^2 轨道分别与两个氢原子的 1s 轨道生成两个 C—H 键，未参与杂化的 p 轨道中无电子。三线态卡宾能量较低，是较稳定的形态。三线态卡宾有两个自由电子，可以是平面型 sp^2 杂化或直线形的 sp 杂化。除了二卤卡宾和与氮、氧、硫原子相连的卡宾，大多数的卡宾都处于非直线形的三线态基态。

卡宾是一种活性中间体，存在的时间极短，一般在反应过程中产生，并立即参加反应。能与不饱和键发生加成反应，与 C—H、O—H、C—Cl 键发生插入反应等。当然也有可以稳定存在的卡宾，例如如下结构的卡宾，在无氧、无湿气的情况下以稳定的晶体存在，mp 240～241℃。

卡宾和取代卡宾与烯烃或炔烃反应，生成环丙烷的衍生物，是制备环丙烷及其衍生物的重要方法，属于［1＋2］环加成反应。例如：

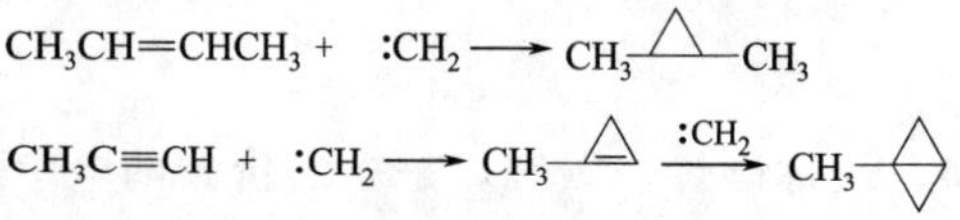

$$CH_3CH=CHCH_3 + :CH_2 \longrightarrow CH_3-\triangle-CH_3$$

$$CH_3C\equiv CH + :CH_2 \longrightarrow CH_3-\triangle \xrightarrow{:CH_2} CH_3-\diamond$$

单线态卡宾与烯烃的加成是一步完成的协同反应，总是顺式加成，为立体专一性反应。顺式烯烃与卡宾反应得到顺式环丙烷衍生物，而反式烯烃则得到反式环丙烷衍生物。例如：

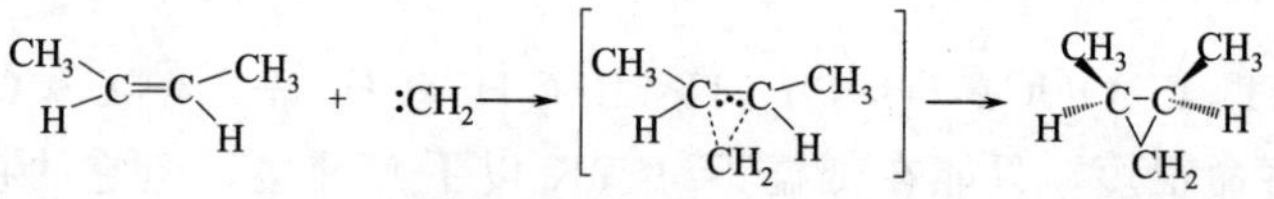

三线态卡宾是一个双自由基，与烯烃加成按自由基型机理，分两步进行。

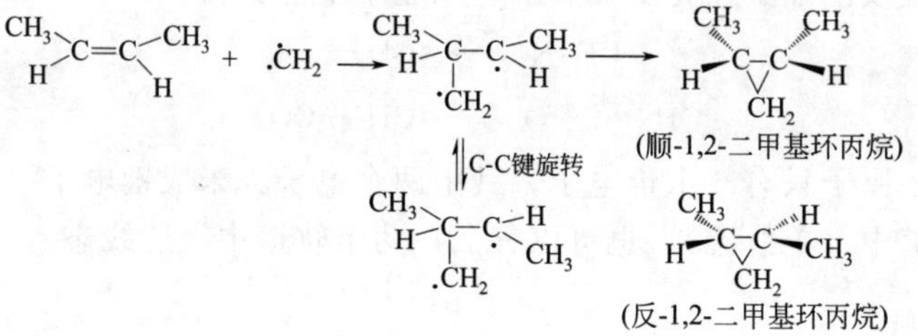

C-C键旋转

(顺-1,2-二甲基环丙烷)

(反-1,2-二甲基环丙烷)

由于生成的中间体有足够的时间沿着碳碳单键旋转，所以得到顺、反两种异构体。

许多卡宾衍生物如 PhCH:、ROCH:、$Me_2C=C$:、$(NC)_2C$: 等都可以与双键加成，但最常见的是：CH_2 本身、卤代或二卤卡宾，乙基烷氧羰基卡宾（由重氮乙酸乙酯制备）。烷基卡宾（RCH:）也可以与烯烃加成。但这些卡宾通常会发生重排或二聚生成烯烃副产物。

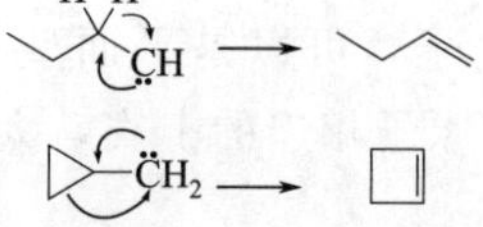

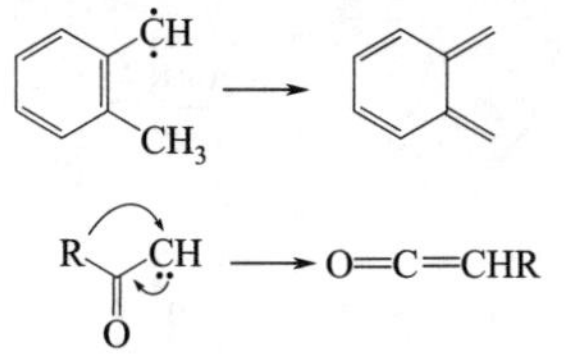

$$\ddot{C}H,\ CH_3 \longrightarrow$$

$$R-C(=O)-\ddot{C}H \longrightarrow O=C=CHR$$

$$R_2C: + R_2C: \longrightarrow R_2C=CR_2$$

卡宾也能与苯反应，生成环庚三烯或其衍生物。

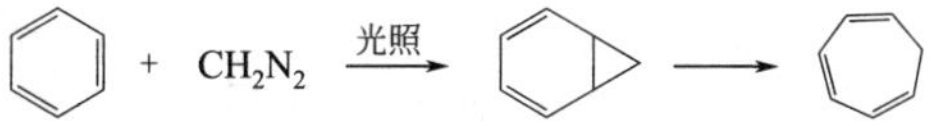

$$+ CH_2N_2 \xrightarrow{\text{光照}} \longrightarrow \text{(1,3,5-环庚三烯)}$$

实验结果表明，$:CH_2$ 本身通常以单线态形式形成，其可以衰减为三线态，因为三线态具有较低的能量（差别约 33～43 kJ/ mol）。然而，重氮甲烷的光降解还是可以直接产生三线态卡宾。单线态卡宾很活泼，在转化为三线态前就以单线态形式参加反应。对于其他卡宾，有些以三线态反应，有些以单线态反应，这取决于它们是如何产生的。

关于卡宾的产生方法，主要有如下两种（当然还有其他方法）。

（1）α-消除　在 α-消除中，碳失去一个不带电子对的基团，通常是质子，而后失去一个带电子对的基团，通常是卤素离子。

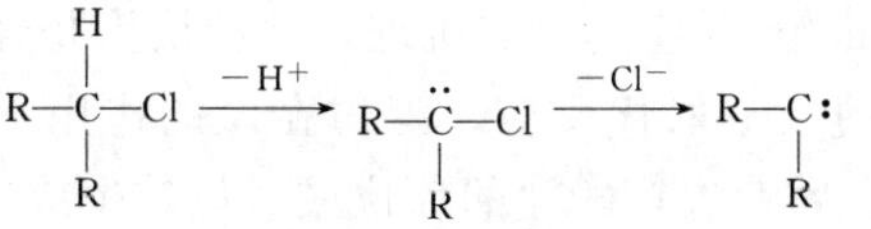

$$R-CH(R)-Cl \xrightarrow{-H^+} R-\ddot{C}^{-}(R)-Cl \xrightarrow{-Cl^-} R-\ddot{C}(R):$$

氯仿在强碱（例如醇钠、50％的氢氧化钠水溶液等）作用下，可生成二氯卡宾，其与烯键加成生成二氯环丙烷化合物。

$$CHCl_3 \xrightarrow[-EtOH]{EtONa} \bar{C}Cl_3 \xrightarrow[-Cl^-]{} :CCl_2$$

$$CHCl_3 \xrightarrow[-H_2O]{50\%NaOH} \bar{C}Cl_3 \xrightarrow[-Cl^-]{} :CCl_2$$

$$(CH_3)_2C=CH_2 + :CCl_2 \longrightarrow (CH_3)_2C-CH_2,\ C,\ Cl\ \ Cl$$

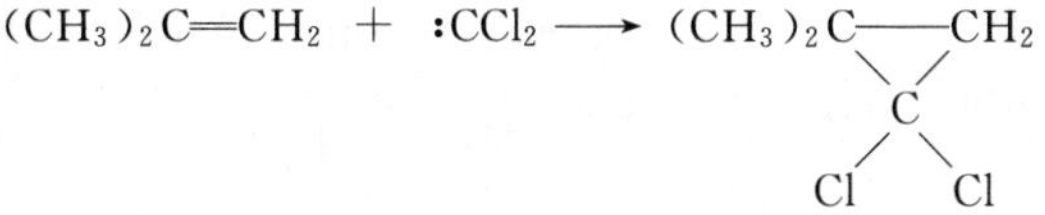

二卤卡宾与环烯的加成产物容易开环，从而提供了一种扩大一个碳原子的环状化合物的合成方法。例如：

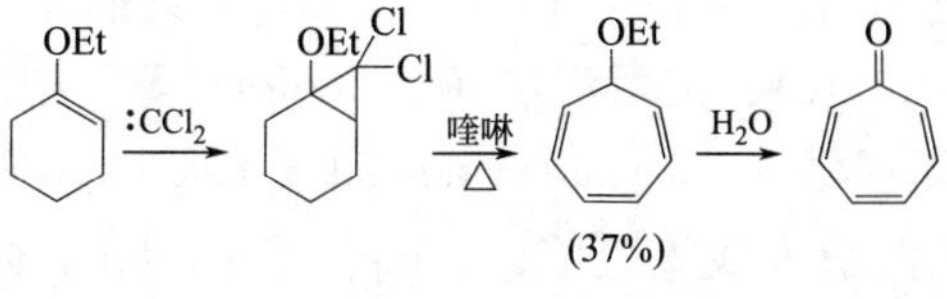

$$OEt \xrightarrow{:CCl_2} OEt,\ Cl,\ Cl \xrightarrow[\triangle]{\text{喹啉}} OEt\ (37\%) \xrightarrow{H_2O} O$$

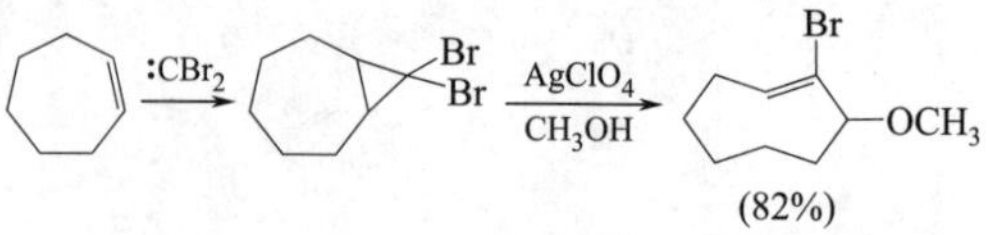

二氯卡宾与苯环不易发生加成反应，但可以与具有明显烯烃性质的稠环化合物反应，例如可以与蒽、菲等反应。

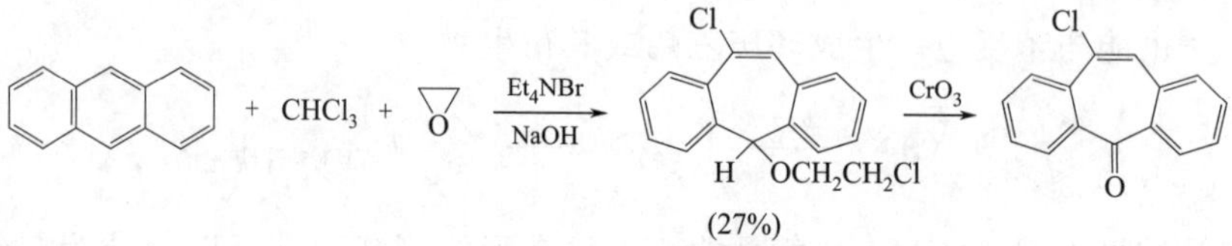

苯酚、氯仿和浓的氢氧化钠水溶液一起加热，可以在苯环上引入醛基，生成酚醛，此反应称为 Reimer-Tiemann 反应。能够发生此反应的化合物除了苯酚外，还有萘酚、多元酚、酚酮以及某些芳香杂环化合物等。这是在芳环上引入甲醛基的一种方便的方法。

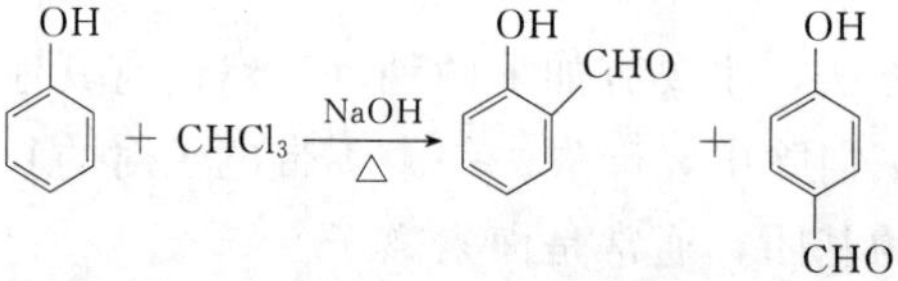

关于 Reimer-Tiemann 反应的反应机理，现在认为是经由二氯卡宾（Dichlorocarbene）的芳环上的亲电取代反应。氯仿在碱的作用下发生 1,1-消除，生成活性中间体二氯卡宾，后者进攻酚盐的邻位或对位，生成二氯甲基衍生物，二氯甲基衍生物经水解生成醛。

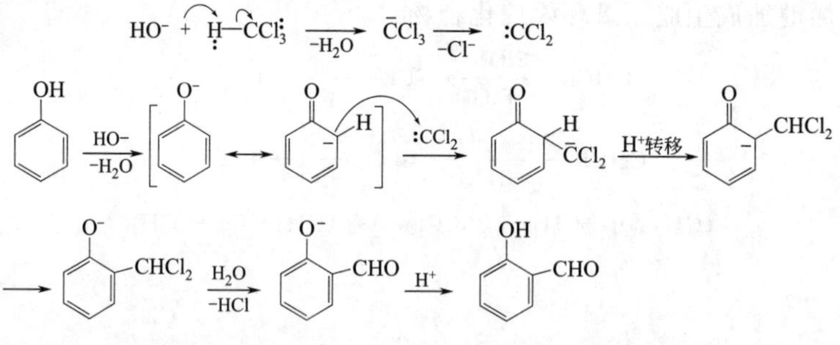

$$HO^- + H-CCl_3 \xrightarrow{-H_2O} \bar{C}Cl_3 \xrightarrow{-Cl^-} :CCl_2$$

当用苯酚进行反应时，主要产物是邻羟基苯甲醛（水杨醛），同时也生成对羟基苯甲醛。水杨醛主要用于生产香豆素，配制紫罗兰香料，还可用作杀菌剂。对羟基苯甲醛为阿莫西林（Amoxicillin sodium）、天麻素（Gastrodin）、杜鹃素、苯扎贝特（Bezafibrate）、艾司洛尔（Es molol）等的中间体。

水杨醛和对羟基苯甲醛（Salicylaldehyde and *p*-Hydroxybenaldehyde），$C_7H_6O_2$，122.12。水杨醛：无色澄清或浅褐色液体。mp −7℃，bp 196～197℃。d_4^{20} 1.167，

n_D^{20} 1.5735。溶于乙醇、乙醚，微溶于水。遇硫酸呈橙色。有类似杏仁的气味。

对羟基苯甲醛：无色针状结晶。mp 116℃。溶于乙醇、乙醚，微溶于苯、水。

制法　李吉海，刘金庭. 基础化学实验（Ⅱ）——有机化学实验. 北京：化学工业出版社，2007：117.

(2) + $CHCl_3$ $\xrightarrow{NaOH}$ (3) + (1)

于安有搅拌器、温度计、滴液漏斗、回流冷凝器的反应瓶中，加入氢氧化钠 80g (2.0 mol)，水 80 mL，搅拌溶解。搅拌下再加入苯酚（**2**）25 g（0.266 mol）溶于 25 mL 水配成的溶液。水浴保持在 65～70℃，慢慢滴加氯仿 60 g（0.5 mol)，约 30 min 加完。加完后于沸水浴反应 1 h。水蒸气蒸馏除去未反应的氯仿。冷却生成的橙红色液体，以稀硫酸酸化至酸性，重新进行水蒸气蒸馏，直至无油状物馏出。母液中含对羟基苯甲醛。馏出液用乙醚提取，水浴蒸出乙醚，得粗品水杨醛（含苯酚)。将其慢慢倒入 2 倍体积的饱和亚硫酸氢钠溶液中，剧烈搅拌至少 30 min。再放置 1 h。抽滤，少量乙醇洗涤，再用乙醚洗涤。将固体物置于烧瓶中，水浴加热，以稀硫酸分解后，冷却，乙醚提取。乙醚溶液用无水硫酸镁干燥。蒸出乙醚后，继续蒸馏，收集 195～197℃的氯仿，得无色液体水杨醛（**3**）12 g，收率 37%。

水蒸气蒸馏后的母液，趁热过滤，除去树脂状物（也可用倾洗法除去树脂状物)，冷却后用乙醚提取。蒸出乙醚得黄色固体。用含少量硫酸的水重结晶，得无色结晶对羟基苯甲醛（**1**）2～3 g，mp 116℃，收率 6%～9%。

用 2-萘酚进行反应时主要产物是 2-羟基-1-萘甲醛。其为有机合成中间体，也是测定钯、铍的分析试剂。工业上用 2-羟基-1-萘甲醛与丙二酸二乙酯在乙酐存在下成环，可合成荧光增白剂 PEB。

2-羟基-1-萘甲醛（2-Hydroxy-1-naphthaldehyde），$C_{11}H_8O_2$，179.19。浅棕色针状或无色结晶。mp 77～81℃，bp 192℃/3.6kPa。溶于乙醇、乙醚、石油醚、碱溶液。

制法　① Furniss B S，Hannaford A J，Rogers V，et al. Vogel's Textbook of Practical Chemistry. Longman London and New York. Fourth edition，1978：762. ② 刘富安，蒋维东，何锡阳等. 四川大学学报：自然科学版，2008，45 (2)：399.

(2) + $CHCl_3$ $\xrightarrow{NaOH}$ (1)

于安有搅拌器、温度计、滴液漏斗、回流冷凝器的反应瓶中，加入 2-萘酚（**2**）50 g（0.347 mol），95%的乙醇 150 mL，搅拌下迅速加入由 100 g 氢氧化钠溶于 200 mL 水配成的溶液。水浴加热至 70～80℃，慢慢滴加氯仿 62 g（0.5 mol），直至反应开始（反应液呈深蓝色）。除去水浴，继续滴加氯仿，滴加速度控制反应液回流，约 1.5 h 加完。加完时有酚醛的钠盐析出。继续搅拌反应 1 h。改成蒸馏装置，蒸出乙醇和未反应的氯仿。冷却下滴加浓盐酸直至对刚果红试纸成酸性。析出暗褐色油状物和大量无机盐沉淀。加入足量的水溶解无机盐，用乙醚提取。乙醚溶液水洗，无水硫酸镁干燥，蒸出溶剂。残余物减压蒸馏，收集 177～180℃/2.66 kPa 的馏分，冷后固化，得微红色的化合物（**1**）。用 40 mL 乙醇重结晶，得无色 2-羟基-1-萘甲醛（**1**）28 g，mp 80℃，收率 47%。

用 Me_3Sn^- 处理偕二卤化物也可以生成二卤卡宾。

二氯卡宾的活性较低，不会参与插入反应。

其他制备卡宾的例子如下：

$$Cl_3CCOO^- \xrightarrow{\triangle} Cl_2C: + CO_2 + Cl^-$$

hν +

二氯卡宾在碱性条件下与吡咯、吲哚可可以发生反应，不过是得到扩环的产物。例如：

CH3 N H CH3 —Cl3CCOONa / DMF→ [Cl Cl CH3 N H CH3] —(70%)→ Cl CH3 N CH3

二氯卡宾可以与羰基化合物反应，例如与苯甲醛反应可以最终生成扁桃酸。扁桃酸具有较强的抑菌作用，口服可治疗泌尿系统疾病，也是合成抗生素、周围血管扩张药环扁桃酯（Cyclandelate）等的中间体。

DL-扁桃酸（DL-Mandelic acid），$C_8H_8O_3$，152.15。白色结晶。mp 118～120℃。

制法　吴珊珊，魏运洋等。江苏化工，2004，32（1）：31.

$$PhCHO\ (\mathbf{2}) \xrightarrow[2.\ HCl]{1.\ CHCl_3,NaOH,PTC} PhCH(OH)COOH\ (\mathbf{1})$$

于反应瓶中加入氯仿 20 mL，新蒸馏的苯甲醛（**2**）10 mL，四丁基溴化铵 0.5 g，搅拌下加热回流，滴加 50%的氢氧化钠溶液 25 mL。加完后继续搅拌回流酯反应结束。冷却，加入适量水使固体热解。分出有机层。水层用乙酸乙酯提取 2 次。将水层用盐酸调至 pH1，用乙酸乙酯提取数次。合并有机层，减压浓缩，得微黄色固体。二氯乙烷中重结晶，得白色结晶（**1**），收率 78%，mp 118～120℃。

可能的反应机理如下，反应中首先是二氯卡宾与羰基反应生成环氧乙烷衍生物，而后经重排、水解、酸化生成扁桃酸。

$$Ph-\overset{O}{\overset{\|}{C}}-H \xrightarrow{:CCl_2} Ph-\underset{Cl\ \ Cl}{\overset{O}{C-C}} \xrightarrow{重排} Ph\overset{Cl}{\overset{|}{C}}H-COCl \xrightarrow[2.H^+]{1.HO^-} Ph\overset{OH}{\overset{|}{C}}H-COOH$$

若在上述反应中加入氯化锂和氨水，则可以生成苯甘氨酸。苯甘氨酸为抗生素药物阿莫西林钠（Amoxicillin sodium）、头孢氨苄（Cephalexin）、头孢拉定（Cefradine）等的中间体，也用于合成多肽激素和多种农药。

苯甘氨酸（Phenylglycine），$C_8H_9NO_2$，151.16。白色结晶。

制法　陈琦，冯维春，李坤，张玉英. 山东化工，2002，31（3）：1.

$$C_6H_5CHO\ (\mathbf{2}) + CHCl_3 \xrightarrow{KOH,NH_3,TEBAC} C_6H_5CH(NH_2)COOH\ (\mathbf{1})$$

于反应瓶中加入二氯甲烷 80 mL，TEBAC 2.3 g（0.01 mol），冷至 0℃，通入氨气至饱和。加入由氢氧化钾 33.6 g（0.6 mol）、氯化锂 8.5 g（0.20 mol）和 56 mL 浓氨水配成的溶液，于 0℃滴加由苯甲醛（**2**）10.6 g（0.10 mol）、氯仿 18 g（0.15 mol）和二氯甲烷 50 mL 配成的溶液，控制滴加速度，于 1～1.5 h 加完，期间保持通入氨气，并继续搅拌反应 6～12 h，室温放置过夜。

加入 100 mL 水，于 50℃搅拌 30 min。分出有机层，水层用盐酸调至 pH2。过 732 型离子交换柱，用 1 mol/L 盐酸洗脱，收集对 1.5%的茚三酮呈正反应的部分。用浓碱中和至 pH5～6，得白色沉淀。过滤，水洗，干燥，得化合物（**1**），收率 71%。

对甲氧基苯乙酸是重要的化工原料，在医药工业中是合成镇咳药右美沙芬（Dextromethorphan）的中间体。可以由对甲氧基苯甲醛与氯仿在碱性条件下首先合成对甲氧基扁桃酸，而后还原脱去羟基来制备。

$$p\text{-}CH_3OC_6H_4CHO \xrightarrow{CHCl_3,NaOH,PTC} p\text{-}CH_3OC_6H_4CH(OH)COONa \xrightarrow[2.\ H^+]{1.\ 还原} p\text{-}CH_3OC_6H_4CH_2COOH$$

二氯甲烷的酸性比氯仿小，因此，必须使用更强的碱如烷基锂，才能使其生成一氯卡宾。

$$CH_2Cl_2 \xrightarrow[-RH]{RLi} LiCHCl_2 \longrightarrow :CHCl + LiCl$$

偕二溴代烷用金属锂或烷基锂脱去溴化锂，可以生成二烷基卡宾。

$$R(R^1)CBr_2 \xrightarrow{Li 或 RLi} R(R^1)C: + 2LiBr$$

(2) 含有某种类型双键化合物的裂分。

$$R_2C{=}Z \longrightarrow R_2C: + Z$$

这种方式产生卡宾，主要有烯酮和重氮化合物的分解。

$$H_2C{=}C{=}O \xrightarrow{h\nu} :CH_2 + CO$$

$$H_2C{=}\overset{+}{N}{=}\overset{-}{N} \xrightarrow{h\nu} :CH_2 + N_2$$

二嗪丙因（diazirenes）分解也可以生成卡宾。

$$H_2C(N{=}N) \longrightarrow :CH_2 + N_2$$

心脏病治疗药琥珀酸西苯唑啉（Cibenzoline succinate）中间体1-氰基-2,2-二苯基环丙烷的合成如下。

1-氰基-2,2-二苯基环丙烷（1-Cyano-2,2-diphenylcyclopropane），$C_{16}H_{13}N$，219.29。

制法　陈芬儿.有机药物合成法：第一卷.北京：中国医药科技出版社，1999：279.

$$Ph_2C{=}O\ (\mathbf{2}) \xrightarrow[EtOH]{NH_2NH_2} Ph_2C{=}NNH_2\ (\mathbf{3}) \xrightarrow[Et_2O,\ Na_2SO_4]{HgO, KOH\text{-}EtOH} Ph_2CN_2\ (\mathbf{4}) \xrightarrow[40℃,\ CHCl_3]{CH_2{=}CHCN} \text{2,2-Ph}_2\text{-cyclopropyl-CN}\ (\mathbf{1})$$

二苯酮腙（**3**）：于干燥反应瓶中，加入二苯酮（**2**）40 g（0.22 mol）和无水乙醇150 mL，搅拌溶解后，加入无水肼41.2 g（1.29 mol），加热搅拌回流16 h。反应毕、冷冻，析出固体，过滤，干燥，得粗品（**3**）37.5 g，收率87%，mp 97～98℃。

二苯基重氮甲烷（**4**）：于反应瓶中加入化合物（**3**）13 g（0.066 mol）、无水硫酸钠15 g（0.106 mol）、黄色氧化汞35 g（0.162 mol）、饱和氢氧化钾的乙醇溶液5 mL和乙醚200 mL，于室温搅拌75 min。反应毕，过滤，滤液于室温减压回收溶剂，冷冻后，自然升至室温，析出黑红色结晶，过滤，于空气中晾干，得化合物（**4**）11.4 g，收率89%，mp 29～32℃。

1-氰基-2,2-二苯基环丙烷（**1**）：于反应瓶中加入化合物（**4**）97 g（0.50 mol）和氯仿300 mL，于40℃以下搅拌下，滴加丙烯腈29.2 g（0.55 mol）(滴加温度不超过40℃)，加毕，继续搅拌5 h，反应液呈无色液体（反应过程中，不断有氮气逸出）。反应毕，减压回收溶剂，冷却，剩余物中加入戊烷400 mL，搅拌溶解后，减压回收溶剂，冷却，得（**1**）93.1 g，收率85%。

重氮化合物在二价铑盐或二价铜盐如 $Rh(OAc)_2$ 或 $CuCl_2$ 作用下形成过渡金属卡宾类化合物，后者同样可以以分子间或分子内的方式与碳-碳双键加成生成环丙烷衍生物。反应中若使用手性催化剂，则可以进行不对称环丙烷化。

Cl_3C Me Me + N_2 CO_2Et $\xrightarrow{(S)\text{-催化剂}}$ H H Me Cl_3C Me CO_2Et $\xrightarrow[\text{EtOH}]{\text{KOH}}$ Me H H Cl Cl Me CO_2H

H Me N R Cu R O 2　　$C_8H_{11}O$ R = Bu-*t*

(*S*)-催化剂

N_2 O $\xrightarrow[\text{回流, 2h}]{CuSO_4, C_6H_{12}}$ H H O

卡宾也可以与炔键加成，但炔键的加成不如双键活泼，生成的产物是具有很大张力的环丙烯衍生物，二卤卡宾与炔烃反应生成的二卤环丙烯很容易水解，最终生成环丙烯酮，是合成环丙烯酮的简便方法。

$$PhC \equiv CPh + N_2CHCO_2Et \longrightarrow$$ Ph Ph CO_2Et

$$RC \equiv CR \xrightarrow{:CCl_2}$$ R R Cl Cl $\xrightarrow{H_2O}$ R R O

环酮与重氮烷反应是合成高一级环酮的重要方法。在三氯化铝存在下环酮与重氮乙烷反应可以生成 α-取代的高一级的环酮。

$(CH_2)_n$ C=O + CH_3CHN_2 $\xrightarrow{AlCl_3}$ $(CH_2)_n$ C=O CHCH$_3$

n=6~13　　(60%~82%)

在氟硼酸三乙基锌盐下，酮与重氮乙酸酯反应，是合成 β-酮酸酯的方便方法。

$$CH_3COCH_3 + N_2CHCO_2Et \xrightarrow[CH_2Cl_2]{Et_3\overset{+}{O}BF_4^-} CH_3CO\underset{}{C}H(CH_3)CO_2Et$$

(78%)

重氮酮类化合物分子内反应可以生成多环酮。例如：

$$\text{(2-oxocyclohexyl)}CH_2CH_2COCHN_2 \xrightarrow{Et_3\overset{+}{O}BF_4^-} \text{bicyclic diketone}$$

多数卡宾都很活泼，有时很难证明在反应中它们确实存在。在有些显然是通过α-消除或双键化合物裂分而产生卡宾的情况中，却有证据证明反应中没有游离的卡宾存在或不确定是否有游离卡宾存在。此时可以使用中性术语“类卡宾”(carbenoid)。α-卤代金属有机化合物（R_2CXM）通常称作类卡宾，它们很容易发生消除反应。

$$CCl_4 + BuLi \xrightarrow[-105℃]{THF} Cl_3C—Li$$

$$Br_3CH + i\text{-}PrMgCl \xrightarrow[-95℃]{THF,HMPA} Br_3C—MgCl + C_3H_6$$

合成中常使用 Simmons-Smith 试剂。该试剂是由二碘甲烷与锌-铜齐制得的有机锌试剂，它虽然不是自由的卡宾，但可以进行像卡宾一样的反应，一般称为类卡宾。

$$CH_2I_2 + Zn\text{-}Cu \longrightarrow (ICH_2)ZnI$$

$$\text{cyclopentenol} \xrightarrow{CH_2I_2,\ Zn/Cu} [\text{I—Zn—O—H complex}] \longrightarrow \text{bicyclic alcohol (OH)}$$

$$CH_2=CHCOCH_3 \xrightarrow[(50\%)]{CH_2I_2,\ Zn/Cu} \text{cyclopropyl methyl ketone}$$

二碘甲烷与锌-铜偶合体原位产生有机锌试剂，该方法不仅操作简便，而且产率较高。与烯烃反应时，分子中的卤素、羟基、羰基、羧基、酯基、氨基等反应中均不受影响。

$$RR^1C=CR^2R^3 + ICH_2ZnI \longrightarrow [RR^1C\cdots CH_2\cdots ZnI,\ I;\ R^2R^3C] \longrightarrow RR^1C(CH_2)CR^2R^3 + ZnI_2$$

例如：

$$\text{2-cyclohexen-1-ol (H, OH)} \xrightarrow[Zn\text{-}Cu]{CH_2I_2} \text{bicyclo product (H, OH; H; H)}\ (63\%)$$

2,2,6,6-四甲基哌啶锂是一种无亲核性的强胺基碱，可以选择性地夺取弱碳-氢酸的氢，可以将苄基氯转变为苯基卡宾，而其他的强碱往往容易发生取代反应。例如：

$$\text{2,2,6,6-四甲基哌啶(N-H)} + CH_3Li \longrightarrow \text{2,2,6,6-四甲基哌啶}\overset{\ominus}{N}Li^{\oplus} \xrightarrow{ClCH_2-C_6H_4-CH_3} :CH-C_6H_4-CH_3$$

叠氮化合物在加热或光照下失去氮而生成氮烯。氮烯也有三线态和单线态之分，单线态氮烯与烯烃反应按协同机理进行，具有高度的立体定向性，而三线态氮烯则按分步机理进行，不具有立体定向性。氮烯与烯烃反应是制备环丙胺衍生物的方法之一。例如：

$$C_2H_5OOCN_3 \xrightarrow[-N_2]{\triangle} \underset{\text{单线态}}{C_2H_5OOCN:} \xrightarrow{\text{(H)(CH}_3\text{)C=C(H)(CH(CH}_3)_2)} \text{1-(COOC}_2H_5\text{)-2-CH}_3\text{-3-CH(CH}_3)_2\text{-氮杂环丙烷}$$

氮烯是卡宾的氮类似物。卡宾的很多反应也适用于氮烯。氮烯比卡宾稳定，但仍然属于活泼型的，普通条件下难以分离。

产生氮烯的两种主要方法与卡宾相似。α-消除和某些双键化合物的断裂。

$$R-\underset{H}{\underset{|}{N}}-OSO_2At \xrightarrow{:B} R-\ddot{N}: + ArSO_3^- + BH$$

双键化合物的分解最常用的是叠氮化合物的光解或热分解。

$$R-N=\overset{+}{N}=\overset{-}{N} \longrightarrow R-\ddot{N}: + N_2$$

氮烯性质活泼，可以与双键发生加成反应生成氮杂环丙烷衍生物，氮烯也可以发生插入反应、重排反应、二聚反应等。

$$R-\ddot{N}: + \;>C=C< \;\longrightarrow \text{1-R-氮杂环丙烷}$$

遇到较多的是酰基氮烯的重排反应，即烷基从碳原子重排到氮原子上，生成异氰酸酯，后者水解生成胺和二氧化碳。这类重排包括 Hofmann 重排（未取代酰胺与次卤酸钠反应生成减少一个碳原子的胺）、Curtius 重排（酰基叠氮化合物裂解生成异氰酸酯）、Lossen 重排（异羟肟酸的氧酰基衍生物经碱处理生成异氰酸酯）等重排反应。有关反应实例参见《重排反应原理》一书中的有关章节。

第十一章　挤出反应

还有一类反应也可以看做是消除反应，即挤出反应（extrusion reaction）。

所谓挤出反应，是指与 X 和 Z 这两个原子相连的原子或基团 Y，在反应中从分子中失去，从而使得 X 与 Z 直接键合相连生成新化合物的反应。

$$X{-}Y{-}Z \longrightarrow X{-}Z + Y$$

按照上述定义，醛的脱羰基反应属于挤出反应。

$$R{-}\overset{O}{\overset{\|}{C}}{-}H \xrightarrow{Rh(PPh_3)_3Cl} R{-}H$$

α-卤代砜与碱反应生成烯的反应，也属于挤出反应，该反应称为 Ramberg-Bäcklund 反应。

$$RCH_2SO_2CH(R)Cl \xrightarrow{HO^-} RHC{=}CHR$$

关于挤出反应，人们研究了各种基团或原子被挤出的能力大小，常见的 Y 挤出基团的被挤出的大致顺序如下：

$$-N{=}N- > -\overset{O}{\overset{\|}{C}}-O- > -\underset{O}{\underset{\|}{\overset{O}{\overset{\|}{S}}}}- > -\overset{O}{\overset{\|}{C}}-$$

由于挤出反应的反应底物、反应条件等的不同，反应机理也各不相同。

一、N_2 的挤出反应

吡唑啉有两种互变异构体，它们在一定的条件下发生挤出反应，可以生成环丙烷并放出氮气。

$$\text{1-吡唑啉} \xrightarrow{\triangle\text{或}h\nu} \triangle + N_2 \xleftarrow[\text{催化剂}]{\triangle\text{或}h\nu} \text{2-吡唑啉}$$

两种异构体中 2-吡唑啉较稳定，发生挤出反应时往往需要进入酸或碱作催化剂，以使 2-吡唑啉转化为 1-吡唑啉，而后再发生挤出反应。若不加入催化剂，则 2-吡唑啉不发生挤出反应。反应在光照或加热条件下进行，光照时反应收率高，副反应少。

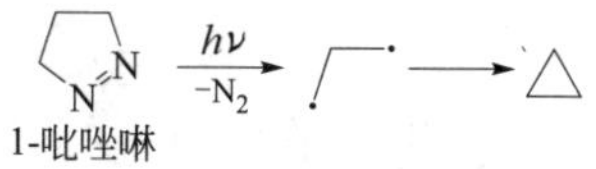

1-吡唑啉 $\xrightarrow[-N_2]{h\nu}$ ·CH₂CH₂CH₂· → 环丙烷

反应中生成双自由基，而后自由基结合成键，生成环丙烷。

例如双环［2.1.0］戊烷的合成（Gassman P G and Mansfield K T. Org Synth，Coll Vil 5：96）。

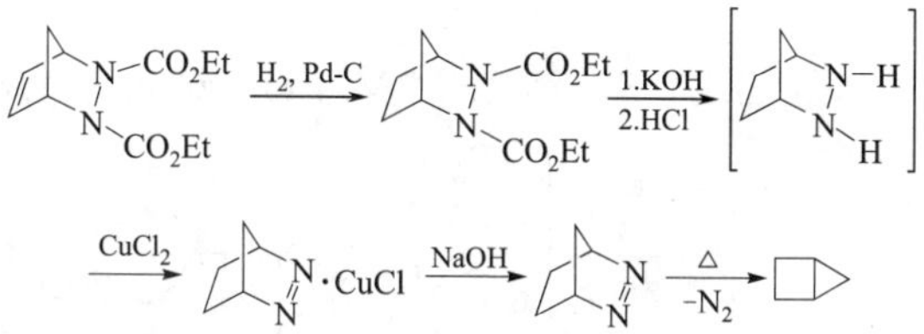

N-CO_2Et, N-CO_2Et $\xrightarrow{H_2, Pd-C}$ N-CO_2Et, N-CO_2Et $\xrightarrow[2.HCl]{1.KOH}$ [N-H, N-H] $\xrightarrow{CuCl_2}$ N=N$\cdot CuCl$ $\xrightarrow{NaOH}$ N=N $\xrightarrow[-N_2]{\triangle}$

又如有机合成中间体环丙基苯的合成（Petersen R J and Skell P S. Org Synth，Coll Vil 5：929）。

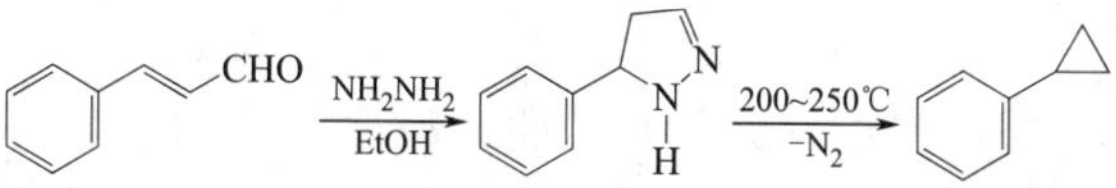

CHO $\xrightarrow[EtOH]{NH_2NH_2}$ N, N-H $\xrightarrow[-N_2]{200\sim250℃}$

三唑啉也可以发生挤出反应生成氮丙啶，也是光照收率较高。

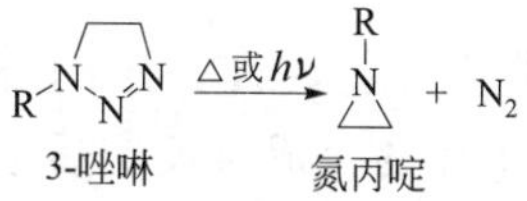

R-N-N=N 3-唑啉 $\xrightarrow{\triangle 或 h\nu}$ R-N 氮丙啶 + N_2

3*H*-吡唑对热稳定，光照可以生成环丙烯。

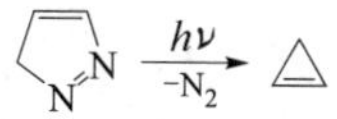

N=N $\xrightarrow[-N_2]{h\nu}$

上述反应可能是经过乙烯基卡宾机理而进行的。

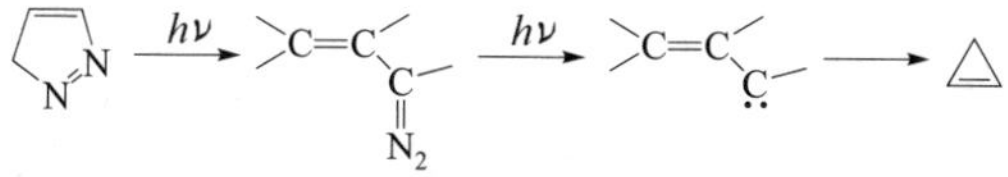

N=N $\xrightarrow{h\nu}$ $>C{=}C<$, $C{=}N_2$ $\xrightarrow{h\nu}$ $>C{=}C<$, $\ddot{C}$ $\longrightarrow$

环丙烯的环张力很大，是不稳定的化合物。

1,2,4-三嗪类化合物与烯胺（原位产生）发生 D-A 反应，而后发生挤出反应和消除反应，可以生成吡啶类化合物［Boger D L，Panek J S，Meier M M. J Org Chem，1982，47（5）：895］。

N N N + R N R D-A反应 [N N N R R N] $-N_2$ NH N R R

N N N + O NH D-A反应 [N N N N] $-N_2$ NH N

又如抗生素头孢喹咪（Cefquinome）中间体5,6,7,8-四氢异喹啉的合成。

5,6,7,8-四氢异喹啉（5,6,7,8-Tetrahydroisoquinoline），$C_9H_{11}N$，133.19。浅黄色油状液体。

制法 Boger D L，Panek J S，Meier M M. J Org Chem，1982，47（5）：895.

N N N + O NH [N N N N] $-N_2$ NH N

(2) (1)

于反应瓶中加入1,2,4-三嗪（**2**）41.0 mg（0.5 mmol），氯仿1 mL，氮气保护，再加入环己酮49 mg（0.5 mmol）溶于0.5 mL氯仿、并加入四氢吡咯36.0 mg（0.5 mmol）的溶液，加入活性4A分子筛0.2 g，于45℃搅拌反应32 h。过柱纯化，乙醚-戊烷（50%）洗脱，得浅黄色油状液体（**1**）44 mg，收率66%。

二、硫的挤出反应

一些环状或非环状的砜类化合物，在一定的条件下可以挤出SO_2，生成新的化合物。例如萘并［*b*］环丁烯的合成，反应后生成环缩小的产物。

SO_2 300℃ + SO_2

α-卤代砜与碱反应生成烯烃的反应称为Ramberg-Bäcklund反应。

X R O S O R^1 碱 R R^1 + SO_2

反应机理如下：

X H :B R O S O R^1 ⇌ R X O S O R^1 → R R^1 O S O → R R^1 + SO_2

对于带有α′-H的α-卤代砜而言，该反应很普遍。α-卤代砜中卤素反应活性顺序为I＞Br＞＞Cl。通常得到的烯为顺、反异构体的混合物，但往往是不太稳定的顺式烯烃占优势。

反应中生成环丙砜中间体（反应类似于法沃斯基重排反应生成环丙酮中间体），而后是 SO_2 的消去。已有不少证据证明上述机理是正确的，包括环状中间体的分离。

例如如下反应（Becker K B，Labhart M P. Helv Chim Acta，1983，66：1090）：

$$\xrightarrow[\text{(71\%)}]{t\text{-BuOK, THF}}$$

$$\xrightarrow[\text{Aliquat-336}]{NaOH,\ H_2O,\ CH_2Cl_2} \quad (75\%)$$

如下含双键的 α-溴代砜反应后可以得到共轭二烯类化合物。

$$RCH{=}CH{-}CH_2{-}SO_2{-}CH_2Br \xrightarrow[\triangle]{HO^-} RCH{=}CH{-}CH{=}CH_2 + O{=}S{=}O$$

例如有机合成中间体 D-2-氧代-7,7-二甲基-1-乙烯基双环［2.2.1］庚烷的合成。

D-2-氧代-7,7-二甲基-1-乙烯基双环［2.2.1］庚烷（D-2-Oxo-7,7-dimethyl-1-vinylbicyclo［2.2.1］heptane），$C_{11}H_{16}O$，164.25。无色蜡状固体，mp 64～65℃。

制法　Nikolaus Fischer and G Opitz. Organic Syntheses，1973，Coll Vol 5：877.

$$\mathbf{(2)} \xrightarrow[Et_2O,\ 0℃]{CH_2N_2,\ Et_3N} \mathbf{(3)} \xrightarrow{95℃} \mathbf{(1)}$$

于安有搅拌器、回流冷凝器、滴液漏斗的反应瓶中，加入三乙胺 7.0 g（0.069 mol），含重氮甲烷 3.15 g（0.075 mol）的乙醚溶液 200 mL，冰浴冷却，滴加由 D-樟脑-10-磺酰氯（**2**）13.0 g（0.052 mol）溶于 75 mL 无水乙醚的溶液，约 1 h 加完。慢慢析出沉淀，继续搅拌反应 30 min。水泵减压浓缩至约 150 mL，以除去过量的重叠甲烷。抽滤，滤饼（三乙胺盐酸盐）用 50 mL 乙醚洗涤。合并滤液和洗涤液，旋转浓缩，得粗品（**3**）10.7 g，收率 90%。mp 76～－85℃（分解）。直接用于下一步反应。若用甲醇重结晶，mp 83～85℃。

取化合物（**3**）3.0 g 置于反应瓶中，安上回流冷凝器，于 95℃加热 30min，其间放出二氧化硫气体。将生成的黄色液体减压蒸馏，收集 95～96℃/1.33kPa

的馏分，得化合物（**1**）1.7 g，收率 71%（以磺酰氯计）。于 0.133 Pa 升华，得无色蜡状固体，mp 64～65℃，$[\alpha]_D^{25}$ +16.35°（MeOH C=2.16）。

又如 1,2-二亚甲基环己烷的合成，其常作为双烯体用于 D-A 反应中合成环状化合物，在有机合成中具有一定的用途。

1,2-二亚甲基环己烷（1,2-Dimethylenecyclohexane.），C_8H_{12}，108.18。无色油状液体。

制法　Eric Block and Mohammad Aslam. Org Synth，Coll Vol 8：212.

(2) + 9Br ⟶ $3BrCH_2SO_2Br$ (3)

1-甲基环己烯 $\xrightarrow[h\nu]{(3)}$ (4) $\xrightarrow[(65\%)]{t\text{-BuOK}}$ (1)

溴甲基磺酰溴（**3**）：于安有搅拌器、温度计、滴液漏斗的 3 L 反应瓶中，加入 1,3,5-三噻烷（**2**）100 g（0.73 mol），600 mL 水，搅拌下于 40℃滴加溴 1136 g（7.1 mol），加入约一半的溴时，再加入 600 mL 水，继续滴加溴。加完后继续搅拌反应 15 min。分出有机层，水层用二氯甲烷提取（200 mL×2）。合并有机层，依次用 5%的亚硫酸钠、水洗涤，无水硫酸镁干燥。过滤，浓缩，得浅黄色油状液体。减压蒸馏，收集 68～69℃/75 Pa 的馏分，得浅黄色油状液体（**3**）218～249 g，收率 42%～48%。

1-溴-1-甲基 2-（溴甲基磺酰基）环己烷（**4**）：取 4 个 Pyrex 玻璃试管（2.5×20 cm），每个试管中加入 5 g 1-甲基环己烯（共 20 g，0.21 mol），12 mL 二氯甲烷，冰浴冷却。每个试管中加入化合物（**3**）13.6 g（共 54.4 g，0.23 mol）溶于 12 mL 二氯甲烷的溶液（预先冷至 0℃）。将试管用橡皮圈固定，于−15℃冰浴中冷却，用 45 W 汞灯照射 2 h。每个试管中加入固体碳酸钾 1.5 g，用玻璃毛过滤，旋转浓缩，而后于 133 Pa 用真空泵减压蒸出剩余溶剂，得黏稠物，放置固化，重 68.3 g，收率 98%。用 95%的乙醇重结晶，得白色结晶（**4**）54.3 g，收率 78%，mp 59～61℃。

1,2-二亚甲基环己烷（**1**）：于安有搅拌器、滴液漏斗的反应瓶中，加入叔丁醇钾 59.5 g（0.53 mol），叔丁醇-四氢呋喃（9∶1）400 mL，冰浴冷却。搅拌下滴加由化合物（**4**）54.0 g（0.16 mol）溶于 100 mL 叔丁醇-四氢呋喃（9∶1）的溶液，约 1 h 加完。加完后继续室温搅拌反应 0.5 h。将反应物倒入 500 mL 水中，用戊烷提取（150 mL×2），合并戊烷层，水洗 8 次，无水硫酸镁干燥。过滤，用韦氏分馏柱常压蒸出溶剂。剩余物减压蒸馏，收集 69～70℃/11.97 kPa 的馏分，得无色油状液体（**1**）11.4 g，收率 65%。

该方法是由烯类化合物合成1,3-共轭双烯的一种简便的方法。环上的溴属于叔烷基溴，可以与甲基脱去溴化氢生成双键，这很容易理解。溴甲基磺酰基在碱存在下脱去二氧化硫二生成双键 的反应属于挤出反应。反应过程如下：

$$RCH_2SO_2CH_2Br \xrightleftharpoons{B^-} R\bar{C}HSO_2CH_2{-}Br \xrightarrow{-Br^-} \text{(环砜)} \xrightarrow{-SO_2} R{-}CH{=}CH_2$$

又如如下化合物的合成：

$$n\text{-}C_6H_{13}CH{=}CH_2 \xrightarrow{BrCH_2SO_2Br} n\text{-}C_6H_{13}CH(Br){-}CH_2SO_2CH_2Br \xrightarrow{碱}$$

$$n\text{-}C_5H_{11}CH_2{-}CH{=}CHSO_2CH_2Br \xrightarrow{碱} n\text{-}C_5H_{11}CH{=}CH{-}CH{=}CH_2 \quad (61\%)$$

上述方法是合成二烯和多烯的一种常规方法，即先由α-卤代烷基磺酰溴（一般用$BrCH_2SO_2Br$）和烯烃发生自由基型加成反应，而后再在Et_3N或DBN（1,5-Diazabicyclo［4.3.0］-non-5-ene）作用下发生消除反应得到α,β-不饱和-α′-溴代砜（消除后一般得到*E*型产物），接着在碱作用下相继发生烯键迁移和Ramberg-Bäcklund反应，得到1,3-二烯化合物。

$$R^1CH_2CH{=}CH_2 \xrightarrow[2.\ Et_3N(DBN)]{1.\ BrO_2SCHR^2X} R^1CH_2CH{=}CHSO_2CHXR^2 \xrightarrow{碱} R^1CH{=}CH{-}CH{=}CHR^2$$

(*E*型为主产物)

有报道，γ-溴代-α,β-不饱和砜的两种立体异构体在碱的存在下发生Ramberg-Bäcklund反应，结果都生成了1,3-丁二烯的立体异构体的混合物。

$$PhCH_2SO_2C(CH_3){=}CHCH(Br)CH_3 \text{（两种立体异构体）} \xrightarrow[(40\%)]{t\text{-BuOK},\ t\text{-BuOH}} PhCH{=}C(CH_3){-}CH{=}CHCH_3$$

(*E,E*)∶(*Z,E*)为1:1

该方法的一种改进，是用CCl_4作为提供卤原子的亲电试剂，不再预先制备α-卤代砜，而是直接使用具有α-H和α′-H的砜在CCl_4和叔丁醇钾及粉末状氢氧化钾混合体系中直接转化为烯，称为Meyers改进法。

$$R^1R^2CHSO_2CHR^3R^4 \xrightarrow[KOH]{CCl_4,\ t\text{-BuOK}} R^1R^2C{=}CR^3R^4$$

白藜芦醇是一种天然的抗氧化剂，可降低血液黏稠度，抑制血小板凝结和血管舒张，保持血液畅通，可预防癌症的发生及发展，具有抗动脉粥样硬化和冠心病，缺血性心脏病，高血脂的防治作用，抑制肿瘤的作用，还具有雌激素样作用，可用于治疗乳腺癌等疾病。其一种合成方法如下。

白藜芦醇（Resveratrol），$C_{14}H_{12}O_3$，228.25。白色固体。mp 256～257℃。

制法　王辉，周海珠，王三永等. 精细化工，2011，2（5）：492.

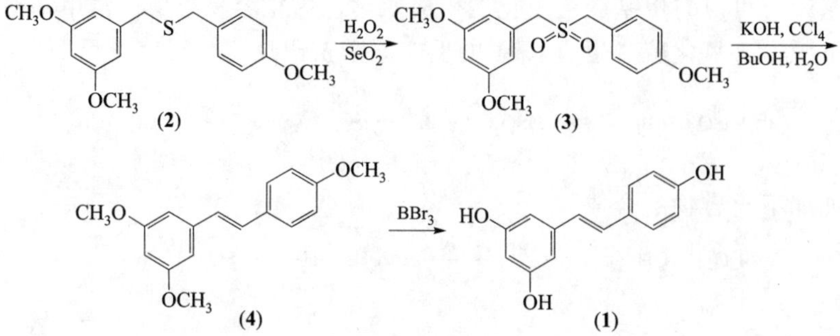

3,5-二甲氧基苄基-4′-甲氧基苄基砜（**3**）：于安有搅拌器、滴液漏斗的反应瓶中，加入3,5-二甲氧基苄基-4′-甲氧基苄基硫醚（**2**）0.91 g（3 mmol），二氧化硒2.0 g，甲醇50 mL。室温搅拌下滴加过量的质量分数30%的H_2O_2，约20 min加完。加完后继续搅拌反应5 h。将反应物倒入100 mL水中，用乙酸乙酯提取（100 mL×3）。合并有机层，用饱和盐水洗涤2次。无水硫酸钠干燥后，减压蒸出溶剂，得淡黄色固体。过硅胶柱纯化，用乙酸乙酯-石油醚（3∶1）洗脱，得白色固体（**3**）。

（*E*）-1-（3,5-二甲氧基苯基）-2-（4-甲氧基苯基）乙烯（**4**）：于安有搅拌器、温度计、回流冷凝器的反应瓶中，加入化合物（**3**）3.36 g（0.01 mol），四氯化碳50 mL，正丁醇50 mL，少量水。搅拌下分批加入粉状氢氧化钾12.32 g（0.22 mol），而后回流反应20 h。减压蒸出溶剂，剩余物用乙酸乙酯溶解，再依次用水、饱和盐水洗涤2次，无水硫酸钠干燥。减压蒸出溶剂，得黄色固体2.4 g。用甲醇-水（5∶1）重结晶，得白色针状结晶（**4**）2.27 g，收率84.1%，mp 52～54℃。

白藜芦醇（**1**）：于安有搅拌器、温度计、滴液漏斗的反应瓶中，加入化合物（**4**）2.70 g（0.01 mol），无水二氯甲烷100 mL，搅拌溶解。氮气保护，冰浴冷却，慢慢滴加由三溴化硼5.0 mL溶于无水二氯甲烷50 mL的溶液，约1 h加完。加完后继续于0℃反应2 h。慢慢滴加50 mL冷的蒸馏水。将反应物倒入100 mL冰水中，析出白色固体。用乙酸乙酯提取3次，合并有机层，用饱和盐水洗至中性，无水硫酸钠干燥。减压蒸出溶剂，得灰白色固体。用甲醇-水重结晶，活性炭脱色，得白色结晶（**1**）1.92 g，收率84.2%，mp 254～256℃（文献值256～257℃）。

1994年Chan及其研究组又提出了一种新的改良方法（Chan T L，et al. J Chem Soc Chem Commun，1994：1971），将Ramberg-Bäcklund重排反应的亲电试剂CCl_4改为CBr_2F_2，将KOH附着在中性氧化铝上以增加反应的接触面积，明显提高了反应效率。该方法在合成共轭多烯、开链共轭烯二炔、环蕃化合物及天然产物Galbanolenes等化合物中，取得了很好的效果，并且在有立体选择性的反应中，新生成的双键一般为 E-构型的烯烃。

$$R^1R^2CH-SO_2-CHR^3R^4 \xrightarrow[CH_2Cl_2\ or\ t\text{-}BuOH]{CBr_2F_2,KOH/Al_2O_3} R^1R^2C=CR^3R^4$$

式中 $R^1=R^2=$aryl，$R^3=R^4=$H；
$R^1=R^2=$aryl，$R^3=R^4=$alkyl；
$R^1=$aryl，$R^3=$alkyl，$R^2=R^4=$H
$R^1=R^2=R^3=R^4=$aryl；
$R^1=R^2=R^3=$alkyl；$R^4=$H；
$R^1=R^3=$alkyl，$R^2=R^4=$H

例如如下反应（Alcalaz M L，Griffin F K，Paterson D E，et al. Tetrahedron Lett，1998，39：8183）。

$$\xrightarrow[HOBu\text{-}t,\ CH_2Cl_2(74\%)]{CBr_2F_2,\ KOH\text{-}Al_2O_3}$$

在 DMSO 中，α,α-二氯苄基砜在过量乙二胺存在下室温反应，生成 2,3-二芳硫杂环丙烯-1,2-二氧化物，该化合物可以分离出来，加热则生成炔类化合物（Philips J C，Swisher J V，et al. Chem Commun，1971：22）。

$$ArCH_2-SO_2-CCl_2Ar \xrightarrow[2.H_2O]{1.H_2NCH_2CH_2NH_2,\ DMSO} \text{(2,3-diaryl thiirene 1,1-dioxide)} \xrightarrow{\triangle} Ar-C\equiv C-Ar + O=S=O$$

α-卤代硫醚也可以发生 Ramberg-Bäcklund 反应。例如（Mitchell R H. Tetrahedron Lett，1973，44：4395），反应中生成环硫乙烷衍生物，加热后生成烯烃。

$$ArCHCl-S-CH_2Ar \xrightarrow[回流]{t\text{-}BuOK,\ PPh_3,\ THF} [\text{Ar-thiirane-Ar}] \longrightarrow ArCH=CHAr + S$$

Ar = Ph, 82%; 1-$C_{10}H_7$, 94%; p-Xylyl, 90%; m-ClPh, 60%

如下反应也是挤出反应，反应中挤出硫生成烯类化合物（Marchand P，Fargeau-Bellassoued M C，Bellec C，Lhommet G. Synthesis，1994：1118）。

$$\xrightarrow[CH_3CN,\ 回流]{Et_3N,\ PPh_3}$$

如下 α,α-二氯代硫醚用三苯基磷和叔丁醇钾处理，则生成了炔类化合物。

$$m\text{-}ClC_6H_4-CH_2SCCl_2-C_6H_4Cl\text{-}m \xrightarrow{PPh_3,\ t\text{-}BuOK} [\text{thiirene}] \xrightarrow{(60\%)} m\text{-}ClC_6H_4-C\equiv C-C_6H_4Cl\text{-}m$$

三、CO和CO_2的挤出反应

羰基化合物有时可以发生挤出反应放出CO，不过该反应并不普遍。某些环酮在光照条件下可以失去CO生成缩环的产物。

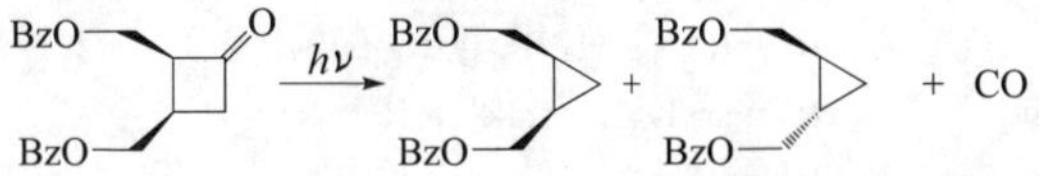

上述反应为自由基型反应，从产生的自由基中失去CO，而后两个自由基结合生成产物。

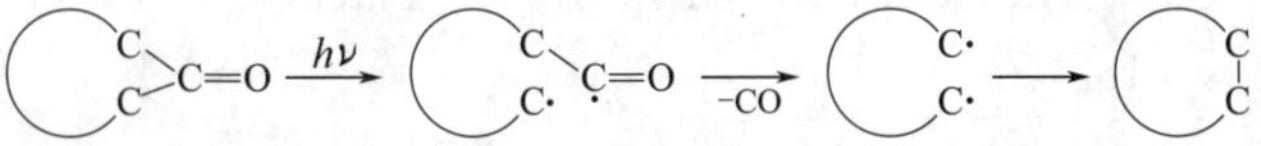

某些内酯在光照或加热条件下可以挤出CO_2，例如（Ried W，Wagner K. Liebigs Ann Chem，1965：681，45）。

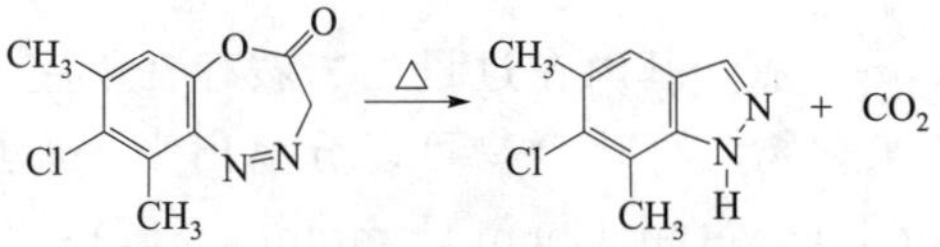

β-内酯的热消除生成烯烃的反应可以看做是挤出反应的一种形式，产率很高。已经证明，反应是立体专一的顺式消除，反应涉及两性离子中间体［Albert Moyano，Miquel A PericBs，Eduard Valent. J Org Chem，1989，54（3）：573］。

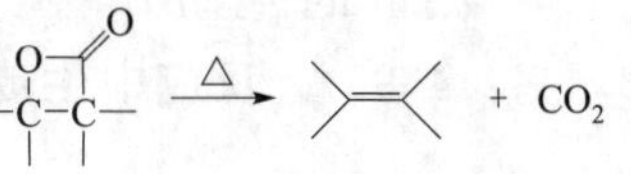

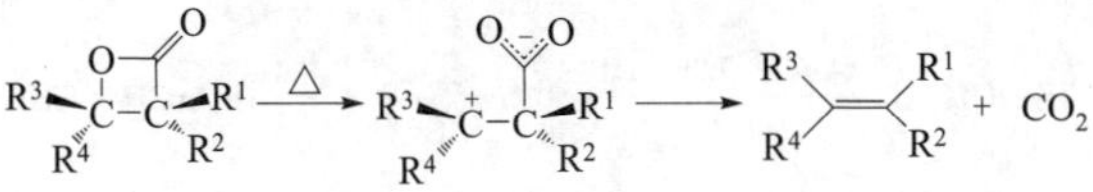

例如如下反应［Waldemar Adam，Guillermo Martinez，James Thompson. J Org Chem. 1981，46（16）：3359］。

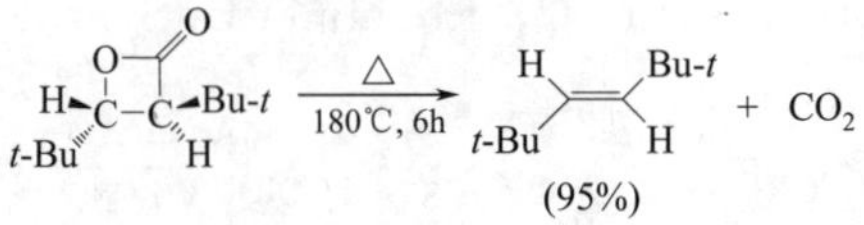

不对称的二酰基过氧化物在固态时光解，失去两分子的CO_2，可以得到两个烃基相连的化合物（当然也有相同自由基结合的两种产物）。显然反应是按照自由基型反应进行的。

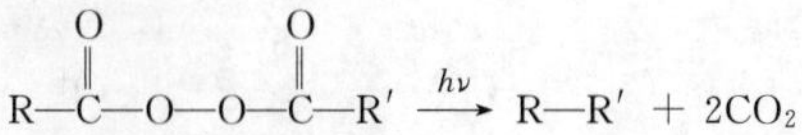

$$R-\overset{O}{\overset{\|}{C}}-O-O-\overset{O}{\overset{\|}{C}}-R' \xrightarrow{h\nu} R-R' + 2CO_2$$

光照如下 1,4-环丁二酮，可以得到相应的烯。

$$\xrightarrow[CH_2Cl_2]{h\nu} + 2CO$$

环亚己基环己烷 (Cyclohexylidenecyclohexane)，$C_{12}H_{20}$，164.29。mp 53～54℃。

制法 Nicholas J Turro，Peter A Leermakers，George F Vesley. Org Synth，Coll vol 5：297.

$$2\ (\mathbf{2}) \xrightarrow{Et_3N,\ C_6H_6} (\mathbf{3}) \xrightarrow[CH_2Cl_2]{h\nu} (\mathbf{1}) + 2CO$$

二螺［5.1.5.1］十四-7,14-二酮（**3**）：于安有搅拌器、回流冷凝器、滴液漏斗的反应瓶中，加入干燥的苯 250 mL，环己基甲酰氯（**2**）30 g（0.205 mol），氮气保护，慢慢加入三乙胺 35 g（0.35 mol），回流反应过夜。过滤生成的铵盐，滤液依次用稀盐酸、水洗涤，蒸出溶剂。剩余物用石油醚-乙醇重结晶，得化合物（**3**）11～13 g，收率 49%～58%，mp 161～162℃。

环亚己基环己烷（**1**）：于 450 W 的光化学反应器中，加入化合物（**3**）15 g（0.068 mol），二氯甲烷 150 mL，光照反应，几分钟后有 CO 气体迅速放出。继续照射，直至不再有 CO 气体放出，一般需要 8～10h。蒸出溶剂，剩余物于真空干燥器中减压除去剩余的溶剂，而后减压升华（45℃/133 Pa），得粗品 7 g，收率 63%。甲醇中重结晶，得化合物（**1**）5.5 g，收率 49%，mp 53～54℃。

参考文献

[1] 孙昌俊，王秀菊，孙风云. 有机化合物合成手册. 北京：化学工业出版社，2011.

[2] 孙昌俊，王秀菊，曹晓冉. 药物合成反应——理论与实践. 北京：化学工业出版社. 2007.

[3] 陈仲强，陈虹. 现代药物的制备与合成:第一卷. 北京：化学工业出版社,2008.

[4] 陈芬儿. 有机药物合成法:第一卷. 北京：中国医药科技出版社,1999.

[5] 闻韧. 药物合成反应. 第二版. 北京：化学工业出版社，2003.

[6] 胡跃飞，林国强. 现代有机反应（1~10卷）. 北京：化学工业出版社,2008~2012.

[7] Michael B Smith，Jerry March. March 高等有机化学——反应、机理与结构. 李艳梅译. 北京：化学工业出版社,2009.

[8] 黄宪，王彦广，陈振初. 新编有机合成化学. 北京：化学工业出版社,2003.

[9] 林原斌，刘展鹏，陈红飚. 有机中间体的制备与合成. 北京：科学出版社,2006.

[10] Li J J 编著，荣国斌译. 有机人名反应及机理. 上海：华东理工大学出版社，2004.

[11] Jie Jack Li. Name Reactions. A Collection of Detailed Mechanisms and Synthetic Applications. Fifth Edition. Springer Cham Heidelberg New York Dordrecht London，2014.

化合物名称索引